KB267777

시민과학

Citizen Science by Alan Irwin

ⓒ 1995 Alan Irwin

All Rights reserved

Korean translation edition ⓒ 2011 Dangdae Publishing Co.
Authorized translation from English language published by Routledge,
a member of the Taylor & Francis Group, UK.
Arranged by Bestun Korea Agency, Seoul, Korea.
All Rights reserved.

이 책의 한국어 판권은 베스툰 코리아 에이전시를 통하여
저작권자인 Taylor & Francis Group과 독점 계약한 당대출판사에 있습니다.
저작권법에 의해 한국 내에서 보호를 받는 저작물이므로
어떠한 형태로든 무단 전재와 무단 복제를 금합니다.

제1판1쇄 인쇄 | 2011년 2월 22일
제1판1쇄 발행 | 2011년 2월 28일

지은이 | 앨런 어윈
옮긴이 | 김명진 · 김병수 · 김병윤
펴낸이 | 박미옥
디자인 | 조완철

펴낸곳 | 도서출판 당대
등록 | 1995년 4월 21일 제10-1149호
주소 | 서울시 마포구 서교동 395-99 402호
전화 | 02-323-1315~6
팩스 | 02-323-1317
전자우편 | dangbi@chol.com

ISBN 978-89-8163-153-6 93300

시민과학

과학은 시민에게 복무하고 있는가?

앨런 어윈 지음

김명진 · 김병수 · 김병윤 옮김

당대

'과학과 대중'에 관한 책들은 몇 가지 전형적인 형태를 갖는다. 가장 일반적으로는 과학자(또는 과학기자)들이 과학연구의 지적 위대성이나 실용적 중요성을 대중에게 확신시키려는 책들이 있다. 이런 범주에는 수없이 많은 '대중과학' 서적들이 포함되는데, 가령 과학이 갖는 철학적 함의를 다루거나(양자물리학이나 카오스이론이 여기서 특히 선호된다) 과학이 중요한 역할을 하는 사회적으로 긴급한(오존층 파괴나 '시험관 아기' 같은) 다양한 문제들을 다루는 책들이 여기 속한다.

그러나 과학이 일상생활에서 '신비감을 앗아가 버렸다'거나 과학이 시험관 수정, 첨단무기체계, 핵발전과 같은 골치 아픈 영역들의 발전과 연관되어 있다는 점을 들어 과학을 공격하는 책들도 꾸준히 출간되고 있다. 과학에 대해 좀더 비판적인 이런 책들은 다양한 형태를 띠고 있는데, 그중에는 과학에 관한 페미니즘 진영의 논쟁이나 과학과 환경파괴의 관계를 놓고 현재까지도 계속되고 있는 토론도 포함된다.

이 분야의 문헌이 방대하고 그 수가 점점 더 많아지고 있음을 감안하면, 과학과 대중에 관한 새 책은 적어도 뭔가 독창적인 내용—일종의 독특한 판매제안(unique selling proposition, USP)*—을 갖고 있어야 할 것이다. 그렇다면 이 책의 USP는 무엇인가? 나는 간단하게 이 책이 갖고 있는 독창성은 어떤 단일한 요소보다는 상이한 요소들의 **조합**에서 비롯된다고 말하고 싶다.

우선, 나는 『시민과학』에서 '과학'과 '대중'을 각각 한 덩어리로 간주하는 통상적 재현을 넘어서는 길을 모색하려 했다. 따라서 이 책에서는 '대중의 과학이해'(public understanding of science)와 '과학의 대중이해'(scientific understanding of the public)를 모두 다룰 것이다. 여기서는 과학과 대중이라는 두 가지 범주를 모두 다양하고 분화된 것으로 보는 것이 중요하다. 예를 들어 양자물리학이라는 과학은 역학(疫學)이라는 과학과 매우 다르고 대중들도 그렇게 바라볼 것이다. 마찬가지로 과학박물관에서 열리는 전시회를 찾은 대중이 가진 관심사나 동기는 석유화학공장의 안전성에 대해 우려하는 지역의 대중과는 다를 것이다. 이 책에서 나는 과학들과 대중들을 다루는 데 있어 균형 잡힌 접근을 하려고 노력할 것이다. 이는 특히 무익한 이분법을 넘어서기 위해 필요하다.

둘째로, 나는 이어지는 장들을 통해 사회과학—특히 사회학—이 여기서 다루는 쟁점들을 이해하는 데 중요한 기여를 할 수 있음을 말하고자 한다. 이러한 일반적 주장을 뒷받침하기 위해 과학지식사회학, 위험사회론 그리고 구체적인 맥락에서 과학과 대중에 대한 경험적 논의 등 세 가지 영역에서의 논의를 활용할 것이다. 물론 사회이론에 관한 언급이 때때로 비전문가 독자에게는 다소 어렵게 느껴질 수도 있다. 그러나 나는 그런 문헌들이 (이 책의 주제와) 실질적으로 부합하며, 특히 현재의 상황을 개념화할 수 있는 새롭고 건설적인 방식을 제공해 준다고 강하게 믿는다. 아울러 이 중요한 영역에 관한 연구는 변화하는 사회구조에 대한 폭넓은 이론적 해석에도 상당한 기여를 할 수 있다.

나는 이런 주장을 할 때, 모든 과학자나 사회과학자들이 나와 같은 생각을 할 거라고는 믿지 않는다. 최근에 있었던 이들 학자집단과의 만남의 결과가 항상 내가 원했던 것처럼 건설적인 것은 아니었다. 다만 이 책의 논의를 통해 이런 상황이 다시 균형을 이룰 수 있기를 바란다.

셋째로, 이 책은 과학과 대중이라는 쟁점을 위험 및 환경 문제의 맥락 속에서 제시할 것이다. 어떻게 보면 그런 맥락을 선택한 이유는 굳이 정당화를 필요로 하지 않는다. 위험 및 환경 문제는 긴급한 현안이며 또한 과학 제도들과 시민들이 만나는 주요 공간이기도 하기 때문이다. 그러나 이 책의 논의는 여기서 한 걸음 더 나아가 지식과 전문성의 문제가 환경문제에 대한 대응과 다름 아닌 지속가능한 발전의 개념에서 핵심을 이룬다고 주장할 것이다. 간단히 말해 지속가능한 사회는 과학과 전문성을 다루는 지속가능한 방식을 필요로 한다. 동시에 위험 및 환경 문제는 사회·기술적 논쟁이 벌어지는 다른 영역에 모범사례 노릇을 하기 때문에 이 책에서 얻어낸 교훈은 다른 영역에 응용되거나 영향을 미칠 수도 있다.

넷째는 지금까지의 논의에서 암시되고 있는데, 이 책은 분석과 개입이 서로 만나는 지점을 목표로 하고 있다. 한편으로 나는 정책과 실천이 향상될 수 있는 방법에 대한 다소 일반적인 제안을 하고자 한다. 하지만 다른 한편으로는 정책과 같은 문제들이 단지 학술적 분석의 '응용' 내지 '집행'에 불과한 것은 아니라고 주장하고 싶다. 어떤 식으로 (현실에) 개입해야 하는가라는 질문은 그 자체로 중대한 쟁점이다. 과학자와 사회과학자 모두에게 전문성이 일상생활 속에 적용되는 맥락은 성찰과 발견이 이루어지는 중요한 현장이다. 따라서 공공정책에 유용한 방식으로 기여한다는 것은 결코 쉬운 과제가 아니다. 그러나 이는 우리가 현재 당면한 문제들에 대한 이해를 심화시킬 기회를 제공해 주고 있다.

USP의 다섯째 차원은 다소 기묘한 책 제목에서 찾아볼 수 있을 거라고 생각한다. "시민과학"이라는 제목을 선택한 것은 한편으로 ('시티즌'과 '사이언스'라는 두 단어가) 흥미롭게도 두운(頭韻)이 맞아떨어진다는 단순한 이유에서이다. 그러나 내가 이 제목을 선택한 보다 중요한 이유는 책에서 논의할 과학과 시민의 관계가 갖는 두 가지 의미를 모두 전달하기 때문이다. '시민과학'은 (과학을 변호하려는 사람들이 종종 주장하듯) 시민들의 필요와 관심사에 도움을 주는 과학이라는 의미를 떠올리게 한다. 이와 동시에 '시민과학'은 시민들 자신이 발전시키고 규정하는 과학의 형태라는 의미도 함축하고 있다. 이 책에서는 공식적인 과학제도 외부에서 생산되는 '맥락적 지식들'을 논의의 중요한 한 가닥으로 다룰 것이다. 이어지는 장들에서는 '시민과학'의 이러한 두 가지 의미를 모두 논의할 것인데, 전반부에서는 전자의 의미에 초점을 맞추고, 후반부에서는 공식화된—종종 보편적이라고 주장하는—과학과 시민집단이 보유하고 발전시킨 덜 체계화된—종종 '국지적'(반드시 지리적인 의미는 아님)인—지식의 관계를 다룬다.

논의를 시작하기 전에 한 가지 지적해 둘 것이 있다. 나는 이러한 시민 지식들이 과학지식보다 반드시 더 '나은' 것은 아님을 강조하고 싶다. 이런 식의 정식화는 별로 도움이 못된다. 우리는 환경문제를 이해하는 데 있어 일군의 지식 주장들을 단순히 다른 것으로 대체하는 대신, 좀더 폭넓고 회의적인 접근법을 택할 필요가 있다.

물론 상품을 팔 수 있는 시장이 없다면 구매권유는 아무런 의미가 없다. 그렇다면 『시민과학』이 목표로 삼고 있는 독자층은 누구인가?

지금까지 얘기한 내용으로부터 이 책이 다양한 청중을 목표로 하고 있음을 알 수 있을 것이다. 가장 먼저 과학 커뮤니케이션, 대중의 과학이해, 과학과 대중 등의 주제들에 명시적으로 관심을 가진 사람들을 들 수 있다. 여기에는 최근 확대되고 있는 이 분야의 수업을 듣는 학생들은 물론이고 직장업무의 일부로 혹은 개인적 관심으로 이 분야에서 활동하고 있는 사람들(이렇게 말하면 거의 모두가 포함된다)이 들어간다. 둘째로, 이 책은 위험이나 환경을 비중 있게 다루고 있기 때문에 환경문제에 관심을 가진 사람들에게 잘 맞을 것이다. 이런 사람들에게는 특히 전문성, 시민권, 사회적 지속가능성의 문제들에 대해 고민해 볼 기회가 될 것이다. 셋째로, 나는 과학자들 자신도 이 책을 읽기를 희망한다. 과학에 대해서 대중은 비합리적이고 수동적으로 무지하다는 '결핍'(내지 '계몽') 모형으로부터 탈피하고 싶다면 말이다. 마지막으로, 이 책은 사회과학자들, 특히 사회학자들을 위한 책이다. 나는 이 분야가 그들이 유익하고 시의적절한 기여를 할 수 있을 뿐 아니라 많은 것을 배울 수도 있는 영역임을 그들에게 납득시킬 수 있기를 바란다.

이처럼 다양한 청중들과 의사소통을 하려다 보니 실제로는 이중 누구와도 연결이 되지 못하는 결과가 빚어질 위험도 있다. 그러나 마케팅과의 유비를 조금 더 밀어붙여 본다면, 나는 이들 청중 사이에 현재까지 간과되어 온 상당 규모의 '틈새'시장이 존재한다고 믿는다. 그래서 나는 과학자나 사회과학자 중 어느 한쪽을 악마처럼 그려내기보다는 이들 집단이 한데 모일 때 실질적인 이득이 얻어질 수 있음을 제시하려고 했다. 마찬가지로 환경논쟁들은 시민권이나 전문성이라는 심층에 깔린 문제들을 인식함으로써 이득을 얻을 수 있다. 청중들 중 일부라도 이 책에 담긴 비판을 통해 자신의 주장을 좀더 적절하게 만들어나갈 수 있게 된다면 『시민과학』이 바라는 주요 목표는 달성된 것이다.

청중이 다양한 만큼 감사의 말을 전해야 할 곳도 많다. 이 연구의 여러 부분은 외부기구로부터 지원을 받았다. 과학정책지원그룹, 경제사회연구재단, 누필드재단, 유럽집행위원회(환경의 사회경제적 측면에 대한 연구부서, DGXII/D/5)의 지원에 대해 고마움을 전하고 싶다. 폭넓은 이 분야의 영국 연구자들을 엮는 네트워크를 만든 과학정책지원그룹에 특별히 감사를 표하고자 하며, 나는 관련된 프로젝트들에서 함께 일하는 동료들로부터 이 네트워크를 통해 많은 도움을 받았다.

나는 이 책을 여러 기관을 옮겨다니면서 썼다. 맨체스터대학의 예전 과학기술정책학과와 현재 사회학과의 도움과 격려에 감사의 말을 전하고 싶다. 최근에는 브루넬대학의 인문과학과와 혁신·문화·기술연구센터(CRICT)로부터 많은 자극과 지원을 받았다. 한편 맨체스터대학, 브루넬대학, 런던대학 버크벡 칼리지에서 강의시간에 만났던 여러 학생들에게 감사의 말을 전하고 싶다. 강의로 슬쩍 위장한 책의 초고내용에 대해 그들이 던진 문제제기는 내게 많은 자극이 되었다.

많은 사람들이 다양한 방식으로 나를 도와주었다. 내가 누군가를 빠뜨리는 실례를 범하지나 않을까 약간 주저하게 되는데 도나 배스턴, 사이먼 베닛, 앨리슨 데일, 수지 게오르그, 켄 그린, 폴 후퍼, 돈 로이드, 톰 오스본,

자넷 레이첼, 수 스콧, 데니스 스미스, 존 터니, 필립 버그라그트, 스티브 울가, 브라이언 윈, 스티브 이얼리, 존 자이먼 등을 꼽을 수 있다. 특히 친절하면서도 예리한 편집실력을 보여준 스티브 이얼리에게 감사를 표한다. 그는 내가 대충 넘어가려 할 때마다 문제점을 정확하게 짚어주었다. 내가 이들의 얘기를 제대로 들었다면 이 책이 훨씬 더 나아질 수 있었음은 두말할 나위도 없다.

개인들이 각자 보유하고 있는 자원과 능력만으로 살아가야 한다는 개인화 과정은 '위험사회' 가 갖고 있는 한 측면이지만 이 책을 준비하는 과정은 여러 모로 매우 달랐다. 세 곳을 옮겨다니는 동안 함께한 가족들의 도움이 없었다면 이 책은 결코 가능하지 않았을 것이다. 모두 고맙다!

말로우

1994년 11월

[주]

* 로서 리브스(Rosser Reeves)가 『광고의 현실』(*Reality in Advertising*)에서 소비자에게 상품이나 서비스의 독특한 점을 부각시켜야 한다는 점을 강조한 용어―옮긴이

차례

서론

과학기술은 우리의 일상생활을 형성하는 중요한 힘이다. 과학기술은 우리가 개인적으로 맺는 관계나 노동과정에서 직면하게 되는 관계를 구조화하는 데 일조한다. 과학기술은 새로운 가능성을 열어주기도 하지만 새로운 위협을 제기하기도 한다. 과학기술은 지구 반대편에 있는 사람들과 서로 이야기를 나눌 수 있도록 해주지만, 그와 동시에 산업활동으로 인한 오염과 환경파괴로 지구가 황폐해질 가능성과도 연관되어 있다. 또한 과학기술은 일상의 실재를 이해하는 새로운 방식을 우리에게 제공한다. 과학기술은 세계에 관한 '사실들'의 묶음인 동시에 합리적 사고의 개념틀이기도 하다. 그러나 이러한 형태의 합리성은 우리의 판단력을 흐리게 만들어서 우리 자신과 우리를 둘러싸고 있는 세계에 가치를 부여하는 대안적 방식을 보지 못하게 할 수도 있다.

이 책은 대중과 과학 그리고 환경적 도전 사이의 관계가 전례 없이 긴박하게 여겨지는 시점에 씌어졌다. 그러나 나는 새로이 등장하고 있는 일군의 학술적 성과와 실천적 기획들이 이러한 도전에 맞설 준비가 되어 있다는 믿음을 갖고 이 책을 썼다.

물론 과학기술의 사회적 중요성을 감안하면, 이런 주제들이 일상생활과 사회이론 내에서 진작부터 주요한 관심사였다는 사실은 그리 놀랄 일이 아니다. 특히 막스 베버는 관료제와 합리화의 확산을 통한 '세계의 탈주술화'(disenchantment of the world)라는 관념을 창안했다. 무엇보다 베버는 과학기술이 인류의 진보와 인간적 가치의 침식 양쪽 모두에 기여할 수 있다는 사실을 간파했다.[1] 이런 관점에서 보면 시민들은 과학적 합리성의 확산에서 얻는 것도 있고 잃는 것도 있다. 마르크스를 비롯한―디킨즈와 워즈워스부터 하버마스, 마르쿠제에 이르기까지―산업혁명 이후의 숱한 사회비평가들의 저작에서도 과학으로 인해 얻는 것도 있지만 잃는 것도 있다는 유사한 인식을 볼 수 있다.

이 책은 '과학, 기술 그리고 진보'의 관계에 주목하는 이러한 비판적 전통을 (보잘것없는 형태로나마) 계승하고 있다. 특히 이 책에서는 이러한 관계가 위험과 환경위협의 문제와 관련해서 특별한 중요성을 갖는다고 주장할 것이다. 우리 사회는 지금 과학과 일상생활의 연관에 대한 재고(再考)가 시급히 요청되는 단계에 이르렀다.

논의를 시작하기에 앞서 한 가지 강조해 둘 것이 있다. 그것은 과학기술을 무엇보다 **인간이 하는** 활동으로 보아야 한다는 것이다. 자주 나오는 묘사지만 과학기술을 멈출 수 없는 주거노트(juggernaut)로 보는 입장은 이론적으로 부적절할 뿐만 아니라 과학기술과 시민의 관계를 재협상하려는 어떠한 실천적인 노력에 대해서도 반대편에 설 수밖에 없다. 따라서 앞으로 이어지는 장(章)들에서는 과학기술을 외부로부터 우리 생활에 침범해 들어오는 무엇으로 묘사하지 않도록 노력할 것이다―비록 때때로 과학과 일상생활의 관계를 정확히 그런 식으로 볼 수 있는 때가 있긴 하지만 말이다(한 저자의 생생한 표현에 따르면, 이럴 때 과학과 문화의 관계는 "비단에 타들어가는 담배"와 같다).[2] 과학이 어느 날 갑자기 하늘에서 떨어진 것이 아니라는 인식을 통해 우리는 과학지식에 좀더 비판적인 시각을 가지는 동시에 환경파괴처럼 긴급한 사안에 대처하는 데 도움을 주는 부류의 과학에 대해 건설적인 태도를 보일 수 있다. 이 책은 그 어떤 의미에서도 반(反)과학을 표방하고 있지 않다. 그보다 이 책은 입맛에 맞지 않는 조언을 기꺼이 해주는 친구야말로 최고의 친구라는 전제에서 출발하고 있다.

이 책은 여러 가지 목표를 갖고 있다. 우리의 일상생활에서 과학과 과학적 전문성이 수행하는 역할에 대해 고찰하는 것, '대중'과 '과학'을 서로 더 밀접하게 만들기 위해 추진되었던 그간의 실천적 기획들을 검토하는 것, 보다 적극적인 '과학시민권'(scientific citizenship)의 가능성을 탐색해 보는 것, 이러한 쟁점들을 위험과 환경위협에 대한 공공정책과 연결시키는 것 등이 그것이다. 그러나 이러한 구체적 질문들에 대한 탐구에 들어가기 전에 이 책의 배경을 이루는 주제들을 약간 설명해 둘 필요가 있다. 뒤에서 이어질 논의가 불가피하게 매우 넓은 범위를 다루고 있기 때문에 전반적인 설명은 더욱 긴요할 것이다. 이 책의 배경을 크게 나누면 네 가지 정도의 포괄적인 주제로 설명할 수 있다.

첫번째 주제는 오늘날 과학기술이 근대문화 및 근대적 생활방식과 맺고 있는 관계와 관련되어 있다. 스티븐 힐은 이 주제에 '기술의 비극'이라는 이름을 붙였다.[3] 그는 이렇게 쓰고 있다.

기술의 **경험**은 외견상 필연적으로 보이는 무엇을 경험하는 것이다. 그것은 불변의 '비극적인' 힘에 의해 '틀지어지는' 경험이다. 그러나 바로 그 힘은 동시에 인류가 당면한 문제를 해결할 수 있는 새롭고 매혹적인 수단을 끊임없이 제공해 주는 힘이기도 하다.[4]

　사람들을 매혹시키는 것은 바로 기술사회가 갖고 있는 이러한 상반된 (야누스의 얼굴을 가진) 측면이다. 가령 정보기술은 통신시스템을 획기적으로 개선해서 효율을 높이고 저렴한 가격에 데이터베이스나 지식시스템을 이용할 수 있게 해주고, 여가시간 확대, 생산성 향상, 의사결정에 대한 분권적 접근의 가능성을 제공해 준다. 그러나 이와 동시에 정보기술은 사무업무를 단순반복 작업으로 만들고 실업을 야기하며 권력을 집중시키고 (향상된 보안시스템과 데이터베이스를 통해) 자유와 자율의 상실을 가져올 수 있다. 이것이 바로 베버가 과학적 합리성에 의한 '탈주술화'의 일부로 간주한 것과 같은 부류의 영향이다.

　생명공학 혁명, 새로운 생산시스템, 위성방송, 핵발전 등 다른 과학기술 '진보'에 대해서도 비슷한 설명을 할 수 있다. 과학기술이 근대적 실존의 물질적 가능성 중 많은 부분을 제공해 준다는 의미에서 우리의 문화는 상당 정도 기술발전에 의해 '틀지어져' 있다. 그러한 발전은 우리 모두에게 제공하는 편익의 측면에서 분명히 양면적일 수도 있다. 이와 같은 이중적 속성은 환경문제와 관련해서 특히 두드러진다. 더 빠른 자동차, 에너지 소비형 가정기술, 새로운 상품과 공정 등은 모두 한편으로는 소비성향을 부추기면서 다른 한편으로 우리 삶의 질을 위협한다. 이러한 이중적 속성을 회피하는 방법을 찾는 것이 근대가 우리에게 제기하는 도전이다. 대체

'청정기술'(clean technology)이라는 것은 존재할 수 있는 것인가, 아니면 그 말 자체가 모순어법에 해당하는가?

물론 많은 논평자들은—우리의 '기술문화' 속에서는 아마 대다수가 여기 해당하겠지만—과학기술이 끼치는 영향이 대체로 사회에 유익하다고 보고 있다. 분명 우리는 이런 편익을 무시해서는 안 된다. 특히 근대 기술발전에 대한 비판이 이전 시기의 생활조건에 대한 막연한 낭만주의로 빠지지 않도록 경계할 필요가 있다(이는 지난 150년 동안 서구사회의 평균수명이 얼마나 늘어났는가만 대충 봐도 분명할 것이다).[5] 그러나 과학이 '자유의 왕국'을 가져왔다는 오늘날 일부 과학자들의 주장에도 불구하고[6] 과학기술 진보가 지닌 양면성은 우리의 삶 속에 숨은 중요한 의미를 드러내고 있으며 미래의 국제적 발전에 커다란 도전을 하고 있다. 여기에서 강조해 둘 것은, 비록 우리가 신기술을 접할 때 종종 무력감을 느끼긴 하지만 이러한 기술들 그 자체는 사회적으로 조직된 생산공정과 연구개발 설비의 산물이라는 사실이다. '기술의 비극'을 과학기술의 방향에 있어서의 불가피성이나 불변성을 의미하는 것으로 이해해서는 안 된다.

본문에서는 이 첫번째 주제에 대해 다각적으로 접근해 볼 것이다. 환경 관련 의사결정에서 기술적 조언의 활용, 석유화학단지와 같은 기술시스템과 함께 사는 문제, 과학적 전문성과 시민의 요구(와 **지식**) 사이에서 보다 공평하게 균형을 맞추는 것의 어려움 등이 그 단초들이다. 나는 과학과 '진보'의 연관에 대해 대중이 회의적 태도를 내비치는 상황에서 과학은 자기비판적일 필요가 있다고 주장하려 한다.

오늘날 대중들은 과학의 진보에 대해 무지하거나 비합리적인 것처럼 종종 그려진다. 과학이나 과학제도에 대한 외부로부터의 비판이 과학계의 반성이나 자체평가의 필요성을 제기하는 것이라기보다 대중의 이해결핍을 의미하는 것으로 받아들여지고 있다. 따라서 과학기술의 편익이 지닌 양면성에 대한 토론은 보다 건설적인 유형의 지식이 발전되고 확산될 수 있도록 하는 제도적 변화 가능성을 모색하는 방향으로 이어질 것이다.

이 책의 두번째 주제는 보다 직접적으로 시민권·민주주의·일상생활의 문제를 다루고 있다. 힐이 말한 '기술의 비극'이 첫번째 주제를 상징적으로 잘 보여준다면, 두번째 주제는 레이먼드 윌리엄스가 말한 '문화는 일상적이다'는 표현으로 압축할 수 있다.

하나의 문화는 공유된 의미, 즉 모든 사람들이 함께 만들어낸 산물이다. 동시에 문화는 개인들에게 의미를 제공하는데, 이는 어떤 사람의 개인적·사회적 경험을 모두 쏟아부은 결과물이다. 이러한 의미를 어떤 식으로건 묘사해 낼 수 있다고 가정하는 것은 어리석음과 오만함의 발로이다. 의미는 살아가면서 만들어지는 것이며, 우리가 미리 알 수 없는 방식으로 만들어지고 다시 만들어진다.[7]

노동계급 문화의 깊이와 강인함과 풍부함에 대한 윌리엄스의 강조—아울러 민주주의와 '민중의 진정한 다양성과 복잡성'에 대한 깊은 헌신[8]—는 시민과 과학적 전문성의 관계에 대해 고민할 수 있는 적극적이고 고양된 유인(誘引)을 제공해 준다. 윌리엄스의 설명은 '기술문화'에 대한 음울한 분석에 매우 필요한 요소인 낙관주의를 주입하고 있을 뿐만 아니라, 이러한 분석을 (종종 그렇듯) 과학자와 엘리트 집단의 '상위 합리성'에서 시작하는 것이 아니라 시민의 관점에서 시작할 필요가 있음을 강조한다. 이런 식으로 해서 (적어도 활자화된 형태로는 훨씬 자주 볼 수 있는) 과학자의 시민들에 대한 관점—시민을 무지하고 오도되어 있고 무조건 반대만 하는 사람으로 보는—이 아니라 시민의 과학에 대한 관점을 구성해 볼 수 있다. 따라서 윌리엄스의 연구는 '대중의 과학이해'에 대한 통상의 설명을 거꾸로 뒤집는 것이며, 이를 통해 '대중'과 '공식적' 전문성 사이에 보다 '대칭적인' 관계를 세울 수 있는 수단을 제공한다. 이는 바로 이 책이 갖고 있는 목표—기성의 과학이 아니라 시민의 편에서 과학을 바라봐야 한다—와도 상통한다.

윌리엄스의 생각은 '시민권' 관념에 대해서도 주의 깊게 들여다보게끔 한다. 최근 '시민권' 개념은 정치적 입장을 막론하고 모든 진영의 관심을 끌고 있다. 이 책에서는 시민권 문제를 기술 '진보'에 직면한 개인 및 집단의 위치에 초점을 맞추어서 다룰 것이다. 그들의 목소리가 들리게 하려면 어떻게 해야 하는가? 어떤 장애물들이 현재 존재하고 있는가? 기존 제도와 사회적 과정들에는 어떤 결과가 빚어지겠는가? 이런 질문들에 답하기 위해 우리는 시민권 개념과 그것이 근거로 삼고 있는 지식·신뢰·정체성의 문제를 해명할 필요가 있다.

지금까지 논의한 '기술문화'와 '시민문화'라는 두 개의 주제는 곧바로 세번째 주제로 이어진다. '기술의 비극'과 '문화는 일상적이다'에 이은 세번째 주제는 '민중을 위한 과학'(science for the people)이다. 이는 기술적 전문성이 대중에게 직접 봉사하도록 하기 위한 다양한 (이론적·실천적)

시도들을 가리킨다. 앞선 두 개의 주제도 그렇지만 이 주제 역시 독창적인 것은 아니다. 그 기원은 적어도 19세기까지 거슬러 올라갈 수 있다. 그러나 이 주제는 과학기술과 인간가치의 관계를 특별히 직접적인 방식으로 부각시킨다. 1975년에 넬킨은 다음과 같이 말했다.

> 공공적 의사결정은 이에 수반되는 복잡성 때문에 고도로 전문화되고 난해한 지식을 요구하는 것처럼 보이며, 이런 지식을 통제하는 사람들은 상당한 권력을 갖게 된다. 반면 민주주의 이데올로기는 사람들이 자신의 삶에 영향을 끼치는 정책결정에 대해 영향을 미칠 수 있어야 함을 시사하고 있다.[9]

넬킨의 지적은 1990년대 중반인 현재까지도 여러 면에서 여전히 유효하다. 그러나 이 책에서는 '민주주의 이데올로기'에 대한 관심이 공공적 의사결정을 넘어 일상적인 이해와 통제에 대한 일련의 폭넓은 질문들로 확장되고 있음을 보여줄 것이다. 1장에서 밝히겠지만 '기술적 전문성'과 그것이 '일상적 전문성'과 맺고 있는 관계를 이해함에 있어 그간 중요한 발전들이 많았다. 이러한 발전들은 가령 1970년대에 '민중을 위한 과학'을 주창한 사람들이 가졌던 것보다 훨씬 더 많은 겸양의 미덕(과 제도적 변화를 기꺼이 받아들이려는 의지)을 요구하고 있다. 특히 '과학적 민주주의'에 대한 초기의 선언들은 최근 '대중의 과학이해'에 대한 수많은 훈계들에서 나타나는 것과 동일한 결함—어떠한 맥락에서도 과학적 세계관이 더 우월하다는 암묵적 판단—을 지니고 있는 듯하다.

따라서 과학이 갖고 있는 한계를 평가하고 인정하지 않으면 안 된다.

또한 우리는 사회 내에서 건설적인 지식관계의 가능성을 탐색해 보아야 한다. 한 논평자는 '과학상점'(Science Shops)의 논의에 뒤이어 이렇게 말하고 있다('과학상점'에 관해서는 6장에서 자세하게 다룬다).

> 우리가 그동안 해왔던 탈신비화 작업만으로는 충분치 않다. 사람들은 그 자리에 무언가를 대신 채워넣지 않는 한, '탈신비화되는' 것을 진정으로 받아들이려 하지 않는다. 따라서 나는 우리가 긍정적인 방향으로 현실적합성이 있는 지식을 생산해 내지 않는다면 뭔가를 이뤄낼 수 없을 거라고 생각한다.[10]

'민중을 위한 과학'의 주제를 다시 작동시키고 급진화하는 문제는 특히 이 책의 후반부에서 다루어질 것이다.

마지막 주제는 여러 측면에서 앞선 세 가지 주제가 실제로 시험될 새로운 무대를 제공한다. 그것은 '지속가능한 발전'의 달성이라는 사회적·과학적 과제이다. '지속가능한 발전' 역시 상당 기간 동안—적어도 1980년대 초반부터는—인구에 회자되어 온 용어인데, 대중적 주목을 받게 된 것은 1987년에 유엔 세계환경개발위원회가 『우리 공동의 미래』라는 보고서를 발표한 이후부터이다. 이 보고서의 정의에 따르면 '지속가능한 발전'은 "미래세대의 요구를 충족시킬 수 있는 능력을 위태롭게 하지 않고 현 세대의 요구를 충족시키는 발전"을 말한다.[11]

얼핏 보면 '지속가능한 발전'은 서론에서 지금까지 다룬 기술, 문화, 민주주의 등의 쟁점들과는 매우 동떨어진 것 같다. 그러나 환경위협이나 세계발전과 같은 쟁점들은 전지구적 기획과 국가주도 프로그램뿐만 아니라 **지역적** 기획과 **시민 지향적** 프로그램까지 모두 고려를 해야만 성공적으로 대처할 수 있다는 것이 이 책의 주장이다.

이 쟁점들은 사회진보의 의미를 놓고 서로 경합하고 있는 관념들에 내재한 **지식**의 문제나 **과학**의 위상 문제와 분리해서 생각할 수 없다. 현재로서는 지속가능성에 관한 국제적 논쟁이 과학 그 자체에 대한 비판적 논의 없이 이루어질 위험이 있다. 아울러 전지구적 과학담론이 좀더 국지적인 형태의 이해와 전문성의 표현을 가로막을 위험도 존재한다. 특정한 형태의 과학이 문제를 '틀지음'으로써 지속가능성을 담고 있는 다른 인식방식 및 생활방식들을 배제해 버릴 수도 있다.

앞서 언급한 유엔위원회는 사회적 **형평성** 문제에 매우 큰 우선순위를 두고 있다. 보고서에 따르면 "지속가능한 발전에 대한 공동의 이해관심을 증진시키지 못한 것은 일국 내 혹은 국가간에 존재하는 경제정의와 사회정의의 문제를 상대적으로 간과한 결과이다."[12] 좀더 구체적으로 말하자면

국민 대다수가 가난한 국가들에서 기본적인 필요를 충족시키기 위해서는 새로운 경제성장의 시대가 도래하는 것만으로는 충분치 않다. 그러한 성장을 유지하는 데 요구되는 자원을 빈곤층이 공평하게 분배받을 수 있도록 보장할 필요가 있는 것이다. 의사결정 과정에서 효과적인 시민참여를 보증하는 정치시스템과 국제적 의사결정 과정에서의 민주주의 확대는 그러한 형평성을 이루는 데 도움이 될 것이다.[13]

한 걸음 더 나가보자. 보고서에서 주장하는 바에 따르면 다음과 같은 사실을 뒷받침하는 강력한 증거가 있다. 자신들의 사회적 영향력이 미약하고 일상생활에서 선택지가 제한되어 있다고 느끼는 사람들은 환경에 미치는 장기적인 결과를 깊이 생각하거나 공식적 조언과 정보가 적절한지 여부에 관심을 갖기 어렵다. 그들에게는 하루하루 살아가는 것과 관련된 단기적 문제들이 모든 것에 앞서는 우선순위로 자리를 잡게 될 것이다.

이런 질문들은 이후의 장들에서 분명하게 드러날 것이다. 구체적으로, 우리는 '시민과학'과 '환경시민권'의 중요한 관계를 생각해 볼 것이다. 왜냐하면 시민집단이 가진 지식을 경시하는 부류의 시민권은 실천가능성에서 제약을 받을 것이기 때문이다. 시민권에 대한 제한적 접근은 과학기술과 대중 사이의 '사회적 학습'에도 제약을 가할 것이다(이러한 사회적 학습은 지속가능한 발전의 과정에서 반드시 필요하다는 것이 내 생각이다).

따라서 시민들이 자신들의 삶·건강·환경을 통제할 수 있는 잠재력이 신장되지 않는다면 '지속가능성'은 불가능할 것이다. 그러나 이런 목표를 달성하기 위해서는 기술적 전문성, 시민의 필요, 그리고 현대문화 사이의 관계에 대한 면밀한 고려가 요구된다. 이 책에서는 그와 같은 재고가 내포하고 있는 실천적 함의를 생각해 볼 것이다. 특히 이와 같은 관념을 실행에 옮기려 시도하고 있는 '사회적 실험들'을 검토할 것이다.

지금까지 서론에서는 이 책을 주제별로 나누어 소개했다. 그러나 이어질 각 장에서 이론적 문제나 추상적 논쟁은 부분적으로만 다루어질 것이다. 이후의 장들에서는 '시민과학'과 연관된 일련의 사례연구나 구체적인 기획들을 제시할 것이다.

그러나 이러한 실제경험과 실천적 교훈들이 좀더 폭넓은 이론적 개념 틀과 함께 제시되지 않는다면 별다른 의미를 갖기 어려울 것이다. 그리고 실천적 경험들은 역으로 이론에 중요한 자극이 될 수 있다. 이 책 전체의 방향성은 '사회이론'과 '경험연구'를 나누는 무익하고 시대에 뒤쳐진 구분 방식에 문제를 제기하고 있다.

이미 눈치 챘겠지만, 이 책은—특히 위험과 환경 문제와 관련해— '과학기술과 시민권'에 대한 이해를 향상시키고 이 영역에서의 사회적 실천이 더 나아지게 하려는 목적을 갖고 있다. 그렇기 때문에 이 책은 현상에 대한 기술(記述)에 지나치게 몰두하면서도 지나치게 개념 위주일 위험을 동시에 안고 있다. 이러한 문제점이 발견된다면 이는 전적으로 나의 책임이다.

마지막으로, 이 책에서 사용되는 '과학'이라는 용어에 대해 간단히 언급을 해둘 필요가 있을 것 같다. 이후의 장들에서 나는 대체로 '과학'이라는 용어를 세계관 전체와 사회 속에 있는 일군의 제도들을 포괄하는 가장 넓은 의미로 사용하고 있다. 그리고 때로는 '기술'이라고 부르는 게 더 적절할 법한 지식이나 응용영역까지 '과학'에 포함시켰다. 물론 나는 '과학적'인 이해형태와 '기술적'인 이해형태를 구분할 수 있음을 잘 알고 있지만, 때때로 양자 모두를 간결하게 지시하기 위해 '과학적'이라는 용어를 사용했다. 이 책의 목적에 비추어볼 때, 이렇게 하는 것이 합당한 접근이라고 생각한다. 우리의 주된 관심은 과학과 기술 각각을 협소하게 정의하는 것이 아니라 이러한 지식과 이해형태들의 **잡종성**을 확인하는 데 있기 때문에 더욱 그렇다. 이러한 약식 표현을 씀으로써 범주들의 경계가 어쩔 수 없이 흐릿해지는 문제에 대해서는 독자들의 양해를 구한다.

[주]

1. 과학기술에 대한 베버의 사고를 가장 잘 정리한 논문으로는 Schroeder, R., "Disenchantment and its discontents: Weberian perspectives on science and technology"(*Sociological Review*, 1995/May) 참조.

2. Hill, S., *The Tragedy of Technology: Human liberation versus domination in the late twentieth century*(London: Pluto Press, 1988).

3. 같은 책.

4. 같은 책, p. 23.

5. 예를 들어 페루츠는 서유럽 사람들의 평균수명이 1830년에 40세이던 것이 1980년에는 70세로 꾸준히 증가했음을 보여주었다(Perutz, M., *Is Science Necessary?*, Oxford and New York: Oxford University Press, 1989, p. 38).

6. 같은 책, p. 5.

7. Williams, R., *Resources of Hope*(Collection of writings edited by Gable, R., London and New York: Verso, 1989), p. 8.

8. 같은 책, p. 305.

9. Nelkin, D., "The political impact of technical expertise," *Social Studies of Science*(5/37, 1975).

10. Stewart, J., "Science Shops in France: A personal view," Science as Culture(2/73~4, 1988).

11. The World Commission on Environment and Development, *Our Common Future*(Oxford and New York: Oxford University Press, 1987) p. 43(조형준 · 홍성태 옮김, 「우리 공동의 미래」, 새물결, 1995/2005).

12. 같은 책, p. 49.

13. 같은 책, p. 8.

1 / 과학과 시민권

자, 내가 원하는 것은 사실이오. …살아가는 데는 사실만이 필요한 거요. 사
실 외에는 어떤 것도 심지 말고 사실 이외의 모든 것을 뽑아버리시오. 사실에
기초할 때만 논리적으로 사고하는 인간을 만들 수 있는 거요. 학생들에겐 사
실 이외의 어떤 것도 하등의 도움이 되지 못하오. −토머스 그래드그라인드[1]

우리가 수없이 이야기를 들었던 모든 사실들과 모든 숫자들 그리고 그것들을
발견해 낸 모든 사람들을 한곳에 모았으면 싶어. …그리고는 그들 밑에 수천
개의 화약통을 설치해서 공중에 모두 날려버리고 싶어! −토머스 그래드그라
인드 주니어[2]

시민과 과학기술의 관계에 대한 관심은 현대사회를 특징짓는 요소 중 하나
이다. 예를 들어 바로 지금 이 시각에도 다양한 정치·사회 집단들(산업체,

정부, 환경론자, 과학단체, 사회운동단체 등)은 일반대중을 상대로 일련의 기술적 문제들—혹은 적어도 기술과 관련된 문제들—에 대한 자신들의 판단을 받아들이도록 교육, 선전 혹은 설득 작업을 벌이고 있다. 가령 환경 문제에 대처할 수 있는 최선의 수단은 무엇인지, 새로 나온 소비자 상품은 바람직한 것인지, 에이즈(AIDS)는 얼마나 위험한지, 다양한 에너지정책들은 어떤 장단점을 지니고 있는지, 그 밖에 유전자검사, 교통안전성, 신기술의 도입 등 꼬리를 물고 등장하는 사회문제에는 어떻게 대처해야 하는지 등을 둘러싸고 서로 경합하는 주장들이 제기되고 있다. 이런 점에서 우리는 우리 자신의 삶에 영향을 줄 과학기술의 발전에 관한 새로운 '정보'의 홍수 속에 살고 있으며, 또한 그러한 발전에 대해 무엇을 해야 할지를 놓고 서로 다른 사회집단들이 제공하는 훈계의 홍수 속에서 살고 있기도 하다.

이런 상황을 감안한다면, 그간 과학자들을 비롯한 여러 사람들이 과학, 기술지식 그리고 일반대중 사이의 연결을 기술하는 (혹은 좀더 흔한 일로, 그런 연결의 부재를 한탄하는) 수많은 설명들을 제시해 왔다는 사실은 그리 놀라운 일이 아닐 것이다. 현재는—영국왕립학회(Royal Society)가 정의한 바대로— '대중의 과학이해'라는 주제가 다시 한번 이러한 쟁점들에 초점을 맞추고 있다.

이 장의 첫째 절에서 기술되겠지만, 이러한 보다 일반적인 설명들 속에는 특정 요소들이 계속 반복되고 있다. 대중의 '과학무지'에 대한 우려, 이에 따라 '더 나은 지식을 갖춘'(better-informed) 시민들을 만들어내려는 욕구, 과학을 좀더 '접근하기 쉽도록' 만들려는(접근가능성의 정도에는 엄격한 한계가 있지만) 열정이 그것이다. 앞으로 보겠지만, 이러한 설명들은 또한 '진보로서의 과학'에 대한 헌신을 나타내며 단호하게 '과학 중심적인' (혹은 '계몽적인') 사회관을 제시해 왔다. 과학자들을 비롯한 여러 사람들이 제시하는 설명들은 종종 대중의 무지가 과학/기술 진보의 길을 가로막지나 않을까 하는 우려를 드러내고 있다. 영국의 한 중견과학자는 이 주제를 다룬 자신의 책 이름을 『과학은 필요한가?』라고 달기도 했다. 그러나 그는 책의 내용이 미처 시작되기도 전에 "미래는 과학에 속하며 과학과 친밀해진 사람들의 것이다"라는 네루의 격언을 인용해 답을 내리고 있다.[3]

이 장에서 개괄할 내용과 같이, "미래는 과학에 속한다"라는 관념은 시민과 과학의 관계에 관한 대다수 설명들의 토대를 이루고 있다. 하지만 보다 더 비판적인 설명들도 많이 있다. 이런 설명들은 과학이 일상생활에 미치는 영향에 관해 좀더 준엄한 질문을 던지기 위해 (앞장에서 논의되었던) '기술의 비극'이라는 주제와 '이데올로기로서의 과학'이라는 관념에 의존한다. 또한 대중의 과학이해에 대한 관심을 과학자사회가 품고 있는—탈계몽주의 시대에 접어들면서 자신들이 주변적인 존재가 되어버리는 것은 아닌가 하는—불안감을 나타내는 지표로 보는 견해도 있다. 이 장에서는 먼저 '대중의 과학이해'에 대한 이런 상이한 설명들을 역사적으로 간략하게 짚어본 후, 오늘날 시민과 과학기술의 상호작용을 보여주는 세 가지 사례연구를 제시하도록 하겠다.

'기술진보'에서 '보통시민'의 역할에 관한 논의는 산업혁명 초기까지 거슬러 올라간다. 19세기 영국에서는 예컨대 과학교육의 일반적 수준에 관한 열띤 논쟁이 있었다. 많은 이들은 과학교육의 낮은 수준이 산업발전과 기술발전을 가로막고 있다고 생각했다.[4] 20세기 후반과 꼭 마찬가지로 대중의 무관심이 과학진보의 장애물로 지적되곤 했다. 이 책의 주제와 관련해 특히 흥미로운 것은 기계공강습소(Mechanics Institutes)와 같은 단체의 설립이다. 이 단체는 공식화된 과학지식과 노동계급 사람들 사이의 간극을 메우려는 시도 중 하나였다(아래에 나오지만, 기계공강습소의 활동이 노동계급을 계몽하기 위한 것이었는지 아니면 특정 교의를 주입하기 위한 것이었는지에 대해서는 서로 다른 해석들이 존재한다). 기계공강습소 운동은 1820년대와 1830년대에 영국 전역에 퍼졌고 숙련 노동계급에게 과학기술 훈련을 제공했다.

20세기 들어서는 과학진보에 대해 사회주의적 관점을 가진 과학자와 작가들의 '명시적 집단'(visible college)이 과학 인지도의 향상 필요성을 주요 주제로 삼았다.[5] 할데인은 1939년에 발간한 『과학과 일상생활』의 서문에서 이렇게 썼다.

> 나는 글쓰기에 재능이 있는 과학자들이 자신의 주제를 일반인들에게 이해시키기 위해 노력할 의무가 있다고 확신한다. 과학이 우리 모두의 삶에 지속적인 영향을 끼치는 오늘날과 같은 시대에는, 과학지식의 폭넓은 공유 없이 민주주의가 성공을 거둘 수 없을 것이다.[6]

2차대전 직후에 과학노동자연맹(Association of Scientific Workers)도 유사한 정서를 표현했다. 여기서 그들은 '대중이해'의 증대가 왜 필요한지를 말할 때 가장 흔히 언급되는—이는 지금까지도 그렇다—세 가지 정당화의 개요를 제시했다.

• 미래의 노동력 수요를 충족시키기 위해서는 기술적 소양이 있는 대중이 꼭 필요하다("가용 노동력에 대한 현재의 부적절한 기준").[7] 이런 주장은 19세기에 노동계급의 기술교육을 둘러싼 논쟁에서도 중요하게 부각되었다.

• 과학은 우리의 문화를 이해하는 데 필수적인 일부가 되었다("오늘날에는 과학의 원리들을 폭넓게 이해하고 인지하기 위한 진지한 노력을 기울이지 않는 사람은 더 이상 교양인으로 간주할 수 없다").[8]

• 할데인이 앞에서 이미 지적한 대로, 대중의 과학이해 증대는 민주주의를 위해서도 핵심적이다.

과학노동자연맹은 대중이해의 향상을 위한 다양한 권고안들을 내놓았는데, 여기에는 수업시간 연장을 비롯하여 전시회·박물관·영화·언론·라디오 등과 같은 매체의 이용이 포함되었다. 또한 그들은 현장과학자들이 대중적 활동과 과학의 확산에 더 많이 참여할 필요가 있음을 강조했다. 이는 할데인이나 혹번 같은 과학자들이 과학과 수학에 관한 대중적 저작을 통해 이미 해온 일이었다.[9]

따라서 과학노동자연맹은 '과학을 통한 진보'의 모형을 제시했다고 할 수 있다. 이는 대중의 과학이해 및 수용도를 높여야 한다는 당대의 많은 견해들과 강하게 공명하는 것이었다. "과학은 전례 없는 힘을 사용할 수 있는 수단을 제공한다. 이 수단을 써서 우리는 이전 어느 때보다도 더 훌륭하고 아름다우며 행복한 세상을 건설할 수 있다. 인류가 맹렬하게 발전하고 있는 과학을 사회적 목표들을 위해 사용한다면 미래는 밝고 고무적인 것일 수 있다."[10]

그러나 과학노동자연맹은 과학자집단으로서는 특이하게도, 이 새로운 세상에서는 과학자들이 사회에서 드러내놓고 **정치적인** 역할을 해야 한다는 주장을 폈다. 과학노동자연맹은 사회변화를 수수방관하기만 하는 이들에 대해 매우 비판적이었다. 과학과 산업의 사회적 통제에 대해서는 중요한 정책결정이 내려져야만 했고, 이때 여기에 참여하는 것은 모든 시민의 의무였다. 반면 과학 그 자체는 "선하지도 악하지도" 않았다. "그것은 조직화된 지식이자 방법이며 도구 혹은 무기로서, 사회가 이를 선하게 혹은 악하게 사용할 수 있는 것"이었다.[11] 이처럼 가치중립적인 과학의 관념은 시민과 기술변화의 관계에 대한 과학자들의 견해에서 빠지지 않고 나타나는 특징이 되어왔다.

그로부터 40여 년 후 권위 있는 영국왕립학회가 '대중의 과학이해'에 관한 자체 보고서를 통해 이 논쟁을 부활시켰다. 이는 이러한 관심이 계속 유지되어 왔음을 시사해 주었지만, 동시에 그간 실질적인 진전이 별로 없었다는 인식을 보여주는 것이기도 했다. 왕립학회는 과학노동자연맹에 비해 두드러지게 덜 '정치적인' 관점을 취했다. 왕립학회 보고서의 권고사항들은 과학과 사회 모두가 잘되어야 한다는 좀더 자유주의적인 관심에서 우러나온 것이었다(그리고 아마도 사회가 과학적 이해의 가치를 무시하고 있다는 우려에서 나오기도 했을 것이다—1980년대 중반은 과학에 대한 대중의 지지의 앞날에 대한 우려가 컸던 시기였다).

이와 같은 정치적 관점의 차이에도 불구하고, 왕립학회의 1985년 보고서는 과학노동자연맹의 많은 회원들 역시 기꺼이 지지했을 논점을 제시하고 있다.

> 더 나은 대중의 과학이해는 국가번영을 촉진하고 공공과 민간의 정책결정의 질을 높이며 개인의 삶을 윤택하게 하는 중요한 요소가 될 수 있다. …대중의 과학이해를 향상시키는 것은 자원이 남아돌면 한번 해볼 수 있는 사치가 아니라 미래에 대한 투자인 것이다.[12]

이어 이 보고서는 '이해의 향상'이 개인적 · 국가적 가치를 가질 수 있는 특정 영역들을 다수 열거하고 있다.

- **국가번영**의 측면에서, 더 나은 지식을 갖춘 시민들은 새로운 기술이 제공하는 기회를 이해할 수 있고 더 잘 훈련된 노동력을 공급할 수 있다.
- **경제활동**의 측면에서, 폭넓은 과학인지도는 과학기술에 대한 '적대감 혹은 심지어 무관심'을 줄여줌으로써 그러한 상품이나 공정의 변화에서 빠른 혁신을 돕는다. 또한 '책임 있는 지위'에 있는 사람들이 더 나은 정보를 갖고 있다면 '상당한 경쟁우위'를 가질 것이다.
- **공공정책**의 측면에서, 과학기술은 주요 고려대상이 되어야 한다. 왕립학회에 따르면 이러한 정책결정이 '더 나은 이해'에 의해 향상될 거라는 강력한 논거가 있다(우리는 2장과 3장에서 이러한 가정을 매우 면밀히 검토할 것이다).
- **개인적 결정**의 측면에서, 예컨대 식사나 흡연, 백신접종의 안전성 등에 관한 문제에 "지식을 갖추지 못한 대중은 그릇된 생각에 현혹되기 매우

쉽다.”

• **일상생활**의 측면에서, 기초적인 과학적 소양은 우리 주위에서 일어나는 일을 이해하기 위해서라도 필요하다(예컨대 볼펜이나 텔레비전은 어떻게 작동하는가).

• **위험과 불확실성**의 측면에서(예컨대 핵발전이나 안전벨트 착용에 관해), 대중이 위험의 성격과 위험을 해석하고 비교 평가하는 방법을 더 잘 이해하는 것은 중요한 일이다. “더 나은 이해가 더 나은 공공적·개인적 의사결정을 촉진한다는 점을 재삼 강조하지 않을 수 없다.”[13]

• **현대의 사상과 문화**의 측면에서, 과학에 대한 이해가 없는 시민은 인간의 탐구와 발견이 낳은 이 중요한 영역의 풍요로움으로부터 단절되고 만다.

지금까지 우리는 과학자와 시민들이 기술적 정보와 이해의 확산에 더 큰 노력을 기울여야 한다는—과학노동자연맹과 왕립학회가 각각 내놓은—주요한 논증 두 가지를 간략히 살펴보았다. 이를 통해 우리는 그런 노력을 정당화하는 전형적인 논리를 볼 수 있었는데, 이는 대체로 경제적·정치적·개인적·문화적 논증을 뒤섞은 것에 기반하고 있다.

우리는 또한 시민과 과학기술의 관계에 관한 특정한 가정들에 대해서도 알게 되었다. 그런 가정들은 바로 '대중의 과학이해'라는 개념 그 자체에 내재해 있는데, 여기에는 다음과 같은 것들이 포함된다.

• 오늘날에는 대중이 과학기술 문제에 '무지하다'는 관념

- 더 나은 과학이해가 더 나은 '공공적·개인적 의사결정'으로 이어질 거라는 관념
- 과학은 인간의 향상을 위한 힘이라는 관념
- 과학의 **방향**에 대해서는 도덕적·정치적 선택을 해야 하지만, 과학 그 자체는 가치중립적이라는 명시적 혹은 암묵적인 관념
- 과학사상으로부터 배제되면 시민들의 삶의 질이 어떤 식으로건 저하된다는 관념
- 과학적 사고를 폭넓게 접하면 과학기술에 대한 수용도와 지지가 증가할 거라는 관념

물론 이 두 과학자집단이 제시하는 설명에는 차이가 있다. 예컨대 과학노동자연맹은 좀더 '정치적인'(전후 노동당정부의 야심과 연결된) 프로그램을 제시하고 있다. 그러나 이 두 설명은 과학발전이 사회의 미래에서 중심을 이룬다는 근본적인 믿음을 공유하고 있다. 또한 그들은 더 나은 지식을 갖춘 시민들이 이러한 발전에서 결정적인 (그러나 그 본질상 사후적인) 역할을 할 수 있다는 믿음을 (사회민주주의의 일부이건, 좀더 모호한 자유주의 이데올로기의 일부이건 간에) 갖고 있다. 실로 미래는 과학에 속해야만 한다는 것이다.

왕립학회 보고서에서는 과학의 조직이 변화에 열려 있어야 한다거나 연구정책에 시민의 관점을 포함시켜야 한다는 제안은 찾아볼 수 없다. 이 보고서의 목표는 대중이 과학에 관해 더 나은 지식을 갖추도록 하는 것이지, 과학기구들에 대해 비판적으로 평가하도록 장려하는 것은 아니다. 왕

립학회 그리고 오늘날 과학을 옹호하는 대다수의 사람들에게 **과학** 그 자체는 문제가 아니다. 문제는 대중의 이해를 증진하고 이를 통해 과학의 **수용도**를 높이는 것이다.

이러한 세계관은 과학기술과 일반대중에 대한 가정의 측면에서 볼 때 '과학 중심적' 혹은 (더 정확하게는) '계몽적'이라고 부를 수 있다. 이 얘기는 모든 현장과학자들이 이런 세계관을 갖고 있음을 의미하는 것은 아니다. 그렇지만 과학적 사고가 사회발전에서 중심을 이룬다는 주장에 강력하면서도 자주 반복되는 논거를 제공한다. 이런 세계관에서는 과학과 시민의 관계가 어떤 식으로건 문제가 될 때면 그것을 항상 대중의 무지 혹은 비합리성의 결과로 받아들인다.

이 책은 이런 쟁점들에 대해 비판적 관점이 필요하며, 그러한 **변화**가 이미 일어나고 있음을 보여주는 새로운 발전과 사고방식들을 찾아볼 수 있다고 주장할 것이다. 그 출발점으로 우리는 지금껏 서술한 '진보로서의 과학'의 관념을, 19세기에 있었던 '대중의 과학이해' 실험에 대한 한 가지 설명—기계공강습소 운동에 대한 맥신 버그 등의 논의[14]—과 대비시켜 보려 한다. 기계공강습소 운동에 대한 버그의 비판적 분석은 시민과 과학에 관한 지금까지의 논쟁을 그것이 있어야 할 사회정치적 맥락 속에 위치시켜 준다.

이미 언급한 바와 같이, 기계공강습소는 노동계급 공동체의 일부에 대해 고도로 지역화되고 요구에 부응하는 (요즘 식으로 표현하자면) '평생교육'을 제공한 훌륭한 사례인 것처럼 보인다. 강습소는 영국 전역에 설립되었고, 기술훈련에 대한 요구가 매우 높았던 시기에 그것을 제공해 주었다.

물론 이러한 요구는 산업화의 빠른 진전과 연관된 것이었다. 그러나 버그의 설명은 이 운동이 썩 매력적이지 않은 이데올로기적 목적을 지녔음을 보여준다. 강습소는 그 본질에 있어 박애를 지향으로 삼은 것이 아니었으며, 오히려 신생 자본주의 질서에 대한 정당화의 일부였다. 그 밑에 숨어 있는 '자기향상'(self-improvement) 철학은 '노동귀족'을 창출해 노동자계급을 분열시키려는 의도를 품고 있었다. 이 운동의 근간은 과학과 산업의 조화를 복음으로 전파하자는 것이었다. 강습소 운영은 대부분 중간계급이 주도했는데 그들은 보다 질서 잡힌 사회를 만들고 사회적 불안정을 방지하는 것을 주된 목표로 삼았다. 결국 과학은 해방이나 적극적인 시민권을 위한 힘이 아니라 사회질서를 정당화하는 중요한 수단이었다.

여기서 기계공강습소에 대한 논의가 중요한 이유는 그것이 담고 있는 특정 결론 때문이라기보다 그것이 과학과 시민의 관계에 대해 제기하고 있는 보다 폭넓은 질문 때문이다. 왕립학회가 취하고 있는 것과 같은 '계몽적' 접근에서는, 대중에게 과학정보를 제공하는 것은 그 자체로 유익한 일이라고 주장할 것이다. 그것이 사회에 영향을 주고 있는 과학적 변화를 더 잘 이해할 수 있게 해주고 시민들이 어떤 선택을 해야 하는지를 분명히 밝혀주기만 한다면 말이다. 그러나 버그의 분석은 과학이 시민들에게 이데올로기적 외양을 띠고 다가갈 수 있으며, 그 결과 이해를 돕기보다는 오히려 이를 가로막는 데 쓰일 수 있음을 말해 준다. 특히 중간계급세력이 기계공강습소를 장악했다는 사실은 과학적 훈련이 곧 특정 정치이데올로기(이 경우에는 '정치경제학'이라는 이름의 이데올로기)를 선전하는 것이기도 했음을 의미한다. 여기서 우리는 바로 이 점을 일반화해 자본주의 이데올로기와 동시대 과학의 관계를 다룬 수많은 마르크스주의적 과학분석을 논의에 보탤 수 있다.[15] 예컨대 마르쿠제는 이렇게 주장했다. "기술과 과학을 자기 것으로 만든 산업사회는 인간과 자연에 대한 더욱 효과적인 지배 그리고 자원에 대한 더욱 효과적인 이용을 위해 조직된다."[16]

마르크스 자신은 이와 같은 '지배로서의 기술'이라는 관념을 특히 분명하게 표현했다.

> 노동[은]… 기계 그 자체의 전체 과정 아래 시스템의 한 연결고리로서 포섭된다. 시스템의 통일성은 살아 있는 노동력이 아니라 살아 있는 (활동적인) 기계에 존재한다. 기계는 강력한 유기체처럼 인간의 개별활동을 대단찮은 것으로 만들어버린다.[17]

힐은 자신의 책 『기술의 비극』에서 이 주제를 (특히 푸코의 작업을 기반으로 해서) 더 발전시키고 있다.

> 피고용인들은 대체로 기술을… 자신의 어깨너머 어딘가에 있다가 새로운 변화의 바람이 불면 자신들의 생계수단을 한순간에 앗아가 버릴 수도 있는 소외된 힘으로 바라본다. [기술의] 미학은 인간적 조화가 아니라 외부로부터 부과된 질서이다. 지식의 언어는 불투명하며, 기술시스템의 관리자와 그들에게 정보를 제공하는 다양한 전문가들에 의해 통제된다. 기술의 미학은 일반인에게는 불가해한 것이며, "너는 여기에 적응해야 한다"라고 말하는 지식의 언어 속에 체현되어 있다.[18]

두말할 것 없이 여기서의 주장은 기술에 대한 이러한 관계가 작업장 **외부**에서도 발견되며, 그 결과 기술에 대한 사람들의 일반적 경험은 '불가해성'과 '적응'이라는 패턴에 들어맞는다는 것이다.

이제 우리는 과학에 대한 두 가지 설명이 서로 공약 불가능한 지점에 도달한 것 같다. 그중 하나는 권능을 부여하고 힘을 주는 과학의 역할을 강조하는 것이고, 또 하나는—정당화의 원천(하버마스), 소외의 원천(마르크스) 혹은 탈주술화의 원천(베버)으로서의 과학의 관념에 근거해—사회적 통제와 비인간화의 한 형태로서 과학의 역할을 강조하는 것이다. 여기서 조심할 것은, 통상적인 정치구도를 따라 논쟁의 편('기성의 관점' 대 '근본적 반대')을 갈라서는 안 된다는 점이다. 좌파와 환경단체들은 기성 정치집단만큼이나 열정적으로 과학이라는 외피를 두르는 것("사람들이 오존층 파괴나 토양 산성화, 공장형 농업에 관한 사실들을 일단 알기만 한다면 우리를 지지할 텐데")을 열망해 왔다—비록 그들이 가진 과학적 밑천이 훨씬 적은 경우가 대부분이긴 했지만 말이다. 또한 이러한 모든 접근들은 과학이 진보냐 탈주술화냐를 둘러싼 외관상의 공약 불가능성에도 불구하고, 근대세계에서 과학적 합리성이 중심을 이룬다는 점에는 의견일치를 보고 있음에 유의해야 한다. (나중에 다루겠지만) 근대세계가 후기근대성(혹은 탈근대성)으로 근본적인 변화를 겪고 있다고 몇몇 논자들이 주장하고 있음에도 불구하고, 과학이 시민들의 삶에 실질적인 영향을 끼친다는 것을 부인하기는 어렵고 이는 앞으로도 그럴 것으로 보인다.

이후의 논의에서 우리는 이 주제들을 개념적 수준에서 한번 더 다루게 될 것이다. 여기서는 이 주제들에 관한 일반적 논쟁을 이어가는 대신, 오늘

날 시민과 과학의 실제 상호작용을 보여주는 사례들을 좀더 세밀하게 살펴
보려 한다. 과학이 사회 속에서 권능을 부여하는 장치라기보다 정당화 장
치로 이용되고 있다는 증거가 실제로 있는가? '과학과 대중' 사이의 커뮤
니케이션 부족은 대중의 무지로 설명될 수 있는 것인가, 아니면 더 근본적
인 이유들로 설명되어야 하는 것인가?

이 문제들에 답하기 위해 우리는 과학기술의 문제를 사람들의 삶 속에
서 일어나는 형태 그대로 탐구할 필요가 있다. 이런 프로젝트의 시작점으
로, 우리는 과학기술과 일상생활의 관계를 보여주는 사례 세 가지로부터
얻은 교훈을 생각해 볼 수 있다. 이 사례들이 대표적인 사례라고 주장할 생
각은 없다. 다만 오늘날 시민-과학관계의 쟁점들을 보여주고 탐구해 볼 목
적으로 선정된 것일 뿐이다. 이 세 가지 사례는 앞으로 책의 여러 곳에서
다시 반복되고 되풀이해 분석될 것임을 미리 말해 둔다.

우리 시대의 세 가지 이야기

2,4,5-T와 농장노동자들

우리는 앞으로도 건전한 근거에 입각한 새로운 증거나 정보를 계속 조사해
나갈 것이다. 그러나 당장으로서는, 이번 조사의 결과로 우리가 과거에 가졌
던 견해는 더욱 공고해졌다. 즉 2,4,5-T제초제를 영국 내에서 정해진 용법에
맞게 정해진 용도로 사용한다면 이는 안전할 것이다. - 농약자문위원회
(Advisory Committee on Pesticides, ACP)[19]

NUAAW는 삼림과 농장에서 일하고 있는 수천 명의 노조원들의 경험으로부터 미루어—추측컨대 실험실에서의 통제된 조건에 익숙할—[자문위원회] 위원들이 머릿속에 그리고 있는 조건들을 실제 현장에서는 충족시킬 수 없다고 확신한다.

이 사실 하나만 보더라도 제초제가 사용하기에 안전하다는 가설은 즉각 철회되어야 한다.[20]

1980년에 전국농업계통노동자연맹(National Union of Agricultural and Allied Workers, NUAAW—이하에서는 '농장노동자들'이라고 칭하겠다)은 제초제 2,4,5-T를 놓고 영국 규제당국과 대중적으로 널리 알려진 논쟁을 벌였다. 당시 2,4,5-T는 그것이 지녔다고 믿어진 유해 특성(염소성여드름 chloracne, 기형아, 자연유산, 암)과 자연환경 전반에 끼치는 영향으로 인해 이미 논쟁의 대상이 되어 있었다. 이 제초제는 1940년대부터 생산되었는데, 가장 널리 알려진 용도는 아마 베트남전 때 미국 비행기들이 이것을 고엽제로 (즉 지표면의 숲을 제거하는 수단으로) 살포한 것일 터이다. 그러나 2,4,5-T는 농업·산업·가정에서 각종 용도로도 사용되었다(예컨대 철도노동자들이 철로 인근의 잡초를 제거하거나, 벌목노동자들이 나무 아래의 덤불을 제거하거나, 일반인들이 정원에서 가시덤불이나 쐐기풀을 없애는 경우 등).

2,4,5-T의 유해성을 전세계가 주목하게 되면서 이즈음에 이르면 많은 나라들에서 제초제 사용을 금지하거나 엄격하게 제한했는데 미국, 캐나다, 구소련 등이 여기에 속했다. 또한 2,4,5-T를 반대하는 국가적·국제적 캠

페인도 다수 생겨났다. 이들은 특히 2,4,5-T를 비롯한 '더러운 12가지'
(dirty dozen)[21] 농약을 개발도상국에서 사용하는 데 대해 우려를 표명했
다. 영국에서도 많은 집단들이 2,4,5-T의 금지나 엄격한 규제를 주장했다.

이 캠페인은 다소 성공을 거두었다. 1980년이 되면 영국철도(British
Rail), 국가석탄위원회(National Coal Board) 그리고 발전회사들 같은 주요
제초제 사용처들과 많은 지역당국들이 제초제 살포 중지에 동의했다. 그러
나 영국의 규제당국은 역사적으로 2,4,5-T의 금지에 소극적인 태도를 보
여왔다. 여기서는 시민들과 과학기술 정책결정의 상호연결성을 보여주는
사례로 2,4,5-T의 역사에서 일어난 에피소드 하나—1980년 1년 동안 농
장노동자들과 규제당국(더 정확하게는 규제당국의 자문기구인 농약자문
위원회)의 대립—를 간략히 살펴보려 한다.

이 얘기를 하는 방식으로는 물론 여러 가지가 있을 수 있다. 기술적 증
거(이 사건에 포함된 '사실들')를 리뷰할 수도 있고, '전문성'과 '노조의
압력' 간의 충돌로 그릴 수도 있으며, 과학이 '보살핌이 없는'(uncaring) 현
대 농기업(agro-business)의 본질이나 노동자의 권리를 억압하는 이데올로
기로 이용되는 것을 보여주는 사례로 제시할 수도 있다. 그러나 여기서는
농장노동자들과 ACP가 자신들의 주장을 뒷받침하기 위해 제시한 논증의
종류를 살펴보고 그러한 사회적·기술적 정책결정에서 '과학적 전문성'의
이용에 관한 당장의 교훈을 생각해 보는 것으로 족할 것이다. 좀더 구체적
으로 묻자면, 이 사건은 (자문위원회가 대표하는) '과학적' 관점과 (농장노
동자들이 대표하는) '시민의' 관점 사이에 어떤 간극이 있음을 시사하고
있는가?

1980년에 농장노동자들은 자신들이 작성한 제초제에 관한 최신 ‘조사 보고서’(dossier)를 ACP에 제출했다.[22] 그 이전까지 농약의 안전성 문제는 ACP에 적어도 여덟 번 이상 문의되었는데, 그때마다 위원회는 2,4,5-T가 “지시된 대로 사용되기만 한다면” 사용자나 환경 일반에 “아무런 해도 끼치지 않을” 거라는 기존의 입장에서 한 발짝도 물러나지 않았다. 농장노동자들은 ACP에 제출한 증거에서 자신들이 생각하는 농약사용의 ‘현실’에 관해 논의했고, 농약에 대한 대안을 제시했으며, 이전에 나온 ACP 보고서들을 비판했고, 이어 건강상의 상해가 2,4,5-T에 대한 노출과 연관이 있다고 생각되는 많은 사례들을 제시했다.

이 사례들— ACP에 제출한 ‘새로운’ 증거—은 NUAAW가 기관지 『랜드워커』(Landworker)를 통해 노조원들에게 돌린 설문의 결과에서 뽑은 것이었다.[23] 설문에 포함된 질문들은 ‘잡초제거제 2,4,5-T’의 용법에 관한 것(2,4,5-T를 함유한 잡초제거제를 언제 마지막으로 사용했습니까? 보호장구를 사용하는 방법에 관해 교육을 받은 적이 있습니까? 2,4,5-T를 함유한 잡초제거제와 연관된 위해성에 관해 정보를 제공받은 적이 있습니까?)이었지만, 응답자의 의료정보(2,4,5-T를 함유한 잡초제거제를 사용한 이후에 다음과 같은 증상을 겪은 적이 있습니까? 다음과 같은 질병을 앓은 적이 있습니까? 당신이나 당신의 배우자가 (계획하지 않은) 자연유산을 경험한 적이 있습니까?)도 함께 물어보았다. 모두 합쳐 40여 개의 질문을 던졌고, ‘자발적 응답’에 기초해 회신되었다.

설문결과를 바탕으로 해서 ACP에 제출할 것을 염두에 두고 (14명의 개인을 대상으로 한) 일련의 사례연구가 이루어졌다. 전형적인 사례 한 가지를 들면, 한 '희생자'는 "1977년에 한 차례 유산을 경험한 후 같은 해 말에 딸을 낳았는데… 입천장과 입술이 갈라진 언청이였다. 그녀의 남편은 산림위원회(Forestry Commission)에서 일했을 때 2,4,5-T를 사용한 적이 있었다."

이 정보는 이후 ACP에 제출되었다. 농장노동자들이 제출한 조사보고서의 전체적인 결론은 다음과 같다.

> ACP에 의해 평가된 적이 없는 추가 증거들, 잡초를 죽일 수 있는 대안적 방법의 존재 그리고 2,4,5-T가 사용자에게 끼치는 영향에 관한 전반적인 정보 부족 등을 감안한다면… 노동자들과 그들의 가족, 일반대중을 단 일분이라도 더 위험에 노출시키는 것은 결단코 있을 수 없는 일이다.[24]

이 증거에 대한 자문위원회의 답변은 1980년 말에 「영국에서 제초제 2,4,5-T사용의 안전성에 관한 추가검토」라는 제목의 보고서로 공표되었다.[25] 보고서는 농장노동자들이 제출한 조사보고서보다 훨씬 더 길었는데, 예컨대 ACP의 이전 보고서가 나온 이후의 주요한 과학적 발전을 철저하게 검토했다. 그리고 모든 증거들을 다소 상세하게 평가했고, 환경적 영향과 작업자들의 노출에서부터 대체농약의 고려에 이르기까지 여러 주제들을 부록에서 다루었다.

ACP는 농장노동자들이 제기한 특정 문제들에 관해서는 보고서의 한 절을 할애해 NUAAW가 제출한 사례연구들을 검토했다. 각각의 사례에 대해 위원회는 의학적 조건과 2,4,5-T를 서로 연결시킬 만한 증거가 불충분하거나 혹은 적어도 그런 상관관계가 존재할 가능성이 매우 낮다고 결론 지었다. 예를 들어 앞에서 언급한 유산·기형아의 사례에서는 아버지의 고용기록 조사가 가장 먼저 이루어졌다. 이어 실제 노출의 정도와 그 결과 나타났다고 주장된 영향의 규모를 확인하기 위해 부모와 가족의(醫)에 대한 인터뷰가 있었다. ACP의 결론은 다음과 같았다.

> 이 사례에서 발생한 유형의 기형아는 유전적으로 흔한 것이다. K부인이 2,4,5-T를 접할 수 있는 경로는 남편의 작업복을 다루면서 만진 것이 유일하다. 그리고 그녀가 독성 효과가 나타나기에 충분한 양을 흡입했을 가능성은 극히 희박하다.[26]

전체 결론에서 ACP는 "[조사보고서에서] 진술된 영향들과의 인과관계를 보여주는 아무런 근거가 없다"고 강하게 주장했다. 이 주장은 2,4,5-T와 유산·기형아 간의 연결에 관한 논의에서 더욱 정교해진다. 위원회는 농장노동자의 사례들이 "농약과의 관련성을 나타내는 것도 아니지만, 그렇다고 농약의 위해가능성을 배제하는 것도 아니라"고 말했다.

> 진실은 2,4,5-T 같은 제초제와 접촉한 적이 있는 여성들 중 일부는 유산을 할 가능성이 있고 일부는 기형아를 낳을 가능성이 있다는 것이다. 그러나 이것 자체는 인과관계에 대해 말해 주는 바가 없다. 통계적으로 본다면 2,4,5-T와 같은 특정 물질과 접촉했던 가족들이 이러한 불운으로부터 면제되는 것이 오히려 더 놀라운 일일 것이다.[27]

이런 과학적 근거가 농장노동자들의 견해를 바꾸어놓지 못했다는 사실은 아마도 그리 놀라운 일이 아닐 터이다. 그리고 적어도 한 차례의 격렬한 회의에서 양측은 이 쟁점에 관한 자신들의 우려를 전달하기 위해 싸웠다. 회의가 끝난 뒤 농장노동자들의 대표가 한 말을 옮기면 이렇다.

우리는 위원회측이 취하는 접근법을 보고 놀랐다. 그들은 어떤 화학물질의 위해성을 증명하는 과학적 증거가 물샐틈없이 완벽해야 한다고 보고 있다. 그러나 우리는 개연성들을 서로 견주어보고 정책결정이 이루어져야 한다고 믿는다. …사람의 생명이 걸려 있는 경우 책임 있는 기구라면 석면 사례처럼 충분히 많은 사망자수가 쌓일 때까지 기다리지 않을 것이다.[28]

농장노동자들은 화학물질을 금지시키고 미래의 결정을 위해 규제구조를 바꿔놓는 두 가지 목표를 위해 투쟁을 계속할 것을 선언했다.

광우병과 소비자들

수석 의료담당관(Chief Medical Officer, 영국에서 복지부 산하의 의료분야를 담당하는 최고전문위원—옮긴이)이 확언했던 바와 같이, 영국산 쇠고기는 어른, 아이 할 것 없이 그 누가 먹어도 계속 안전할 것입니다.—존 거머, 농수산식품부 장관[29]

영국산 쇠고기의 섭취는 전적으로 안전합니다. 이 동물보건문제(BSE)가 인간의 건강에 위협을 야기할 수 있다는 증거는 전혀 없습니다.

이는 육류산업만의 견해가 아니라, 독립적인 영국과 유럽 과학자들이 밝힌 견해입니다.

이 견해는 보건부에서 보증한 것입니다.—육류 및 가축 위원회의 광고[30]

과학자들은 자동적으로 대중의 신뢰를 획득하는 것이 아니다.—영국 하원농업특별위원회[31]

1990년 영국의 대중매체를 크게 장식했던 한 가지 기술적 쟁점이 있었다. "과연 소들이 당신을 미치게 할까?"라는 문제가 그것이다. 농수산식품부(Ministry of Agriculture, Fisheries and Food, MAFF)—특히 존 거머 장관—가 이 문제를 다룬 방식은 다방면에서 공격을 받았다. 육류산업은 사람들의 공포가 육류소비에 영향을 줄까 봐 노심초사했다. 소비자연맹(Consumers' Association)과 안전한식품을위한학부모연합(Parents for Safe Food)은 육류산업과 MAFF에 대해 불신을 표출했다. 영국의 신문들은 거머가 대중을 안심시키려는 시도의 일환으로 자신의 딸에게 햄버거를 건네주는 사진을 대문짝만하게 실었다. 다양한 과학자집단들이 이 문제에 관심을 표명했는데, 리처드 레이시 교수는 소해면상뇌증(Bovine Spongiform Encephalopathy, BSE)에 관한 최악의 시나리오가 실현될 경우 "한 세대 전체가 사라질지도 모른다"고 우려를 표명했다. 반면 다른 과학자들은 이 문제에 대한 '대중의 히스테리'가 공연한 소란이라고 보았다. 리처드 사우스우드 교수는 "쇠고기나 소에서 나온 다른 제품을 먹고 BSE에 걸릴지 모

른다고 걱정하느니 차라리 번개에 맞아죽을 것을 걱정하는 게 낫다"고 단언했다.[32]

따라서 '미친 소' 문제는 분명 대중적으로 중요한 논쟁이었다. BSE는 뇌의 퇴화를 야기하는 치명적 질병으로, 수년간의 잠복기를 거쳐 소(대부분 젖소)를 감염시키는데 감염된 소는 아무런 증상도 보이지 않다가 마지막 몇 주 동안 신경질적으로 제멋대로 날뛰다가 죽는다. BSE는 1985년에 영국에서 최초 발병사례가 보고되었고, 1990년 4월에는 매주 290여 건의 발병이 확인되고 있는 상황이었다. 물론 대중의 심려를 자아낸 문제는—'광우병'이라는 더 극적인 이름으로 알려지게 된—BSE가 과연 인간에게도 위협이 될 수 있는가 하는 것이었다.

2,4,5-T사례에서와 같이 이 얘기 역시 여러 가지 방식으로 해볼 수 있고, 실제로도 이미 여러 가지 방식으로 기술된 바 있다. '사실들'로 무장한 과학자들과 비합리적인 시민집단(이 경우에는 농장노동자들이 아니라 소비자들)의 싸움으로 볼 수도 있고, 산업체가 규제기구와 과학자들을 타락시킨 사례로 제시할 수도 있으며, 과학적 권위를 이용해 착취적이고 그 본질상 위험을 내포한 식품 생산방식을 정당화하려는 시도로 그릴 수도 있다. 그러나 여기서는 2,4,5-T사례처럼 논쟁 양측의 주장이 가진 대강의 특성들을 살피는 것으로 충분할 듯하다.

정부의 조치와 육류산업의 활동에 가장 비판적이었던 소비자 및 그 제휴집단들을 보면 그들의 주장이 지닌 특징 몇 가지를 파악해 낼 수 있다. 먼저, 비판집단들은 육류산업의 특정 관행들—특히 동물의 내장을 가축에게 먹이는 것—을 문제삼는 경향을 보였다. 둘째로, 비판집단들은 BSE의 전파에 관한 불확실성을 강조하는 방향을 취했다. 그래서 예컨대 1990년에 샴 고양이가 BSE 증상을 보이자 반대집단들은 이를 BSE가 종간의 경계를 넘어 전파될 수 있음을 보여주는 추가적인 증거로 받아들였다. 셋째로, 비판집단들은 이 문제에 관해 과학적 견해가 나뉘어 있음을 이용할 수 있었다. 이 점에서 레이시 교수는 특히 널리 알려진 인물이 되었다. 이에 따라 반대집단들은 이 문제에 관해 과학적 합의가 이루어지지 않았음을 분명히 할 수 있었다. 넷째로, 소비자집단들은 MAFF가 논쟁을 다루는 방식에 일관성이 없고 약점이 많다는 점을 비교적 손쉽게 파고들 수 있었다. 한 기사에서는 이렇게 씌어졌다. "BSE에 관한 지식은 감염된 소의 뇌처럼 구멍이 뻥뻥 뚫려 있다. …[그러나] BSE의 과학적 측면에 논란의 여지가 있음에도 불구하고, 우리는 위험을 억제하고 피해를 줄이며 대중의 신뢰를 유지하기 위해 위기관리를 어떻게 해야 하는지에 관해 이미 많은 것을 알고 있다."[33]

그러나 이 기사는 정부가 대중과의 관계에서 모든 규칙을 깨뜨렸다고 주장했다. 예컨대 MAFF와 MAFF 장관은

- 충분한 주의를 기울여 쟁점을 다루지 않았고
- 모든 단계에서 느릿느릿 행동했으며
- 지지를 얻어내기보다는 논쟁에서 점수를 따는 데 치중했고(예컨대 거머는 채식주의자들이 "자연의 법칙에 완전히 어긋난다"고 말한 것으로 널리 알려졌다)
- 공개적으로 발언하기를 거부함으로써 혼란을 야기하고 그 결과 소비

자들과 식품산업 양자 모두로부터 신뢰를 잃었으며

• 문제에 관해 토론하기보다는 선전을 위한(예를 들어 거머의 딸과 쇠고기 햄버거를 사진으로 찍어 내보내는 것 같은) 술책을 동원했고

• 공개청문에 대응하기 위한 시스템을 갖추지 않았다.

이 기사는 "비틀거리며 걷는 소의 끔찍한 이미지는 무능한 관료집단뿐 아니라 허약하고 이기적인 정보제공 체계의 현 실태를 보여주는 듯하다"라고 끝을 맺고 있다.[34]

결국 BSE문제는 매우 다양한 비판과 우려를 집중적으로 받은 쟁점이었다. 이러한 비판과 우려들에는 식품산업의 관행, 정부부처의 독립성과 능력 그리고 이토록 복잡하고 연구가 덜된 영역에서 과학적 이해가 갖는 한계 등이 모두 포함되어 있었다. 그러나 비판이 이렇게 폭넓게 제기되었음에도 불구하고 여기에 주어진 '공식적' 답변은 이 문제를 '사실'에 대한 도전으로 받아들이는 것이었다. MAFF에서 발표하는 성명들은 한결같이 이런 식의 똑같은 주장을 반복했다. "우리는 최선의 독립적인 과학적 조언에 근거해 BSE에 관한 공공보건상의 우려와 동물건강의 측면에 대처하는 조치들을 취해 왔습니다."[35]

1990년 4월 왕립학회와 영국과학기자협회(Association of British Science Writers)는 "대중이 여전히 [BSE의] 위험에 대해 혼란스러워하고 있다"며 자체 기자회견을 열었다.[36]

이 모임은 "기자들이 정확하게 기사를 쓰고 보도할 수 있도록 도와주기" 위해 마련된 것으로 "다섯 명의 전문가들"로부터 증언을 들었다. 이 전

문가들의 견해는 사람에 대한 "위험이 매우 낮다"는 견해에서부터 "사람이 쇠고기를 먹고 이 병에 걸릴 위험은 전혀 없다"는 견해에 이르기까지 서로 조금씩 달랐다. 그러나 이들의 대체적인 의견은 BSE의 위험이 대단치 않다는 것이었다. 그럼에도 불구하고 대중의 불안은 지속되었다. 하원농업특별위원회가 1990년 7월에 결론지은 것처럼, 전문가의 진술만으로는 대중을 안심시킬 수 있을 것 같지 않았다.[37]

1990년 이후 BSE는 서서히 대중적 관심사로부터 멀어져 갔지만 새로운 보고가 나올 때마다 그런 우려는 주기적으로 되살아났다. 예컨대 1994년에는 유럽대륙의 국가들이 영국산 쇠고기 수입을 제한하려는 시도를 보임에 따라 또 한 차례 우려의 물결이 휩쓸고 지나갔다. 그동안 이 문제에 대한 정부의 대응을 둘러싼 의견대립은 사라질 기미를 보이지 않았다. 오히려 많은 소비자집단들은 식품안전 문제를 놓고 규제당국과 또 다른 싸움을 벌일 준비를 하고 있다.[38]

대형 기술위해와 지역주민들

귀하의 토지와 가옥은 대형사고가 일어났을 때 영향을 받을 가능성이 있는 지역에 위치해 있습니다. …산업대형사고 위해통제에 관한 법규(1984)에서는 만의 하나 대형사고가 일어났을 경우 귀하가 준수해야 하는 비상절차를 귀하에게 고지하도록 의무화하고 있습니다.[39]

산업체들은… 사고를 피할 수 없다는 사실을 알고 있다. …이 때문에 산업체들은 위기 커뮤니케이션, 위기관리 및 대피 계획을 마련하는 방향으로 점차 나아가고 있다. 동시에 그들은 대중을 안심시키기 위한 활동을 늘리고, 위험 분석을 강화하며, 지역사회 일반이 위험의 경험을 공유하는 것을 넘어 위험의 관리에도 참여할 수 있도록 하고 있다.[40]

1982년 유럽공동체(European Community, EC)는 지난 10년 동안 유럽의 화학공장 소재지에서 일어난 일련의 사고들—대표적인 것으로 1974년의 플릭스보로(Flixborough)와 1976년의 세베소(Seveso) 사고—에 대응해 대형 위해시설의 통제지침을 채택했으며,[41] 일명 '세베소 지침'(Seveso Directive)으로 알려졌다.

이와 동시에 EC는 이 지침 속에 '대중에 대한 정보제공'을 의무화하는 조항을 집어넣는, 그때까지 전례를 찾아볼 수 없던 조치를 취했다. 구체적으로 지침 8조는 대형사고의 영향을 받을 수 있는 대중 성원들에게 안전상의 조치와 함께 대형사고 발생시 행동요령을 알려주도록 명시하고 있다. 이 의무조항은 이후 각국의 법령에 반영되었는데, 예컨대 1984년 영국에서 제정된 산업대형사고 위해통제(Control of Industrial Major Accident Hazards, CIMAH) 법규 12항은 지침 8조에 해당하는 내용을 담고 있다. CIMAH 법규는 1986년 1월까지 정해진 수의 대형 위해시설 소재지 인근 주민들에게 이런 정보를 제공하도록 정하고 있었다.

그 결과 유럽경제공동체(EEC)의 법령은 석유화학산업 쪽이 (적어도 매우 제한된 수의 소재지에서는) 위해시설 운영에 관한 조언과 정보를 지역사회에 제공하게끔 강제하는 결과를 가져왔다. 여기서는 앞서 서술한 '시민-과학 상호작용'의 사례들과는 반대로, 대중의 우려가 크게 표출되기 **이전에** 기술적 정보가 제공되었다. 또한 **작업장**(2,4,5-T)이나 **소비자**(BSE)와의 상호작용 대신 이 사례에서는 **지역사회**와 관련된 문제를 찾아볼 수 있다. 그러나 여기서의 상호작용이 다양한 해석에 열려 있다는 점은 이전 사례들과 유사하다. 예컨대 지역사회가 '기술적' 문제들에 전혀 관심을 보이지 않았다는 사실에 초점을 맞출 수도 있고, (이 소절 앞부분의 두번째 인용문이 암시하는 것처럼) 지역사회가 산업체에 의해 '포섭'되었음을 보여주는 사례로 볼 수도 있으며, 지역적 지식과 기술지식이 병치된 복잡한 패턴을 보여주는 경우로 생각할 수도 있다.

새로 제정된 법규의 정보제공 요구조항은 영국 산업체들에게 (다른 공학적인 요구조항들보다 더 크게 느껴진) 커다란 근심을 불러일으켰음이 분명하다. 그들은 지역의 화학공장이 위해를 끼칠 수 있다는 정보를 대중이 접하면 경악과 히스테리 반응을 보일 거라고 우려했다. 또한 얼마나 많은 소재지에서 정보를 제공해야 하는지, 각각의 소재지에서 제공되는 정보의 범위는 어느 정도로 할 것인지, 어떤 정보전달 방식을 취해야 하는지(유인물, 신문광고, 공공집회 등), 세부사항은 어느 정도까지 담아야 하는지 등 역시 논쟁거리였다.

결국 영국에서 제공된 '정보'는 대체로 다음에 관한 매우 간략한 정보를 담은 간단한 유인물 형태를 취했다.

- 화학공장에서 하고 있는 활동
- 그곳에서 쓰이고 있는 위해성 물질의 이름과 그것의 주된 유해성

- 비상경보 시스템에 관한 세부사항
- 비상시 계획에 관한 언급 내지 비상시 어떤 행동을 취해야 하는지에 관한 조언

대중이 이런 정보에 대해 감정적인 반응을 보일 거라는 산업체들의 사전 우려에도 불구하고, 실제로 항의는 거의 제기되지 않았다. 몇몇 회사들은 대중의 혹독한 비판을 받을 것으로 예상하고 긴장의 끈을 바짝 죄었으나 지역주민들로부터 단 한 통의 전화도 받지 않았다고 한다. 정보를 제공한 소재지 중 한 곳을 골라 좀더 체계적인 사회조사를 해본 결과 지역사회의 불안을 보여주는 증거는 거의 나오지 않았고, 유인물을 보고 해당 부지에 관한 생각을 바꾸었다고 답한 주민들은 소수에 불과했다. 그러나 실망스럽게도 이 조사는 '올바른' 비상절차를 주민들에게 알려주는 측면에서는 별로 성공을 거두지 못했음도 아울러 보여주었다.[42] 유인물에서는 비상사태가 일어났을 때 "집 안에 있으라"고 분명히 조언하고 있는데도, 많은 주민들은 그런 일이 일어나면 "그 지역을 벗어나야" 한다고 대답하고 있었다.

따라서 정보제공은 대중의 항의를 피하는 데는 성공했다고 할 수 있겠지만, 진짜 비상사태에 대한 대비로서는 제한적인 성공만 거둔 것으로 보인다. 결국 이러한 정보제공과 '적극적이고 충분한 정보에 근거한 시민권' 사이의 연결은 썩 만족스럽지 못한 듯하다. 특히 이 사례는 대중이 기술적 조언에 무관심하다는 관념을 강화시키는 것으로 보인다. '위험에 처한' 집단에게 구체적이고 주의 깊게 마련된 조언을 널리 배포했음에도 불구하고

이 조언은 분명 무시되었다. 그렇다면 정보제공을 위해 더 많은 노력을 기울일 이유가 무엇이 있단 말인가? 4장에서 우리는 이 사례를 좀더 면밀히 들여다보고 이런 분석을 재검토해 볼 것이다.

과학기술과 일상생활

농약을 금지하려는 노조의 지속적인 캠페인, 영국산 쇠고기의 위해성에 대해 갑작스레 터져나온 소비자의 항의 그리고 반발을 피하는 데는 성공했지만 석유화학공장 재난의 대비로서는 썩 만족스럽지 못했던 대중 정보제공 캠페인—이 세 가지 '이야기'에는 공통점이 별로 없어 보인다. 겉보기에 서로 별개인 듯한 이 사례들을 관통하는 주제와 관심사로는 어떤 것이 있을까?

먼저 우리가 이 장 첫머리에서 다룬 '과학 중심적' 세계관에 눈을 돌린다면, 몇 가지 특징적 관념들은 앞에서 이미 살펴본 바와 같다. **대중의 무지**라는 관념, 과학은 **정책결정 과정**을 향상시킨다는 관념, 과학은 **인간향상을 위한 힘**이라는 관념, 과학은 **가치중립적**이라는 관념, 시민들이 (과학에서) **배제**되면 삶의 질이 저하된다는 관념, 시민들의 **과학이해가 높아지면** 과학기술에 대한 **수용도와 지지가 증가**할 거라는 관념 등이다. 그러면 세 가지 사례연구에서는 이러한 개념적 일반화를 지지하는 증거들을 얼마나 찾을 수 있을까?

'과학 중심적' 관점에서 보면 세 가지 사례 모두 대중의 무지라는 문제를 나타낸다. 각각의 사례에서 대중집단은 (농약자문위원회건, MAFF건,

화학산업이건, 보건안전청 Health and Safety Executive의 지원을 받는 지역계획당국이건 간에) 전문가기구에서 제공한 균형 잡힌 증언에 대해 저항을 보인다. 물론 대형 기술위해의 사례에서는 주민들이 아무 말 없이 무관심을 나타내는(그런 의미에서 부작위 不作爲의 죄를 범하고 있는—그러나 4장을 보라) 반면, 나머지 두 사례에서는 기술적 조언에 대해 좀더 적극적인 저항을 나타낸다(따라서 훨씬 더 중대한 작위의 죄를 저지르고 있다)는 정도의 차이는 존재한다. 과학 중심적 방식의 토론은 이런 분석에서 출발해 무지한/비합리적인 대중으로부터 거리를 두고 정책결정을 내리는 방법(3장을 보라)이나 기술적 정보를 확산시키는 활동을 더욱 정력적으로 벌이는 방법(예컨대 왕립학회의 권고사항들) 중 어느 한쪽에 대한 토론으로 이어지게 마련이다. 어느 쪽이건 이 관점은 대중이 지적이고 건설적인 논의에 장애가 된다는 입장이다.

대중을 이렇게 그려내는 것은—'대중의 히스테리'와 '언론매체의 허풍'라는 언급이 수없이 나오는—BSE사례에서 가장 두드러진다. '과학 중심적' 관점에서 보면, 과학에 근거한 보증이 주어진 **이후**에도 대중의 우려가 지속되는 것은 감정적이고 사실을 잘못 알고 있는 대중이 빚어낸 결과일 뿐이다.

이와 마찬가지로, 세 가지 사례는 과학이 그와 같은 공공적 사례에서 어느 한쪽으로 치우침이 없는 '가치중립적' 요인으로 기능할 수 있다는 관념 비슷한 것을 제시한다. 확실히 이 사례들에 연루된 '공식적' 집단들은 자신들이 제공하고 있는 정보가 어떤 식으로로건 '편향되어 있다'는 주장에 맹렬하게 반대할 것이다(동시에 그런 주장에 의해 크게 공격받기도 할 것이다). 그들의 권위 주장은 바로 그들이 내놓은 전문성의 불편부당성과 중립성에 (아울러 그들이 그 속에 들어가 활동하고 있는 정책결정 구조의 '선의'와 '공정한 태도'에도) 근거하고 있다. 이는 특히 '반대' 진영에 있는 '허위 전문가들'에 대한 공격이 자주 나왔던 BSE사례에서 쟁점이 된 문제였다. 존 거머는 하원에 출석해 '진정한' 전문가의 중요성을 다음과 같이 강조한 것으로 알려졌다.

> 그는 BBC, ITV, 그 외 언론사들이 어떤 사람들을 '전문가'로서 인터뷰하기 전에 그들이 동료심사를 받는 저널에 논문을 낸 적이 있는지 혹은 그들이 타이렐 위원회(Tyrell Committee, 영국 정부가 광우병 연구의 우선순위에 대한 자문을 얻기 위해 1989년에 설립한 전문가위원회-옮긴이)에 증거를 제출한 경험이 있는지 물어보았으면 좋겠다고 했다. 만약 그런 적이 없는 사람이라면 그들은 전문가로 소개될 것이 아니라 단지 한두 가지의 아이디어를 갖고 있는 사람으로 소개되어야 할 거라고 그는 말했다.[43]

비판은 특히 BSE의 인체관련성에 대해 반복해서 커다란 우려를 표명했던 리즈대학의 미생물학자 리처드 레이시 교수에게 가해졌다. 하원의 한 보고서는 그의 관점이 "현실과 연관을 잃은 것처럼 보인다"고 썼다. 레이시는 이런 공격을 똑같이 격렬하게 맞받았다. "의학적 관점에서는… 최악의 경우를 상정하고 그에 합당한 조치를 취하는 것이 정상이다. 그것이 바로 농부와 의사의 차이인 것이다."[44]

이와 같은 전문성 영역의 다툼은 2,4,5-T사례에서도 나타났는데, 자

문위원회는 농장노동자들의 '조사보고서'가 일화적이고 비과학적인 방법
론에 입각했다며 기각했다. (특히 독성학이나 역학 疫學을 전공한) 현장과
학자의 눈으로 보면, 위험과 안전성 문제에 관한 이 같은 확신이 매우 당혹
스럽게 보일지 모른다. 이 분야의 과학은 중대한 의심과 불확실성에 열려
있는 것이 보통이기 때문이다. '공식적' 메시지는 권위적이고 자신감에 넘
쳐 보이는 메시지를 전달하기 위해 피할 수 없는 기술적 불확실성을 걸러
내어 버렸다. 이는 (혼란과 추측, 암묵적 가정들을 모두 포함하는) '과학을
하는 것'과 ('분명한' 메시지를 주기 위해 그러한 잠정적 성격들이 제거한)
'과학의 대중적 체면' 사이에 중요한 차이가 있음을 말해 준다. 이후의 장
들에서 보겠지만, 공식적인 과학적 증거 제시가 도전받게 되면서 이러한
'여과과정'은 더 이상 손쉽게 성공을 거두지 못한다.

그러나 이러한 도전을 계속 받으면서도 2,4,5-T와 BSE 사례에 나오는
공식기구들은 자신들의 이해가 더 우월하다는 관념에 집착했다. 그들은 자
신들의 권위를 다시 생각해 보는 것이 아니라 '대중의 지각'(즉 **잘못된** 지
각)의 특이성에 대처하는 것을 자신들의 임무로 상정했던 것이다. (별다른
주목을 받지 못했다는 점에서 시민과 과학의 조우에서 좀더 전형적인 경우
라고 할 수 있는) 대형 기술위해 사례에서는 비판적인 목소리나 대항 전문
성(counter-expertise)이 나타나지 않았기 때문에 그러한 권위는 도전받지
않을 수 있었다.

이제 우리가 과학의 **이데올로기적** 성격과 **정당화** 장치로서의 성격을
강조하는 설명에 눈을 돌리면 완전히 다른 상이 나타난다. 분석은 두 가지
중요한 수준에서 행해질 수 있다. 첫번째는 특정한 산업적·정치적 관행

을 방어하기 위해 과학을 **이용**하는 측면에 관한 것이고, 두번째는 과학적 사고의 **발전**과 그 근저에 있는 사회적 가정들 간의 관계에 관한 것이다. 이 두 가지 수준의 분리는 사실상 불가능하기 때문에 이런 구분은 문제의 소지가 있지만, 지금 단계에서는 이런 형태의 분석이 논의에 도움이 될 성 싶다.

과학적 논증의 공식적 이용을 주류 사회질서의 방어와 연결 짓는 방향의 논의는 다음과 같이 개략적으로 제시해 볼 수 있다. 대형 기술위해에 관해 대중에게 제공하는 정보를 전문용어로 기술하는 것은 대중을 안심시키고 유해산업의 입지를 둘러싼 더 큰 사회적 논쟁을 피하려는 목표를 지니고 있다. 이는 대형사고의 위험에 관해 서로 경쟁하는 평가들을 둘러싼 토론에는 관여하지 않으면서도 개방성이라는 **외양**을 띨 수 있게(그럼으로써 지역민들을 기존 질서 속에 '편입'시킬 수 있게) 해준다. 이에 따라 과학은 특정한 사회적 관점을 강화하고 지역집단들에게 불이익을 안겨주는 데 기여한다. 안전성에 관한 불안과 우려의 감정은 정량적 위험분석이라는 강력한 논증과 견주어보면 대수롭지 않게 보일 것이기 때문이다. 하버마스의 용어를 빌리자면 지역사회 안전에 관한 논쟁이 '과학화'(scientization)의 과정에 종속되는 것이다.[45] 존스는 '위험평가'를 둘러싼 논쟁은 진정한 쟁점들(즉 계급)을 모호하게 만드는 결과를 초래한다고 말한다.

화학공장 주위에 살면서 위험을 직접 겪는 사람들이 대체로 가난하고 노동계급에 속하며 사회에서 주변적이라는 사실은 결코 당연한 일이 아니다. 화학공장 임원들이 공장 인근에 사는 경우는 거의 없다. …위험의 본질은 계급관계인데도 위험 개념의 신비화를 통해 이러한 본질이 가려지고 있는지도 모른다. 이는 우리의 삶에 영향을 미치는 자본의 힘을 보여주는 또 다른 예이다.[46]

지역의 우려가 관심의 초점으로 부각되는 계획과정상의 청문회에서도 시민들은 이어지는 기술적·법적 절차에 의해 소외감을 느낀다. 2,4,5-T나 BSE에 대해서도 유사한 점을 지적할 수 있다. 이런 관점에서 보면 대중의 히스테리나 비합리성을 말하는 것은 대중의 우려를 격하시키고 기존 정책결정자들의 권위를 강화하는, 명백히 이데올로기적인 목적에 봉사하게 된다. 과학은 권력의 하수인이며, 과학적 조사는 정책결정을 위한 가능성들을 열어준다고 하지만 실제로는 기존 사회질서를 강화하는 데 기여한다.

두번째 수준에는 과학적 이해의 발전과 폭넓은 사회적 영향을 연결 짓는 쿤 이후의 과학지식사회학(sociology of scientific knowledge, SSK)[47]의 전통이 있다. 여기서의 토론에 특히 연관 있는 것은 윈의 연구이다. 예를 들어 윈은 여러 가지 위험쟁점들에 대한 분석을 통해 과학적 위험 분석을 떠받치고 있는 일련의 사회적 가정들을 파악해 내었다. 2,4,5-T사례에서는 무엇이 '정상적 사용조건'인가를 놓고 농장노동자들과 자문위원회 간의 의견불일치에 주목했다.

상이한 집단들—과학자들과 노동자들—은 실제 위험체계를 서로 다르게 정의했는데… 그 이유는 위험을 만들어내거나 통제하는 사회적 실천들에 관해 서로 다른 모형을 갖고 있기 때문이다. 과학자들은 제초제의 생산과 소비에서 이상적인 세계를 마음속에 가정했다. 그리고 그들의 '객관적인' 위험분석의 타당성과 신뢰성은 기술적 분석 속에 파묻혀 있는 이러한 순진한 사회학에 기대고 있었다. 반면 노동자들의 위험지각(risk perception)은 부작용을 과도하게 상상한 것으로 오랫동안 무시되어 왔지만, 그들은 객관적인 위험분석과 직접 연관이 있는 실제 경험, 즉 전문성을 갖고 있었다.[48]

이런 종류의 분석은 정책결정 과정에서 제공되는 전문성이 특정 판단에 근거하고 있으며 불가피하게 **사회적** 성격을 지님을 강조한다. 분명 윈의 분석은 대형 기술위해 영역(여기서 이용된 위험분석 기법은 필연적으로 '전문직업적 판단'을 포함한다)과 BSE사례(새로운 규제령을 제정함에 있어 도살방법이나 BSE의 발병 확인에서 어느 정도의 오류가능성을 상정해야 하는가?)로 쉽게 확장될 수 있다. 두 영역 모두에서 일상적 실천의 세계가 실험실의 통제된 세계와 다를 것인지 여부에 관한 가정이 전제되지 않으면 안 된다. 또한 윈이 언급한 '사회학'이 반드시 순진한 것도 아니다. 바우만이 말했듯, 이 영역에서 고의적인 조작이 이루어질 가능성도 있는 것이다.[49]

이러한 관점에서 볼 때 과학은 외부의 관심사로부터 동떨어져 존재할 수 없으며, 특정한 사회적 가정들이나 당연한 것으로 간주되는 관행들—물론 여기에는 과학 그 자체의 가정이나 관행도 포함된다—을 그 속에 반영할 수밖에 없다. "분석가들이 전제하는 가정은 종종 그들 자신이 갖고 있는 사회적 가치나 체계 내에서의 관계가 무의식중에 표현된 것이다."[50] 따라서 그렇지 않다는 수사(修辭)에도 불구하고 과학적 분석은 이를 수행하는 '전문가들'의 이데올로기적·제도적 가정들을 반영하고 있음이 분명하다. 물론 이러한 가정들이 반드시 의식적으로 전제되는 것은 아니며, 이런 가정을 가진 사람들은 그 사실을 완강히 부인할 테지만 말이다. 2,4,5-T 사례에서는 자문위원회와 농장노동자들이 요구하는 '거증책임'(burden of proof)과 관련된 특정한 제도적 가정들도 볼 수 있다. 농장노동자들은 농약의 금지를 정당화하기에 충분한 의심이 존재한다고 느낀 반면, 자문위원회는 '모든 합당한 의심을 잠재울 수 있을' 정도의 증거가 제시되어야 비로소 행동을 취할 수 있다고 주장했다.

> 여기 두 가지 접근법을 구분 짓는 결정적인 차이가 있다. 결국 농약자문위원회가 노조대표에게 하는 얘기인즉슨, "만약 노조가 2,4,5-T의 유해성을 우리에게 증명해 보여준다면 판매허가를 철회하겠다"는 것이다. 이에 대한 우리의 답변은 "아니오"이다. 우리는 '모든 합당한 의심을 잠재울 수 있는' 증명을 제시할 수는 없다. 우리의 판단기준은 우리가 아는 사실에 근거해 위험을 추정하는 것이며, 만약 '개연성들을 서로 견주어본' 결과 이 물질이 위험한 것으로 보인다면 이는 응당 시장에서 제거되어야 한다.[51]

이러한 가정들에서 한 가지 중요한 차원은 과학자들이 일하고 있는 기구의 신뢰성 및 정당성과 관련이 있다. 핵심 기구에 속해 있는 사람들은 외부의 비판을 접하면 이를 이해하지 못하거나 화를 내거나 (매우 자주) 대중의 히스테리나 언론의 무책임함을 공격할 가능성이 크다. 물론 '가치중립적인' 과학의 강력한 이미지가 이러한 관념을 강화하는 구실을 한다. 그 과정은 다시 과학자와 일반대중의 커뮤니케이션을 악화시킬 수 있으며, 한편

으로 대중이 비합리적이라는 생각을 더욱 강화하는 동시에 다른 한편으로
과학적 평가의 가치에 대한 대중의 의심을 부추기고 과학기구들의 신뢰성
을 침식하는 결과를 초래한다. 과학자들이 (정책논쟁에서 흔히 볼 수 있는
특징이 되어버린) 공개적으로 **의견불일치**를 보이는 경우,[52] 과학 중심적
모형은 신뢰성 유지를 위해 허덕이는 반면 좀더 비판적인 목소리들은 과학
적 분석의 한계와 불확실성을 강조하기 위해 표면에 드러난 혼란을 이용할
수 있다. 이후의 장들에서 보겠지만, 그 같은 상황에서 과학기구들은 자신
들이 과도하게 부풀려놓은 약속의 희생양이 되는 경향이 있다. 또한 문제
의 기반에 대한 이해가 부족한 상태에서 중요한 결정을 내려야 하는 상황
에 놓이게 된다.

시민과학을 향해?

지금까지는 과학과 일반대중의 관계에 관한 '계몽적' 관점과 '비판적' 관
점을 서로 대립시켜 제시해 왔다. 전자가 과학이 일상생활에 끼치는 긍정
적 기여를 강조하고 어떻게 하면 대중을 '과학적 계몽'으로 데려갈(혹은 밀
고 갈) 것인가를 문제로 파악한다면,[53] 후자의 접근은 그러한 이데올로기
를 경계의 시선으로 바라보며 현대과학의 많은 부분이 일상생활에 가져다
주는 부정적 결과를 강조한다. 이러한 논증과정에서 비판적 관점은 과학기
술의 물리적 표현들(생산시스템, 상품, 환경에 대한 영향)과 과학생산의 지
적 과정이 서로 긴밀하게 연관되어 있다고 파악한다. 반면 '계몽적' 접근
에서는 이러한 물리적 표현들의 진보성을 강조하며 부정적 요소에 대한 최

선의 해독제는 과학에 대한 더 많은 지원이라고 주장한다. 물론 이 두 접근은 모두 일상생활 속에서 과학기술이 중심을 이룬다는 점을 인정하고 있다. 두 접근은 과학적 세계관의 '성공'을 강조하면서도, 이러한 성공이 우리의 행복과 사회진보에 가져온 결과에 대해서는 심대한 의견불일치를 보이고 있다.

이러한 문제들은 오늘날 환경에 대한 높은 수준의 우려를 감안할 때 특별한 중요성을 갖는다. 과학은 현재의 위기로부터 우리를 구해 낼 수 있는가, 아니면 그것이야말로 자연세계에 대한 착취적이고 근시안적인 접근을 창조해 낸 장본인인가? 우리는 과학을 환경문제의 주범으로 비난해야 하는가, 아니면 그것을 구원의 수단으로 바라보아야 하는가? 이와 같은 진퇴양난의 곤경을 피할 수 있는 또 하나의 답변은 이 영역에서 과학의 응용을 무시하고 좀더 낭만적인(혹은 반계몽적인) 대안으로 눈을 돌리는 것이다. 통상 '뉴에이지'로 불리는 이런저런 믿음이나 합리성, 자기향상 기법들의 묶음이 그런 예이다. 과학 중심적 접근에서는 분명 그런 신념구조들이 '합리성으로부터의 후퇴'라고 비판하고 나설 테지만, 과학적 세계관이 어떤 이유에서건 사회 전체에 주지 못하는 질서와 이해의 감각을 이런 신념구조들이 제공해 줄 수 있다는 사실에는 의심의 여지가 없다. 다시 한번 '비합리성'에 대한 공격은 문제를 해결하기보다는 더 복잡하게 만드는 듯하다.

이렇게 얘기해 놓고 보면 과학, 민주주의, 시민권의 앞날에 대한 예상은 극히 암울해 보인다. '계몽적' 관점에서는 회의적인 대중을 재교육하는데 희망을 걸고 있지만, 과학기술을 비판하는 사람들은 '대중이해 향상'을위한 시도들이 적대감과 불신의 증가에 대응하는 방어적이고 이기적인 활동이라고 본다. 그러나 이 책에서는, '세계의 탈주술화'에 관한 이러한 주장이 적어도 산업혁명기까지 거슬러 올라갈 수 있는 오랜 생각이긴 하지만, 우리는 재협상과 변화의 새로운 가능성에 대해서도 눈을 돌릴 필요가 있다고 주장할 것이다. 우리 시대의—지식주장들이 점차 도전받고 있고, 과거처럼 권위가 쉽게 승인되지 않는—사회적·지적 조건들 역시 이 영역에서 새로운 가능성을 창출해 내고 있지 않은가?

새로이 등장하고 있는 이러한 사회적·기술적 조건들을 감안할 때, 우리는 특히 쓸모없는 '과학 대 반과학' 논쟁에 얽매이지 않는 건설적 재구성이 가능한지를 탐구해 보아야 한다. 이 책에서는 과학–시민관계에서 현재 나타나고 있는 막다른 골목을 넘어서는 행동의 가능성을 제시할 수 있기를 바란다.

현재의 상황에서 중요한 것은, 과학과 전문성 문제에 어떻게 접근하면 과학자집단과 시민집단 사이에 적어도 대화의 가능성이 열릴 수 있을지 생각해 봐야 한다는 것이다. 과학기술과 사회 일반의 관계를 둘러싼 이러한 토론에서 '시민 지향적 과학'(내지는 이런 의미에서 **시민과학**)이 도출될 수 있을까? 앞선 세 가지 사례연구로부터 그러한 이해를 가능케 하는 근거를 과연 찾아낼 수 있을까?

우리는 시민들이 갖고 있는—그러나 현재 정책결정 과정에서는 무시되고 있는—다양한 전문성과 이해들을 생각해 봄으로써 이 작업을 시작할 수 있다. 이 장에서 논의된 '계몽적' 접근과 좀더 비판적인 접근 중 많은 것들은 시민들에 대해 매우 일차원적인 관점을 갖고 있다. 그들은 보통 '대중'은 그 성격상 균질적이며, 서로 경합하는 기술적 메시지들을 접했을 때 본질적으로 **수동적인** 태도를 취한다고 생각한다. 그러나 우리가 이미 본 바와 같이 대중의 대응(과 대중 그 자체의 성격)은 상당히 다양하며, 그 속에는 풍부한 지식과 이해의 양식들이 들어 있다. 우리는 이 주장을 4장에서 좀더 발전시켜 볼 것이다. 이러한 질문들에 있어 시민 지향적 관점으로 이동하는 과정에서, 우리는 또한 일상생활 속에서 과학기술의 **필요성과 관련성**에 관한 근본적으로 다른 관점을 생각해 보게 될 것이다.

시민들의 관심사와 과학이해가 더 밀접한 연관을 가져야 한다는 관념 자체는 사실 새로운 것이 아니다. 1960~70년대의 '민중을 위한 과학' 운동이나 1980년대 네덜란드의 '에너지 대중토론' 같은 '대중참여'의 다양한 시도들에서도 이러한 문제의식 중 많은 것들을 찾아볼 수 있다. 그러나 이 책은 우리의 실질적 경험과 과학기술 이해 모두가 '한 단계 더 진전'되었고 그 결과 전반적인 재평가가 매우 시의적절한 시점에 이르렀다고 판단한다. 또한 두 가지 상황전개가 이들 주제의 중요성을 더욱 강화시키고 있다.

- 환경문제에 대응하고 모종의 '지속가능한 발전'을 이뤄내려는 현재의 의지가 이런 쟁점들에 특별한 중요성을 부여하고 있으며
- 이런 쟁점들을 다룸에 있어 '대중의 무지' 모형을 재확인하는 대신 일반인 집단의 필요와 이해를 포착하려 애쓰는 새로운 연구성과들이 나타나고 있다.

2장에서는 지금까지 논의된 쟁점과 관심사들의 연장선상에서 과학-시민의 상호작용이 시급히 요청되는 영역인 위험과 환경 쟁점의 중요성을 부

각시킨다. 이 중요성을 감안할 때, '계몽적'(혹은 '근대적') 접근의 유효성을 가름하는 중요한 판단기준은 그것이 이 영역에서의 사회적 긴장에 적절한 대응책을 내놓을 수 있는지 여부일 것이다. 과학적 합리성은 환경적 도전에 얼마나 잘 대응해 왔는가?

2장은 이런 쟁점들을 고려하는 새로운 개념틀을 발전시키기 위해 두 가지 논쟁영역을 소개한다. 첫번째는 울리히 벡과 앤서니 기든스의 최근 저작들과 연관된 것으로 '위험사회' 관념에 관한 것이다. 사회이론에서의 이 주장들은 과학과 시민권 문제를 생각해 볼 수 있는 맥락을 제공한다. 두 번째 이론적 실마리는 현대 과학지식사회학에 의존하고 있는데, 이는 과학을 합의에 기초한 '객관적' 지식으로 그려내는 통상적 제시방식에 문제를 제기한다.

이 문제들은 1장에서 제시한 세 가지 사례에 산성비 문제를 추가한 일련의 사례연구들을 가지고 탐구될 것이다. 이를 통해 과학이 환경논의에서 중요한 역할을 하지만, 그 과정에서 과학이—특히 겉보기에는 객관적인 듯한 분석에 특정한 사회적 가정이 내재해 있다는 측면에서—상당 정도의 비판에 노출되기도 한다는 사실을 드러낼 것이다. 이 장은 이런 맥락에서 과학이 어떻게 작동하고 응용되는가에 관한 통찰을 제공한다.

3장은 앞서 2장에서 개관된 특성들에도 불구하고 과학적 평가가 여전히 정책결정 과정에서 권위를 행사하고 있음을 보여준다. 여기서는 위험/환경논쟁의 맥락으로 다시 돌아와, 주된 정책적 대응들을 '전문적' '민주적' '실용적'이라는 세 개 범주로 나눠 살펴본다. 각각의 경우들이 모두 (적어도 정당화 방식에 있어서는) '계몽적' 관점에 의존하고 있다는 점이 강조될 것이다. 그러나 이러한 정책양식에 대해 일련의 사회적 도전들이 있다는 사실 또한 언급될 것이다. 이런 도전은 환경운동의 비판과 일반대중의 회의적 태도라는 형태를 띠고 나타나고 있다. 정리하자면 2장과 3장에서는 계몽적 관점의 영향을 추적함과 아울러, 이 관점의 우위에 대한 사회적 위협이 부상하고 있음을 살펴본다.

이후 논의는 시민기반 지식 및 이해로 넘어간다. 이러한 지식과 이해는 현재 정책결정에서 배제되고 있으며 심지어 사회적 논쟁에서 정당한 기여로 인식되지도 못하고 있다. 논의의 전환을 위해 (앞서 세번째 사례에서 살펴본) 비상시 계획에 대한 공식적 조언과 그로부터 영향을 받는 시민들의 평가 및 통찰을 서로 대비시킨다. 이를 위해 4장에서는 특정 사회적·기술적 맥락에 놓인 한 가지 사례연구를 확장해 제시한다. 여기서는 특히 이 사례에서 나타난 커뮤니케이션의 실패가 정보전파자들의 열정부족 탓이 아니라, 그들이—잘 이해하고 있다고 주장했던—대중의 지식과 비상시 상황에 대해 근본적으로 비현실적인 관념을 갖고 활동했기 때문이라는 점이 강조될 것이다. 이어 공식적 지식의 한계가 지역사회 내의 풍부하고 다양한 이해와 대비되어 제시된다.

5장은 특정한 사회적 맥락 속에서 과학의 응용에 대한 추가적인 분석과 함께 '일반인 지식'(lay knowledge)의 존재를 보여주는 폭넓은 증거들을 제시한다. 증거제시는 1장에서 살펴본 주요 사례들로 시작해 다른 사례들(독성폐기물에 대한 캠페인, 작업장 보건 등)에 대한 논의로 넘어가는 구성을 취하고 있다. 이 모든 사례들은 공식화된 과학의 언어와 특정 사회집단이 제시하는 맥락적으로 생성된 이해 사이의 관계에 문제가 있음을 보여준다. 적어도 이 둘의 간극은 '대중의 과학이해'의 관념을 재고하고, 상이한 지식관계들과 전문성의 정당한 영역에 대해 좀더 '대칭적'인 관념으로 옮겨갈 필요가 있음을 말하고 있다. 그러한 변화는 과학활동에 대한 심대한 도전을 제기한다. 이 장은 4장에서 개관한 사례연구를 일반화시키는 것을 목표로 하고 있다.

과학과 지식 관계에 대한 이러한 접근을 옹호함에 있어, 좀더 향상된 과학–시민관계를 만들어내고자 했던—'시민과학의 사회적 실험'이라고 이름붙일 수 있는—기존의 다양한 시도들을 찾아보는 것 역시 중요하다. 또한 이러한 논의를 통해 새로운 사회적 형태들(내지는 '중개기구들')의 실천적 가능성을 타진하고 이를 가로막는 장애물은 어떤 것이 있는지 생각해 볼 수 있다. 이런 문제의식을 기반으로 해서 6장에서는 위험과 환경이라는 넓은 영역 내에서 이루어진 일련의 기획들을 다룬다. 여기에는 (윈드스케일이나 매켄지 계곡에서 열렸던 것과 같은) 대규모 공청회, 폭넓은 사회적 논쟁을 촉진한 시도(예컨대 네덜란드의 '구성적 기술영향평가' 개념이나 '에너지 대중토론') 그리고 기술변화의 방향 결정에 새로운 집단을 참여시키려는 시도 등이 포함된다. 이어 관련된 실천적·개념적 쟁점들을 부각시키기 위해 '과학상점'에 관한 사례연구가 제시된다.

7장의 논의는 이전까지 이루어진 다양한 논의의 실마리들을 한데 끌어모으는 것을 목표로 하고 있다. 이러한 '맥락적' 형태의 분석은 무(無)위해 상황에는 얼마나 폭넓게 적용 가능한가? 그런 접근은 보다 통상적인 분석과는 모순되는가 아니면 상보적인 관계인가? 이러한 개념틀 내에서 과학은 어디에 위치해야 하는가? 여기서 논의는 서론에서 제기된 더 넓은 분석적 수준과 주제들로 다시 돌아간다. 나의 주장은 후기근대성이라는 '새로운 시대'가 지식, 시민권, 환경적 대응에 대한 우리의 사고에 근본적인 문제를 제기하고 있다는 것이다. 따라서 우리는 새로운 제도적 가능성으로 옮겨가야 하며, 그것이 미래의 지식관계에 대해, 또 기술변화의 관리에 대해 어떤 함의를 갖는지 따져보아야 한다.

이런 새로운 가능성은 지속가능한 발전의 관념과 관련해 특히 중요하다. 지속가능한 발전에 관한 대부분의 설명들은 과학과 시민권 문제에 충분한 주의를 기울이고 있지 않으며(브룬트란트 보고서[54]에 대한 각국의 대응을 보면 알 수 있다), 이는 진정한 환경적 대응을 목표로 하는 어떠한 시도에서도 중요한 결함이 될 수밖에 없다. 이 책은 이러한 요소들을 포함하도록 '지속가능성'을 재정의하는 것을 주요 목표 중 하나로 삼고 있다.

[주]

1. Dickens, C., *Hard Times*(Hammonsworth: Penguin, 중쇄 1985), p. 47(장남수 옮김, 『어려운 시절』, 창비, 2009).

2. 같은 책, p. 92.

3. 네루의 말은 Perutz, M., *Is Science Necessary? Essays on science and scientists*(Oxford and New York: Oxford University Press, 1991, p. vii)에서 재인용.

4. 예를 들어 Charles Babbage, *Reflections on the Decline of Science in England and of Some of its Causes*(London, 1930) 참조.

5. Werskey, G., *The Visible College*(London: Allen Lane, 1978).

6. Haldane, J. B. S., *Science and Everyday Life*(Hammonsworth: Pelican Books, 1939; 중쇄 1943), p. 8.

7. Members of the Association of Scientific Workers, *Science and the Nation*(Hammonsworth:

Penguin, 1947), p. 30.

8. 같은 책, p. 205.

9. 예를 들어 할데인은 『데일리 워커』(*Daily Worker*)지에 기사를 연재했는데, 여기서 "바나나는 왜 씨가 없을까" "다른 행성에도 생명체가 있을까" "직업에 따른 사망률" "영국 과학은 어떻게 조직되어 있는가"와 같은 주제들을 다루었다. 이런 기사들은 당대의 자본주의 사회 비판을 담은 정치적 지향성을 가진 것이 보통이었다.

10. Association of Scientific Workers, 앞의 책, p. 249.

11. 같은 책, p. 16.

12. Royal Society, *The Public Understanding of Science*(London: Royal Society, 1985) p. 9.

13. 같은 책.

14. Berg, M., *The Machinery Question and the Making of Political Economy 1815~1848* (Cambridge: Cambridge University Press, 1980).

15. 예를 들어 Habermas, J., *Towards a Rational Society: Student protest, science and politics* (London: Heinemann, 1971), Chapter 6(장일조 옮김, 『이성적인 사회를 향하여』, 종로서적, 1980).

16. Marcuse, H., *One Dimensional Man*(London: Sphere Books, 1970), p. 46(차인석 옮김, 『일차원적 인간/부정』, 삼성출판사, 1983/1986).

17. Mark, K., *The Grundrisse*(Hammonsworth: Penguin, 1983), p. 693(김호균 옮김, 『정치경제학비판요강 1-3』, 백의, 2000). Hill, S., *The Tragedy of Technology*(London: Pluto, 1988), p. 52에서 재인용.

18. Hill, S., 앞의 책, p. 38.

19. Advisory Committee on Pesticides, *Further Review of the Safety for Use in the UK of Herbicide 2,4,5-T*(London: MAFF, 1980), p. 26.

20. National Union of Agricultural and Allied Workers, *Not One Minute Longer!*(Submission to Minister of Agriculture, Fisheries and Food, 1980/July), p. 3.

21. 농약행동네트워크(Pesticide Action Network)에 따르면, '더러운 12가지' 캠페인은 "전세계 어느 곳에서건 금지하거나 단계적으로 폐지하거나 조심스럽게 통제해야 하는 극도의 위해성을 가진 농약" 12가지에 대한 것이다.

22. NUAAW, 앞의 책.

23. *Landworker* 1980/June, pp. 6~7.

24. NUAAW, 앞의 책, p. 20.

25. Advisory Committee on Pesticides, 앞의 책.

26. 같은 책, p. 35.

27. 같은 책, p. 13.

28. J. Boddy의 발언을 Cook, J. and C. Kaufman, *Portrait of a Poison: The 2,4,5-T story*(London: Pluto Press, 1982, p. 71)에서 재인용.

29. J. Gummer의 발언을 *The Times*(1990. 5. 18)에서 재인용.

30. *The Times*(1990. 5. 18)에 실린 광고.

31. *Guardian*(1990. 7. 13)에서 재인용.

32. 식품안전자문센터(Food Safety Advisory Centre)에서 만든 유인물 *The Facts about BSE*에 실린 R. Southwood의 발언을 인용. 식품안전자문센터는 애스더(Asda), 게이트웨이 (Gateway), 모리슨즈(Morrisons), 세이프웨이(Safeway), 세인즈버리(Sainsbury's), 테스코 (Tesco) 등의 식품·유통회사들이 후원하는 단체이다.

33. *Guardian* 1990. 7. 16.

34. 같은 곳.

35. J. Gummer의 발언을 *The Times*(1990. 5. 18)에서 재인용.

36. The Royal Society and The Association of British Science Writers, *Bovine Spongiform Encephalopathy: A Briefing Document*, 1990/April.

37. *Guardian* 1990. 7. 13.

38. 이 책은 BSE의 인체위험성이 밝혀지기 전인 1995년에 출간되었음에 유의하기 바란다. 바로 이듬해인 1996년에 소의 질병인 BSE와 인간에게 발병하는 변종 크로이츠펠트야콥병 (vCJD)의 연관성이 공식 확인되었고, 이는 소비자들의 우려가 '정당한' 것이었음을 입증했다. 이후 전유럽이 광우병으로 인해 심리적 공황상태에 빠졌음은 굳이 언급할 필요가 없을 것이다.—옮긴이

39. 맨체스터 광역시의 캐링턴과 파팅턴 거주주민들에게 배포된 유인물에서 재인용.

40. Jones, T., *Corporate Killing: Bhopals will happen*(London: Free Association Books, 1988), p. 246.

41. Council Directive, June 24, 1982 on the major accident hazards of certain industrial activities, 82/501/EC, *Official Journal of the European Communities* L230, 25, August 5, 1982.

42. Jupp, A. and A. Irwin, "Emergency response and the provision of public information under CIMAH: A case study," *Disaster Management*(1/4, 1989), pp. 33~37 참조. 보다 완전한 설명은 Jupp, A., "The provision of public information on major hazards" (Dissertation submitted to the Department of Science and Technology Policy, University of Manchester, 1988/January 1988) 참조.

43. *The Times* 1990. 5. 18.

44. *Guardian* 1990. 7. 13에서 재인용.

45. Habermas, J., 앞의 책, Chapter 5.

46. Jones, T., 앞의 책, pp. 245~46.

47. 이쪽 방면의 영향력 있는 문헌들을 보려면 다음의 책들이 출발점이 될 수 있다. Barnes, B. and D. Edge eds., *Science in Context*(Milton Keynes: Open University Press, 1982); Latour, B. and S. Woolgar, *Laboratory Life*(Beverly Hills and London: Sage, 1979); Mulkay, M., *Science and the Sociology of Knowledge*(London: Allen and Unwin, 1979); idem, *Sociology of Science*(Milton Keynes and Philadelphia: Open University Press, 1991); Woolgar, S., *Science: The very idea*(Chichester and London: Ellis Horwood and Tavistock, 1988).

48. Wynne, B., "Frameworks of rationality in risk management: towards the testing of naive sociology," J. Brown ed. *Environmental Threats: Perception analysis and management* (London and New York: Belhaven Press, 1989), p. 37.

49. Bauman, Z., *Postmodern Ethics*(Oxford and Cambridge, Mass.: Blackwell, 1993), p. 203.

50. Wynne, B., 앞의 글, p. 43.

51. Kauffman, C., "2,4,5-T: Britain out on a limb," E. Goldsmith and N. Hildyard, *Green Britain or Industrial Wasteland?*(Cambridge: Polity Press, 1986), p. 169.

52. 이 문제에 관해서는 Collingridge, D. and C. Reeve, *Science Speaks to Power: The role of experts in policy making*(London: Frances Pinter, 1986); Jasanoff, S., *The Fifth Branch: Science advisors as policy makers*(Cambridge, Mass. and London: Harvard University Press, 1990) 참조.

53. 내가 이 대목을 집필한 시점에서, 한 신문에서는 "과학으로 대중을 계몽하자"라는 표어 아래 과학저술대회를 개최하고 있었다.

54. The World Commission on Environment and Development, *Our Common Future*(Oxford and New York: Oxford University Press, 1987).

2 / 과학, 시민, 환경위협

위험과 불확실성의 성격을 이해하는 것은 수많은 공공정책상의 쟁점들과 우리의 개인적 삶에서의 일상적 결정 모두에 필요한 과학적 이해의 중요한 일부분이다. …더 나은 이해는 더 나은 공공·개인적 결정을 촉진한다는 점을 다시 한번 강조해 둘 필요가 있다.[1]

고도로 산업화된 문명에서 위험의식(意識)의 기원은 (자연)과학자의 역사에서 영광의 한 페이지를 장식하는 일이 아니다. 위험의식은 억수같이 쏟아지는 과학적 부인(否認)에 맞서 그 모습을 드러냈고, 지금도 여전히 억압을 받고 있다. …과학은 **인간과 자연에 대한 전지구적 오염의 보호자가 되어버렸다.**(강조는 원문)[2]

이 장의 주된 목적은 시민들이 과학기술과 조우하는 좀더 중요한 맥락 중 하나를 소개하는 것이다. 위험과 환경위협에 관한 쟁점이 그것이다. 나는 여러 가지 이유에서 이것이 특히 중요한 영역이라고 주장할 것이다. 이 영역이 높은 수준의 대중적 우려를 불러일으키고 있을 뿐 아니라 과학이 특별한 문제들에 직면하고 있기 때문이기도 하다. 이 영역을 소개함에 있어 '위험사회'에 관한 사회학적 논의들과 그런 논의가 제시하는 '사회'와 '자연'의 변화하는 관계에 대해 생각해 보는 것도 중요할 것이다.

전체적으로 이 장은 위험과 환경위협이라는 영역에서 과학과 정책결정과정의 관계를 다루는 3장의 분석에 대한 배경을 제공할 것이다. 특히 2장의 논의는 과학적 분석양식이 위험과 환경 논쟁을 장악하고 있는 현재의 상황에 도전하면서, 대신 우리가 이해와 실천적 행동을 성취하려면 환경문제의 사회적·문화적 차원을 이해해야 한다는 주장을 펼칠 것이다. 환경의 악화를 단순히 **외부적** 위협으로 제시하기보다는, 우리 사회와 그것이 현재 의존하고 있는 가치구조에 대한 근본적인 질문을 던져보는 것이 필요하다.

오늘날 '녹색' 쟁점들에 관한 대중적 우려와 활동의 증거를 찾아내는 것은 (설령 지표가 시간에 따라 달라진다 해도) 그렇게 어려운 일이 아니다. 그런 사회적 지표들에는 다음과 같은 것들이 있다.

• **투표패턴**—1989년 6월에 있었던 유럽의회 선거는 영국, 서독, 프랑스에서 녹색운동에 대한 강력한 지지를 보여주었다. 그때 이후 '녹색투표'는 다소 흔들리다가 1994년 유럽 선거에서 다시금 패배를 맛보았다.

• 기성 **정당들**의 관심(가장 극적인 사건은 전 영국수상의 '전향'이었다).[3] 여기서도 1980년대 말부터 이 문제에 대한 '주류'의 정치적 관심은

수그러진 것 같지만, 그 밑에 깔린 의식은 계속 남아 있는 것으로 보인다.

• **정부간** 수준에서 논의와 활동. 이것을 가장 잘 보여준 사건은 1992년 6월 리우데자네이루에서 열린 유엔환경개발회의(일명 '지구정상회의')이다.

• **언론의 관심**—환경문제는 좋은 기사거리가 되며, 지난 10년 동안 대중매체는 단일 사안에 대한 폭로와 환경캠페인을 꾸준하게 이어왔다.[4]

• 종종 환경단체들이 시작하는 (고래잡이, 지구온난화, 산성비, 열대우림 등에 관한) **대중캠페인**

• **특정 지역의 캠페인**(예를 들면 쓰레기소각장 부지선정, 그린벨트나 개활지 open land 파괴 등에 관해)

• **녹색소비자주의**[5] 출현과 **산업의 녹색화**에 대한 관심. 후자는 정부와 산업계가 산업성장과 환경보호 사이의 일반적으로 인식되고 있는 이분법을 극복하기 위해 시도해 왔다.

• 지방정부, 교육기구, 민간단체 들이 세운 일련의 **실천기획**. 가정과 직장에서 재활용과 환경향상을 촉진하는 목표를 갖고 있으며 빈병수집부터 쓰레기 분리수거에 이르기까지 다양한 활동을 포괄한다.

• 환경과 조화를 이루는 방식으로 삶과 노동을 영위하기 위한 수많은 **시민주도 기획**.[6] 유럽 전역에 걸쳐 있는 이 기획에는 (종종 풍력발전기나 개선된 단열시스템과 연결된) 지역 에너지 계획, 쓰레기 재사용과 재활용, (흔히 살충제나 기타 농업 화학물질에 덜 의존하는) 대안적 농업방식, 생태공동체에서 (생태적 원칙을 확고하게 염두에 두고 마을을 계획하지만 새로운 기술들—특히 정보기술—을 혁신적이고 '환경친화적' 인 방식으로 활

용하기도 하는) 실험들 등이 있다.

• **환경 규제와 통제**의 증가—예를 들어 유럽연합이나 경제협력개발기구(OECD)와 같은 그외 국제기구들이 이를 발전시켜 왔다.

• **환경단체** 회원 가입(1991년에 그린피스는 영국에만 38만 5천 명의 후원회원이 있다고 주장했다).

• 환경에 대한 젊은이들의 의식을 고양시키기 위한 지역적 · 전지구적 차원에서의 **교육적 기획**

• '환경'을 다룬 신간 **서적과 출판물** 쇄도

이러한 지표들 하나하나의 정확한 의미는 논란의 여지가 있을 수 있지만, 이 모두를 합쳐보면—지역 수준의 캠페인에서 초국적기업까지, 정부 차원의 계획에서 소규모 시도에 이르기까지—다양한 사회적 배경에서 환경문제들이 파악되고 그에 대한 대응이 상당 정도로 이뤄져 왔음을 알 수 있다. 마찬가지로 당면한 환경쟁점의 유형도 오존층 파괴, 지구온난화, 산성비 같은 전세계적 문제에서부터 공장오염, 도로건설, 지역사회 공간의 보존과 같은 좀더 국지적인 문제들에 이르기까지 상당히 폭이 넓다.

그러나 "전지구적으로 사고하고 지역적으로 행동하라"는 환경구호가 잘 포착하고 있듯이(전지구적인 것과 지역적인 것이 정확히 어떻게 연결되는지가 종종 불분명하긴 하지만), 이러한 쟁점들에는 그 아래 깔린 공통점이 있는 듯 보인다. 그 공통점은 '지속가능성이라는 도전'으로 요약할 수 있다. 어떻게 하면 사회적 · 경제적 · 과학기술적 발전이 자연환경에 높은 가치를 두고 이를 보호하는 방식으로 이루어질 수 있을까?

이 책은 그러한 도전이 기술적 내지 환경적인 것만큼이나 **사회적**인 것이기도 하다고 주장한다. 다시 말해 도전은 우리의 삶을 진정으로 '지속가능한' 방식으로 조직하는 데 있다. 아울러 우리는 '지속가능성'의 의미를 고민해 볼 필요가 있다. 지속가능성은 각기 다른 사회집단에 의해 어떻게 구성되고 이해되는가? 이것의 한 가지 중요한 차원은 우리가 환경과 '함께 사는' 방식과 환경을 '이해하는' 방식 간의 관계일 것이다. 간단히 말해 과학 중심적 내지 환원주의적 설명—벡[7]을 비롯한 학자들에 따르면 그 특성에서 '근대주의적'인 것으로 볼 수 있는—은 환경의 과학적 평가를 중심에 두고 사회적 요인들은 2차적 수준에서 작동하는 것으로 본다. 반면 이 장에서 논의할 유형의 사회학적 설명들은 사회적·문화적 쟁점들이 환경적 관심사의 바로 핵심에 위치할 수 있다고 주장한다.

환경적 대응에서 과학의 역할에 관해 어려운 질문을 던져볼 필요가 있다. 그럼으로써 우리는 특히 어떤 특정한 쟁점이 다른 쟁점들 대신 '선택되는' 사회적 과정을 파악하고, 아울러 위험과 환경적 쟁점들에서 표현되는 사회적·기술적 발전에 대한 다양한 우려도 알아볼 수 있다. 뿐만 아니라 근대주의적인 판단근거는 과학 그 자체에 대한 검토—과학이 환경문제(에 대한 해법이 아니라 그것)의 일부가 될 수도 있는가?—를 방해하는데, 통상적 접근법들은 과학의 제도를 공공의 논의나 비판으로부터 격리시킨다.

분명 환경과 위해 쟁점에 대한 우려들은 물리적·자연적 파괴의 위협을 넘어서는 듯하다. 대신 환경적 조치에 대한 요구는 사회적·개인적 가치들(그리고 이러한 가치들이 위협받고 있다는 감각)을 아울러 반영하고 있는 것처럼 보인다. 위험평가에 관한 문헌들이 말해 주듯,[8] '위험'과 '위해' 문제는 사회변화의 방향에 관한 온갖 종류의 의심과 불확실성들이 모이는 초점 구실을 할 수 있다. 따라서 일례로 핵발전에 대한 반대는 정량화할 수 있는 위험수준에 관한 것이기도 하지만, 동시에 중앙집중적인 거대규모 기술에 대한 불신에 관한 것일 수도 있다. 마찬가지로 특정 유형의 기술에 대한 선호 역시 폭넓은 사회적 · 도덕적 · 윤리적 선호가 반영된 결과일 것이다.

환경적 우려에 이처럼 사회적 차원이 근본적으로 내재해 있다는 인식은 근대주의적 시각에 대한 우리의 분석에 중요한 함의를 가진다. 특히 계몽적 관점과는 반대로, 사회적 요인들은 환경문제의 개념화에 일정한 역할을 수행하며, 단지 그런 위협에 대한 '사후적' 대응에만 기여하는 것이 아니다.

이런 종류의 분석을 위한 하나의 중요한 출발점은 '환경'이나 '자연' 같은 개념들을 그 기원에 있어 **사회적**인 것으로 그려내는 데 있다. 메리 더글러스가 말했듯이, 어떤 사회가 외부세계를 보는 관점은 그 사회의 문화와 하부구조를 반영한다. 더글러스는 오염문제에 대해 이렇게 주장했다. "우주에 대한 관점과 이런 관점을 가진 특정 종류의 사회는 긴밀한 상호의존 관계에 있다. 이들은 단일한 시스템이다. 그중 어느 것도 다른 하나가 없이는 존재할 수 없다." [9]

이러한 맥락에서 제니 디스키는 소설 『열대우림』의 (남성)주인공 중 한 사람의 입을 빌려 이렇게 말한다.

자연 같은 건 없어. 오직 대문자 자연(Nature)만 있지. 인간 스스로가 발명해

낸 상상의 상태이자 개념과 언어의 왕국 말이야. 그건 인간의 장소이고, 오직 인간의 머릿속에만 존재해. 인간이 대문자 인류(Mankind)라고 부르는 왜곡된 환상을 거울에 비춘 것처럼 뒤집어놓은 상이지. 자연은 환상적인 개념이야. 일종의 인공정원으로, 우리가 그 속에서 휴식을 취하고 몸치장을 하며 이리저리 돌아다니다가 지나칠 때면 서로에게 고개를 끄덕이고 우리 자신의 존재에 기뻐하지. 우리는 자연을 넘어 얼마나 멀리까지 과감히 전진해 왔는지를 자랑하려고 자연을 만들어냈어.[10]

이 글에서의 주장은 '환경적 해악'으로 간주되는 것이 외부 실재에 대한 '자명한' 진리가 아니라 인간적·사회적 힘들이 만들어낸 산물이라는 것이다. 그러한 주장은—만약 수용된다면—우리가 환경과 위해 쟁점을 보는 관점과 과학에 부여한 특권적 내지 기타 지위에 심대한 영향을 끼칠 것이다. 따라서 이러한 제안을 놓고 논쟁을 벌여온 사회학적 설명들에 대해 생각해 보는 것이 중요해진다.

예를 들어 컷그로브는 환경논쟁이 '서로 다른 도덕적·사회적 질서들'을 중심에 두고 있으며, 따라서 위험에 관한 논쟁은 사실상 깊이 뿌리내린 가치들(경제성장 대 영적 안녕, 대규모 기술 대 '작은 것이 아름답다')을 둘러싼 논쟁이라고 주장했다.[11] 핵발전 사례로 돌아가 보면, 이러한 분석은 어떤 사람이 핵발전 기술을 보는 관점은 위험의 규모에 관한 어떤 기술적 정보도 얻기 **이전에** 적어도 부분적으로(혹은 심지어 완전히) 결정되어 있었을 것임을 시사한다. 핵발전은 경제성장, 중앙집중화된 기술, 과학기술에 대한 믿음, 규모가 큰 사회제도들에 대한 신뢰를 강조하는 전반적 세계관에 완전히 부합하는 것처럼 보인다. 반면 기본적 필요 충족, 지역을 기반으로 한 기술시스템, '첨단기술'의 미래에 대한 신중함, 사회제도들에 대한 회의적 태도를 강조하는 '대안적 환경 패러다임'은 핵발전 개념 그 자체를 의심과 우려의 시선으로 바라볼 것이다.

아울러 이러한 '세계관'들은 자연환경에 대한 관점이 상이할 것이다. 즉 지배적인 패러다임은 자연을 유연하고 회복력 있는 존재로 보는 반면, '대안적' 패러다임은 자연은 미묘한 균형을 유지하고 있다고 판단한다. 더글러스의 주장처럼 우주에 대한 각각의 관점은 우리가 살고 있는 세상에 대한 폭넓은 사회적 · 문화적 평가에 의존한다.

슈와르츠와 톰슨 역시 이 맥락에서 '문화이론'에 대한 도발적 근거를 제시하기 위해 더글러스의 설명을 끌어들인다. 그들이 보기에 환경에 대한 관점은 특정 문화집단과 연결돼 있다. 이러한 '문화적' 접근에 따르면, 환경이 취약한 존재인지 그렇지 않은지에 대한 평가 역시 더 넓은 세계관을 반영하는 것이다.[12]

슈와르츠와 톰슨은 우리가 속해 있는 조직들이 환경에 대한 서로 다른 방식의 평가를 야기한다고 본다. 예를 들어 기업가적 문화는 자연세계를 환경적 압력에 잘 견디는 고도로 강건한 존재로 보는 반면 위계적 제도들은 그러한 압력을 엄격한 통제 아래 두는 한에서만 자연이 안전하다고 생각한다. 환경단체들은 환경을 인간의 활동으로 인해 언제라도 붕괴할 수 있는 존재로 구성한다.

비슷한 맥락에서 더글러스와 윌다브스키는 환경논쟁을 사회에서 '중심'과 '주변부'의 갈등으로 그려낸다.[13] 다시 한번 우리가 자연을 보는 관점은 사회적·제도적 위치선정에 의해서 형성되는 것으로 생각된다. 특히 주변부에서 환경적 우려는 존재를 정당화하고 집단의 응집력을 강화하는 방편이 된다. 외부적인 환경위협을 만들어내는 것은 집단의 정체성을 유지하는 강력한 수단이다.

더글러스로부터 영감을 얻은 이 모든 주장들은 '사회적' 요소와 '자연적' 요소가 분리될 수 없음을 암시한다. 통상적인 근대주의적 관점에 따르면, 자연세계는 사회적인 것의 **외부**에 존재한다. 그러나 이러한 사회학적 설명들은 '자연적'인 것을 **사회적 구성물**로 보며, 그런 의미에서 사회세계의 내부에 존재하는 것으로 파악한다. 어떻게 보면 이러한 구성성은 인류가 우리를 둘러싸고 있는 세상에 미치는 엄청나게 광범위한 영향에서 기인한다. 예를 들어 오늘날의 '망가지지 않은' 시골은 이전세대의 농부들에 의해 만들어진 것이다. 지구상의 그 어떤 지역에도 인간의 영향을 받지 않은 곳은 없어 보인다. 단기적인 이득을 얻기 위해 마구잡이로 벌목되는 열대우림이건, 잔류 화학물질의 영향을 받고 있는 고립된 동물군체이건 말이다.

그러나 다르게 보면, 앞서 『열대우림』에서 인용한 것처럼 자연세계가 '개념과 언어의 왕국'이 되는 것은 피할 수 없는 듯하다. 우리는 세계의 **일부**이며 그로부터 분리되어 있지 않다는 간단한 이유 때문이다. 그런 식으로 보면 '자연적'인 것이 우리의 외부에 있다는 관념은 실로 낯선 것이다. 이 시각에서는 자연의 상태에 대한 평가가 사회구조 상태에 대한 평가를 반영하는 것은 필연적인 것으로 보인다. 그런 의미에서 '환경위기'는 동시에, 그리고 피할 수 없이 우리의 세계관과 사회제도의 위기이기도 하다. 앞으로 얘기하겠지만 이는 과학, 지식, 전문성을 보는 우리의 관점에도 영향을 미친다.

이어지는 절에서는 벡과 기든스의 최근 작업과 연결을 지어 이런 방향의 논의를 발전시킬 것이다. 그러나 환경문제에 대한 사회학적 분석이 적합성을 갖는다는 주장은 지금 당장도 가능하다. 사회이론이 녹색쟁점들에 대한 이해에 중대한 기여를 할 수 있다고 이얼리가 강하게 주장해 온 연유도 바로 여기에 있다.[14] 피터 디킨스는 이러한 논점을 더욱 확장해 '자연적' 설명과 '사회적' 설명 모두를 통합한 완전히 새로운 지적 패러다임을 주창했다.

> 그러한 합병의 가장 중요한 효과 중 하나는… '인간'(좀더 적당한 표현은 '사람들')과 자연의 구분을 포기하는 것이다. 오늘날의 환경주의는 종종 사람들이 자연**에게** 어떤 일을 하고 있고 자연도… 우리에게 어떤 일을 하고 있다는 식으로 사고한다. 그러한 상은… 중대하게 잘못된 것일 수 있다. 과학과 사회과학의 구분 해소는 우리가 어떤 측면에서 사람들과 사회를 자연의 **일부**로 보기 시작하는 것을 의미한다. 마찬가지로 우리는 자연을 다른 종들뿐 아니라 인간종의 필수불가결한 일부로 바라본다.[15]

이와 같은 '사회'와 '자연'에 대한 통합적 시각은 이 책에서 매우 큰 중요성을 가진다. 특히 우리가 살고 있는 세상을 **이해**하는 방식에 던져주는 함의에서 그렇다. 지금까지 간략하게 요약한 문헌들은 적어도 오늘날 환경문제들에 관한 논쟁에서 전형적으로 나타나는 것보다 훨씬 더 풍부하고 좀더 사회학적인 상을 제시해 준다.

이 장에서 나는 전반적인 문헌조사를 시도하는 대신—이는 이 책의 주된 방향으로부터 벗어나는 것이다—**하나의** 영향력 있는 사회학적 설명 형태를 상세하게 논의할 것이다. 이 설명—울리히 벡이 제안했고 앤서니 기든스가 조금 다르지만 관련된 분석을 제시한—에서는 우리가 현재 '위험사회'에 살고 있다고 주장한다. 이는 앞서 제시한 것과 같은 쟁점들이 우리의 일상적 존재의 중심에 자리 잡은 사회이다. 이러한 논의는 위험과 환경적 우려가 앞으로의 사회발전에 갖는 중요성을 강력하게 제시한다. 아울러 이러한 관점은 과학과 시민과 환경위협의 관계를 이해하는 데도 중요한 함의를 가진다.

과학, 시민 그리고 위험사회

우리는 주체이자 대상으로서 근대성 내부의 균열을 목격하고 있다. 근대성은 고전 산업사회의 윤곽에서 벗어나 [산업] '위험사회'라는 새로운 형태를 만들어내고 있다. **근대화가 19세기에 봉건사회 구조를 해체하고 산업사회를 만들어낸 것처럼, 오늘날의 근대화는 산업사회를 해체하고 있으며 또 다른 근대성이 모습을 드러내고 있다.**(강조는 원문)[16]

근대성에 내재한 성찰성은 계몽사상의 기대를 좌절시킨 것으로 드러났다. 그 자체가 바로 계몽사상의 산물인데도 말이다. 근대 과학과 철학의 창시자들은 자신들이 사회세계와 자연세계에 관해 확고하게 정립된 지식을 얻는 방법을 마련하고 있다고 믿었다. 이성에 대한 주장은 전통의 독단을 넘어서 습관과 관습의 임의적 특성 대신에 확실성의 감각을 제공해 줄 것이었다. 그러나 실제로는 근대성에 내재한 성찰성이 지식의 확실성을 침식했고, 이는 심지어 자연과학이라는 핵심 영역에서도 마찬가지였다.[17]

기든스와 벡이 보기에 사회구조는 변화의 시기를 겪고 있다. 진보, 진리, 과학이라는 계몽사조의 교의에 대한 믿음이 지배하는 **근대성**에서 오랜 진리들이 우리 각자가 어떻게 살아야 하는지에 대한 근본적 의심·성찰성·우려에 자리를 내준 **후기**(혹은 새로운) 근대성으로의 변화이다. 이 같은 상황에서는 불확실성, 자기정체성(우리가 스스로를 누구라고 생각하는가), **위험**의 문제가 중심에 놓이게 된다. 일상생활이 '위험해지는' 이유는 우리의 복지나 생존에 반드시 어떤 새로운 위협이 가해져서가 아니라, (적어도 기든스에 따르면) '자아'가 파편화되고 노출되기 때문이다. 한때 우리를 '존재론적 불안'(ontological insecurity)으로부터 보호해 주던 제도와 믿음 체계들(대표적으로 과학)은 오늘날 광범위한 도전을 받고 있다. 이처럼 새로운 맥락에서 우리 각각은 일상생활에 내재한 **선택**의 가능성을 깨닫고 있다. 심지어 '전통적인' 생활양식을 추구하기로 한 결정도 가능한 대안적 삶의 방식을 인지한 상태에서 이뤄지는 것이 분명하다.

벡이 보기에 사회는 '성찰적 근대화'의 단계를 거치고 있다. 이는 사회구조와 사회적 행위자의 관계가 변화하고 있음을 의미하며, 특히 사람들이 기존 제도들에 의한 제약을 덜 받게 되었음을 말해 준다(이 대목은 기든스의 주장과 강하게 연결돼 있다). 이제 시민들은 단순히 기존에 정립된 행동

패턴을 따르기보다는 근대화 과정을 **형성하는** 위치에 와 있다. 그러한 상황에서는 '정치적'인 것에 대한 우리의 관념도 중대한 변화를 겪는다. '정치적'인 것에 대한 (가령 의회활동이나 주류정당들 내에서 찾아볼 수 있는) 전통적 관념은 이러한 정책결정 구조와 거의 관련이 없는 다양한 시민행동들로 대체된다. 환경운동은 이런 새로운 종류의 '사회적 행위능력'을 보여주는 훌륭한 사례이다. 개인적 행동과 환경주의가 제시하는 전지구적 결과 사이의 연관관계는 대체로 정치생활의 전통적 하부구조 전체로부터 상당 정도로 비켜나 있다.

이 장 첫머리에 제시한 것처럼, 기존 정당들도 녹색쟁점들에 대응해 왔고 녹색당이 상당한 약진을 이루기도 했다. 그럼에도 불구하고 환경적 우려에 대한 '행동'의 많은 부분은 의회를 벗어난 수준에서 진행되어 왔다. 그와 같은 변화는 **시민권** 관념에 영향을 준다. '환경시민권'은 투표함(의회민주주의에서 시민권의 전통적 표현)에 덜 의존하는 반면 다른 여러 수준에서 시민들의 우려를 표현하는 것에 더 의존할 수 있다. 환경단체 가입이나 단일사안 캠페인 참여, 슈퍼마켓에서의 선택, 빈병수거나 다른 재활용 시설 활용, 아이들에 대한 환경의식 교육 등이 그 사례이다.

'근대성'의 성격변화에 관한 이러한 지적들은 이제 우리가 살고 있는 '위험사회'를 탐구할 때 특별한 의미를 지니게 된다. 이러한 '위험사회'는 몇 가지 특징을 가지는데, 그 특징들은 근대성이 사회적·기술적 진보를 한결같고 아무런 문제도 없는 것으로 제시해 왔음에도 불구하고 모습을 드러내었다.

• 이전의 사회구조에서 공급부족이 핵심적인 문제였다면, 지금 우리는 과잉생산이 주된 문제인 지점으로 이동했다. 다시 말해 오늘날의 사회는 외부세계와 맞서 싸우기보다는, 점차로 스스로 만들어낸 위험과 위협들에 맞서 싸우고 있다.

• 앞서 설명한 것처럼 '자연'과 '사회'의 새로운 관계가 발달해 이 둘을 사실상 분리할 수 없게 되었다. 벡이 주장하듯이 '자연과 사회의 대립구도'는 더 이상 존재할 수 없으며, "자연이 사회의 **외부**에 있다거나 사회가 자연의 **외부**에 있다는 식의 이해도 더 이상 가능하지 않다." 이 점이 환경쟁점들에 대한 이해에 결정적으로 중요함은 두말할 나위가 없다.

• 이처럼 변화한 '자연'과 '사회'의 관계가 던지는 한 가지 함의는, 위험쟁점에 관해 서로 다른 집단들이 취하는 입장은 그 성격이 어쩔 수 없이 사회적이라는 것이다. 위험과 안전성에 대한 판단은 어떤 사람이 사회구조에서 처한 위치 그리고 현재 다른 이들을 대신해 이러한 문제들에 관한 결정을 내리고 있는 사회제도를 신뢰하는 정도를 반영한다.

• 벡이 주장하는 요점 중 하나는 위험사회에서 **과학**의 역할과 관련이 있다. '일차적 과학화'가 과학을 자연의 제약으로부터의 해방으로 보았다면, 오늘날의 **'이차적 과학화'**는 과학을 위험의 창조자인 동시에 그 해독제 및 해법으로 본다. 그러한 상황에서 과학은—이 장 첫머리의 두번째 인용문에 나온 것처럼—환경파괴를 만들어낸 이해의 형태로 부각되고 있다. 후기근대성에서는 과학의 내재적 한계가 점차 가시화된다.

대다수 시민들에게 과학은 우려를 표현하는 데 하나의 장애물이 되었다. 적어도 벡이 보기에 과학은 우리가 사는 세상에 대한 우려의 표현을 가능케 하거나 힘을 불어넣어 주기보다는 그러한 우려를 침묵시키는 데 쓰이는 것이 보통이다. 환경에 대한 우려는 모든 것이 아무런 문제도 없다는 과학에 근거한 안심보증에 직면하게 된다. 설사 시민들의 경험이 그 반대방향을 가리키고 있는 경우에도 말이다.

결국 과학은 더 이상 '계몽'을 표상하지 않으며, 그에 맞서 싸워야 하는 힘이 되었다. 과학이 합리성의 '최고의' 형태로서 누리는 특별한 지위를 잃으면 잃을수록—벡은 환경논쟁에서 이런 일이 일어나고 있다고 본다—정부나 산업체 같은 강력한 사회제도들의 정당화 원천으로서 성공할 가능성도 낮아진다는 것은 두말할 나위도 없다. 결국 과학적 합리성은 심각한 내적 모순에 직면하게 된다. 위험사회가 '기술과학적 합리성의 실패' 그 자체를 불러올 우려가 있다는 주장을 펼칠 수 있을 정도로.

이러한 정당성을 재정립하기 위해—그리고 유용한 사회적 목적에 봉사하기 위해—과학은 '근대화 위험'의 원천으로서 자신의 역할을 인정하고 그에 따른 제도적 변화를 감행할 필요가 있다. 벡이 과학에 던지는 도전은 위험사회 내에서 작동하는 새로운 방법들을 찾아야 한다는 것이다. "사회적 합리성 없는 과학적 합리성은 **공허**하지만, 과학적 합리성 없는 사회적 합리성은 **맹목적**"이기 때문이다.[18]

우리는 이 책 전체를 통해 과학과 관련된 제도적·인지적 변화에 관한 논의를 발전시킬 것이다. 당장 중요한 점은 '위험사회'라는 관념에 의해 열어젖혀진 '과학' '시민' '환경위협' 사이의 새로운 관계를 이해하는 것이다. 특히 우리는 과학이 환경적 대응에서 중심이고 그 밖의 모든 것들은 주

변적이라는—그리고 "기술전문가들에게는 의제를 정의하고 경계에 대한
전제를 선험적으로 위험담론에 부과하는 유리한 입장이 부여된다"는—
'계몽주의적' 가정에 도전하게 될 것이다.[19]

'위험사회'에 관한 이론적 설명은 과학–시민관계를 이해할 때 환경쟁
점들이 갖는 중요성을 강조한다. 그러나 이러한 주장에는 위험과 환경 쟁
점들이 과학을 둘러싼 시민들의 좀더 폭넓은 우려로부터 분리된 것이 아니
라는 의미도 담겨 있다. 새로운 정보통신기술로 인한 시민적 자유의 위협
이건 핵무기에 대한 공포건 간에, 제기되는 질문들은 비슷할 가능성이 높
다. '위험사회'는 물리적 혹은 생태적 위험에 관한 것만이 아니라 시민들
자신이 사회적·기술적 발전으로 인해 '위험에 처해 있다'고 느끼는 방식
에 관한 것이기도 하다. 후기근대성을 독특하게 만드는 것은 위협에 대한
이런 인식이다.

그러나 이런 사회학적 주장들을 제시할 때는 제시된 주장들이 대단히
일반적이고 폭넓은 성격을 갖고 있음에 유의하는 것도 중요하다. 두 명의
사회학자(벡과 기든스)가 다양한 사례들을 제시하고 있지만, 신중하게 근
거를 제시한 경험적 설명을 하고 있다는 느낌을 받기는 어렵다. 따라서 이
주장들이 도발적이고 시사적이라 하더라도, 이에 대해서는 비판적이면서
살아 있는 경험에 비추어보는 응답이 필요하다. 이 책 후반부 장들에서 그
런 작업을 시도할 것이다.

이 지점에서 이 책의 두번째 주요 이론적 갈래인 **과학지식사회학**(SSK)
에 의지할 필요가 있다. 적어도 내가 여기서 제시하는 바에 따르면, 이 갈
래는 지금까지 살펴본 주장들과 많은 면에서 상보적이다. 이 중요한 학술

연구 영역에 대해서는 앞장의 끝부분에서 (특히 브라이언 윈의 연구에 관해서) 간략하게 언급했다.

그러나 SSK는 벡과 기든스의 거시수준 분석과는 상당히 동떨어져서 발전해 왔다. 특히 SSK는 벡과 기든스가 선호하는 과학에 대한 폭넓은 일반화에서 벗어나 근대과학 실천의 잡종성과 다양성을 좀더 강하게 느낄 수 있도록 우리를 인도한다.

무엇보다 과학사회학적 분석은 특정 과학 영역에 대한 주의 깊은 연구에 뿌리를 두고 있다.[20] 이러한—종종 인류학자들의 민속지적 기법에 의지하는— '상황적' 접근은 좀더 포괄적인 사회학적 진술들에 대해 균형을 맞추는 평형추 역할을 할 수 있다. 이는 과학제도의 작동을 외부로부터 설명하는 대신 살아 있는 경험에서 배우려는 시도를 나타내는 것이기도 하다.

뿐만 아니라 SSK분석은 과학을 동질적이고 경계가 명확하며 합의에 기초한 것으로 그려내는 '계몽적' 관점과 날카로운 대조를 이룬다. 이러한 정통 견해에 따르면, 지식의 한 형태로서의 과학은 가치에서 자유롭고 객관적이며, 오직 그것의 **응용**만이 사회적 선택의 대상이 된다. 과학의 **활용**은 비판을 받을 수도 있지만, 지식 그 자체는 그것이 발전하고 실행되는 상황에서 독립적인 존재로 비판으로부터 면제된다.

반면 일군의 사회학자들은 과학의 특성을 **사회적으로 협상된** 것으로 그려내는 데서 성공을 거두어왔다. 이 시각의 지적 뿌리는 마르크스 · 머튼 · 만하임의 저작을 포함한 다양한 지점까지 거슬러 올라갈 수 있다.[21] 잘 알려진 쿤의 책 『과학혁명의 구조』[22]와 그것이 발전시킨 '패러다임' 개념은 과학의 제도적 차원뿐 아니라 (과학적 사실, 이론, 아이디어 같은) 인지적 차원도 사회학적 탐구의 대상이 될 수 있음을 알려주었다. 특히 쿤의 '정상과학' 개념과 거기서 암시된 과학적 사고와 과학자들의 훈련과정의 관계는 결정적으로 중요한 통찰을 제공했다.

사회학적 논의는 더 이상 (병리적 현상이나 잘못된 이해를 설명해야 하는) 일탈적인 과학이나 객관적 지식이 획득되는 과정의 재구성에만 한정되지 않았다. 과학적 '사실'의 발달과 사회적 구성이 정당한 연구대상으로 자리를 잡았고, 이는 대체로 특정 사례연구에 관한 상세한 설명형태로 이뤄졌다.[23]

이러한 분석에 따르면 과학은 서로 다른 사회집단들이 약탈할 수 있는 '사실'의 창고가 아니며, '객관적 지식'의 습득을 위해 처방된 '방법'도 아니다. 오히려 과학은 훨씬 더 분산되어 있고 유연한 사회제도들의 집합으로 제시된다. 이러한 집합에는 다양한 지적 영역들이 포함되며, 이 영역들과 다른 사회제도들의 경계는 지속적으로 협상되고 재협상된다.

이 장 후반부에서는 이와 같은 사회적·기술적 협상을 보여주는 실례로 산성비 사례를 제시할 것이다. 이 사례를 주의 깊게 고찰해 보면 산성비에 관한 단일한 과학은 없음을 알 수 있다. 대신 우리는 다양한 패러다임과 이론들이 작동하는 것을 보게 된다. 이 사례에서는 공학·화학·기상학·생물학·의학·농학·수학 분과들이 포함되며, 이러한 분야들은 발전회사·정부부처·환경단체와 같은 과학 외적 조직들과 긴밀하게 함께 작동한다. 아울러 산성화에 따른 피해 가능성을 과학적으로 평가하는 과정에서, 과학자들은 산(酸)이 생겨나고 노출되는 조건들에 대한 일단의 가정들을 구성해야만 한다(예컨대 정해진 작동조건들이 충족되겠는지, 운송모델이 정확한 것으로 드러나는지, 다른 오염원들이 중요한 것으로 밝혀졌는지 등). 이 모든 영역들에서 상당 정도의 불확실성에 대한 협상이 필요하다. 과학은 매우 인간적이고—필연적으로—크게 제약을 받는 활동으로 나타난다. 그렇게 이뤄진 발견들이 나중에 가면 권위 있는 것으로 제시된다고 하더라도 말이다.

오늘날 SSK 안에는 다양한 학문적 시각과 수많은 하위분과들이 존재한다.[24] 특히 영향력이 컸던 것은 과학적 논증과 다양한 '사회적 이해관계' 사이의 관계를 분석하는 접근법들이다. 산성비 사례에서는 외부의 통제를 피하려는 영국 정부와 발전회사들의 이해관계가 명백하게 드러났다. 그들이 외부의 통제를 피하려 한 것은 부분적으로 비용 때문이었지만, 환경단체나 국제적 요구에 양보하기를 꺼려하는 좀더 폭넓은 경향도 작용했다. 이러한 시각에서 보면 과학은 다소 은밀한 방식으로 경제적·정치적 이해관계의 증진을 위해 쓰이는 무기가 된다. 과학은 본질적으로 '다른 수단에 의한 정치'가 된다.

이러한 '이해관계' 시각은 다양한 맥락에서 실질적인 가치를 가질 수 있지만(예컨대 자문위원회와 산업조직들의 연계에 동일한 논의를 적용할 수 있다), 복잡한 조직들에 '이해관계'를 귀속시킬 때의 고유한 어려움을 과소평가해서는 안 된다. 가령 특정 이해관계가 다른 이해관계들에 대해 어떻게 우위를 차지하는가 하는 문제는 대단히 복잡해 보이지만, 이 접근 내에서는 충분히 탐구되지 않는 것이 보통이다. 제도건 개인이건 간에 반드시 '합리적 행위자'의 입장에서 이해관계를 계산하는 것이 아님은 분명하다. 이는 다시 이해관계를 판단해야 하는 단기적 혹은 장기적 시간척도와 서로 다른 형태의—경제적 · 정치적 · 개인적 · 윤리적 · 조직적—이해관계 사이의 균형이라는 문제를 추가로 제기한다.

이 같은 비판들이 SSK에서 이해관계 접근법을 버려야 함을 의미하는 것은 아니다. 단지 과학의 사회적 구성을 분석할 때의 복잡성에 대해 우리에게 주의를 주는 것일 뿐이다. 마찬가지로 다음에서 주요한 경험사례를 다룬 장들에서 보겠지만, 이해관계 모델은 일반인들 속에서 여전히 힘을 발휘하고 있다. 기술적 진술을 평가할 때 적어도 부분적으로는 **누가** 그 진술을 하고 있는가가 기준이 된다는 점에서 말이다.

오늘날 SSK연구의 두 가지 다른 갈래도 짧게나마 다룰 만한 가치가 있다. 그중 하나는 과학적 진술이 구성되고 확인되는 언어 · 담론의 형태에 특별한 의미를 둔다.[25] 이 접근에서 '객관성'과 '사실' 확립에 대한 주장은 대체로 과학자들이 자신들의 주장이 갖는 가치를 다른 사람들에게 설득하기 위해 동원하는 수사적 장치로 간주된다. 산성비 같은 환경위협 사례에서는 위해가 누구를 위해 '입증되는가' 같은 분석적 질문이 제기된다. 이러한 '증명'의 수용은 어떻게, 왜 일어나며, 반대주장에 직면했을 때 '증명'은 어떻게 유지되는가?[26]

과학적 진술과 사실구성에 대한 이런 회의적 접근은 환경문제와 관련된 맥락에서 과학을 이해하는 데 특별한 가치를 가진다. 우리는 과학관련 기관들의 주장뿐 아니라 이러한 '정보'에 대한 대중의 반응까지도 해체하고 문제삼도록 인도된다. 분석가의 임무는 지식주장을 불안정하게 만들어서 그 문화적 · 수사적 토대를 평가하는 데 있다. 과학관련 기관은 어떤 근거에서 우리가 그들의 진술을 믿어야 한다고 주장하는 것일까? 이 접근은 지역주민 또는 전국단위 조직과 같은 비과학자집단들의 지식주장에도 적용될 수 있다.

또한 이 시각에 따르면 과학적 증거가 어떤 설득력을 발휘하기 위해서는 특정한 청중들을 염두에 두고 솜씨 좋게 정돈되어 제시되어야 하며, 동시에 청중들은 자신들의 필요와 관심사에 맞추어 이러한 메시지를 '이해'해야 한다. 이 내용은 4장에서 논의할 것이다.

마지막 영감의 원천은 과학기술과 관련된 페미니스트 논쟁과 학술연구에서 얻을 수 있다. 페미니스트 분석이 이러한 맥락에서 중요한 이유는 과학의 발전을 자연세계를 지배하고 일차원적 형태의 합리성을 일상적 현실에 강제하려는 특별하게 '남성적'인 시도와 연결시키는 데 있다. 위험과 환경 쟁점의 맥락에서 이 접근은 연관된 다양한 합리성들의 존재뿐 아니라 과학의 보편주의적 주장에 대한 비판도 제시한다. 특히 여성의 지식과 이해는 남성이 지배하는 제도들과 '남성적' 과학의 견고한 상호연결에 의해 거부될 수 있다.[27]

이 책에서 그러한 주장들은 대안적인 삶과 사고의 방식을 억압하는 역할을 할 수 있는 지배적인 형태의 합리성을 드러낸다는 점에서 중요할 것이다. 과학의 담론은 한 가지 형태의 지식을 강제함으로써 구조화하고 제약하는 역할을 할 수 있다. 반면 대안적 이해는 '비과학적'이고 '불합리한' 것으로 기각된다.

지금까지 매우 짧게 요약한 SSK의 핵심을 종합해 보면, 이 책과 특히 연관된 몇 가지 특징을 찾아볼 수 있다.

• 첫째, 과학은 세계에 대한 단일하고 권위 있는 설명이 아니라 지식구조나 제도의 측면 모두에서 다양하고 **잡종적**인 것으로 나타난다. 이런 의미에서 우리는 하나의 과학이 아닌 과학**들**을 사고할 필요가 있다. 이 점은 이미 산성비와 관련해 제기한 바 있다. 이어지는 장들에서 우리는 이것이 더욱 폭넓은 적용가능성을 가짐을 보게 될 것이다.

• 둘째, 우리는 과학이 '외부세계'에 관한—그 기원에 있어 **사회적**인—일단의 **가정들**에 기반하고 있을 가능성에 대해 주의를 기울이게 된다. 이는 위험 및 환경 쟁점과 관련해 특히 중요하다. 이런 쟁점에서는 인간의 행동과 반응에 관한 가정을 세우는 것이 불가피함에도 그것이 공개적으로 인정되는 일은 드물기 때문이다.

• 셋째, 적어도 이러한 분석이 말해 주는 것은 사회적 필요와 희망의 표출에 직면했을 때 과학이 **유연해질** 수 있다는 것이다. 우리가 얻게 되는 과학은 인간의 탐구가 빚어내는 필연적 산물이라기보다는(이런 모델은 '과학결정론'으로 알려져 있다), 과학의 후원자들이 지닌 사회적 우선순위와 청중의 구성을 반영한 결과이다. 과학적 유연성 개념은 적어도 새로운 도전이나 압력들과 관련해서 과학적 재평가와 재조정의 가능성을 열어놓는다.

• 마지막으로, 이러한 분석은 세상을 이해하는 하나의 방식으로서 과학이 지닌 **한계**에 대한 건설적 논의를 여는 데 도움을 준다. 이는 과학의 실용적 중요성이나 그것의 지적 잠재력을 부정하는 것이 아니다(사실 SSK 시각은 과학의 성취에 더 큰 경외감을 불어넣어 주는 듯 보인다). 그러나 과학에 대한 사회학적 논의들은 대체로—지식주장의 구성과 그러한 주장

의 실행 양자 모두의 측면에서—과학지식의 맥락화된 성격을 전달하는 역할을 한다.

(산성비 사례가 다시 한번 보여주는 것처럼) 환경문제가 '실제 세상'에서 갖는 복잡성에 직면하면 과학자들은 불확실성을 제거하고 지적 통제력을 얻어내기 위해 애쓰지만, 그러한 문제들은 과학의 수용범위를 넘어서 뻗어나간다. 사회학자들은 특정 과학영역에 대한 주의 깊은 연구를 통해 과학의 힘과 한계를 전달해 왔다.

정리하면 과학지식과 '위험사회'에 대한 사회학적 설명은 '과학과 대중'을 이해하는 새로운 개념틀을 제공해 준다. 무엇보다도—머리말에서 약속한 것처럼—이러한 개념틀은 과학과 대중을 대칭적으로 다룰 수 있는 가능성을 가지고 있다.

이러한 이론적 분석은 1장에서 제시한 세 가지 사례와 밀접하게 연관될 수 있는데, 이는 나중에 살펴볼 것이다. 특히 우리는 환경문제처럼 긴급한 쟁점들이 과학에 어떤 **도전들**을 제기하고 있는지를 이해하기 시작했다. 환경논쟁이 여전히 과학적 분석 양식의 지배를 받고 있긴 하지만 말이다. 아울러 두 가지 접근법들(과학지식과 '위험사회'에 대한 사회학적 설명)은 '환경'을 외부적 위협으로 간주하는 통상적 관점에 비판적인 태도를 취할 수 있게 한다. 위협은 과학자들의 진술을 통해 만들어지고 구성되는 것이기도 하다는 것이다. 이런 과학의 중개역할은 '우리 시대의 세 가지 이야기'에서 분명하게 드러난다.

여기서는 세 가지 이야기를 한꺼번에 살펴보기보다는 먼저 BSE 사례를 제시한 후 이어서 산성비 사례를 살펴보려 한다.

과학, 광우병, 위험사회

앞장에서 언급한 것처럼 '광우병' 에피소드는 여러 가지 방식으로 해석될 수 있는데, 그중에서도 '후기근대' 사회에서 위험이 대단히 중요하게 간주됨을 보여주는 또 다른 사례로 보면 흥미롭다. 특히 그 위험이 더 넓은 기술적 관심사 속에 묻혀 있을 때 그렇다(이 경우에는 식품기술과 동물의 사체를 다른 동물들에게 먹이는 관행이 포함된다). 이 장에서 제시한 좀더 넓은 분석틀에서, 우리는 이제 '근대적 합리성'을 대중에게 전달하는 안심전략을 다시 들여다볼 수 있다. 이를 위해 1990년에 여러 신문들에 게재되었던 '육류 및 가축 위원회'(Meat and Livestock Commission)의 전면광고를 다시 생각해 보도록 하자.

영국산 쇠고기의 섭취는 전적으로 안전합니다. 이 동물보건문제(BSE)가 인간의 건강에 위협을 야기할 수 있다는 증거는 전혀 없습니다.

이것은 육류산업만의 견해가 아니라, 독립적인 영국과 유럽 과학자들이 밝힌 견해입니다.

이 견해는 보건부에서 보증한 것입니다.

정부는 소비자들을 보호하기 위해서 과학자들의 권고를 넘어선 추가적인 조치들을 취하기까지 했습니다.

> 따라서 영국 쇠고기는 전적으로 신뢰할 수 있습니다.
>
> 추가적인 사실정보를 얻으려면 아래로 문의를…. [28]

두말할 것도 없이 이는 대중의 공포와 맞서 신뢰를 불러일으키려는 시도로 의도된 것이다. 이 같은 시도가 갖는 주된 특징은 어떤 것인가?

첫째, **확실성**('전적으로 안전한' '증거는 전혀 없는' '전적으로 신뢰')의 언어에 기반을 둔 권위의 주장. 이는 대중의 의심과 불확실성을 줄이려는 의도를 담은 것이 분명하다. 이런 조치를 뒷받침하는 근거는 안심 메시지를 전달할 수 있는 방법이 오로지 기술적 의심을 제거하는 길밖에 없다는 믿음에 있는 것 같다.

둘째, **과학**이 절대적으로 문제의 중심에 위치한다('독립적인… 과학자들' '추가적인 사실정보')는 가정. 좀더 대중적인 '광우병' 대신 사용된 BSE라는 용어가 이 점을 뒷받침하고 있음은 두말할 나위도 없다. 더 근본적인 차원에서, 우리는 과학자들의 적극적 참여 없이는 '광우병'이 사회문제로서 **존재**하지 않음을 알 수 있다. 과학자들의 참여가 없다면 시민들이 어떻게 이 문제를 알 수 있겠는가? '상식적' 경험이 BSE라는 더 폭넓은 범주를 만들어낼 가능성은 낮아 보인다. 결국 과학은 아주 초기부터 이러한 위험의 형태를 정의하게 된다.

셋째, 어떤 식으로건 대중적 우려에 화답하려는 시도의 부재. '이러한 동물보건의 문제'는 언급되지만, 그것이 정확히 무엇이며 왜 우려가 제기되는지는 논의되고 있지 않다. 쟁점에 대해 과학에 근거를 둔 하나의 정의가 처음부터 가정되어 있다.

넷째, 이러한 진술 안에는 암묵적인(아마도 노골적인) 위계적 관념("우리는 이러한 일들에 대해 알 수 있는 최선의 위치에 있다")이 작동하고 있다. 반복컨대, 이러한 우월성 주장은 부분적으로 과학에 근거를 두고 있지만, 존경받는 기구인 정부와 육류산업에도 아울러 근거를 두고 있다.

다섯째, 여기에는 또 하나의 암묵적인 사회적 모델이 작동하고 있다. 이러한 진술에서 대상으로 삼는 유일한 **청중**은 '소비자'이다. 이러한 진술은 압력단체, (다소 다른 관점을 가진) 다른 과학자들, 육류산업에 종사하는 노동자들이 아니라 소비자로서의 개인들을 상대로 말하는 것처럼 보인다. 다른 곳에서는 '주부들'이 무엇을 구입해야 하고 구입하지 말아야 하는지에 관한 언급이 많다. 여기서 청중은 원자화되고 서로 분리된 존재로 구성되는 것 같다.

'위험사회' 논쟁의 측면에서 보면, 이런 접근법은 그 특성상 '근대적'인 것이라고 말할 수 있다. 여기서 과학은 권위 있고 합의에 근거하며 '독립적'인 것으로 제시되며, 동시에 청중—폭넓은 시민들—은 미형성되어 있고 충분한 지식이 **없는** 모습으로 그려진다. 청중은 '합리적'인 메시지 앞에서 수동적인 존재로 구성된다. 이 단계에서 우리는 근대주의적인 과학의 모습과 과학이 대중집단들로부터 직면하는 좀더 회의적인—그런 의미에서 **후기**근대적인—반응 사이의 긴장을 목격할 수 있다. 벡이 설명했듯이, 육류산업 등이 구사하는 그러한 전략들은 외부집단들로부터 경계와 의심의 시선을 받았다. 그러한 의심의 대상에는 공식적인 단체들이 제공한 기술적 증거들도 상당 부분 포함되었는데, 이는 '불합리한' 행동으로 종종 그려지곤 했다.

따라서 BSE사례는 현재 작동하고 있는 '위험사회'의 많은 요소들을 제시해 준다. 이 사례는 또한 위험쟁점들을 그러한 위험을 발생시키는 사회적·기술적 과정으로부터 분리할 수 없음을 말해 준다. 아울러 우리는 시민집단들이 강력한 사회집단들의 근대주의적 전략들과 맞서면서 겪어야 하는 **어려움**에 대한 통찰력을 얻을 수 있다.

이와 동시에 우리는—SSK의 시각이 상기시켜 준 것처럼—현재 제시되고 있는 과학의 본질에 대해 비판적인 질문을 던져야만 한다. 예를 들어 많은 실험실 과학자들은 이러한 메시지가 확실성을 담아 전달되고 있다는 사실을 인식하지 못할 것이다. 그래서 이 문제를 둘러싸고 과학적 견해가 나뉘어 있다는 사실이 수많은 대중적 진술에서는 가려져 버렸다. 여기서 중요한 불확실성으로는 BSE가 종간 장벽을 뛰어넘을 수 있는지, 제안된 통제방안들로 충분한지, 가까운 미래에 얼마나 많은 동물증례들이 발견될 것인지 등이 있었다.

이러한 사례에서는 '증명'을 확립하기가 대단히 어렵다. 특히 과학적 견해들의 취약성을 감안해 보면 그렇다. 따라서 대중적 진술에 담긴 분명한 자기확신에도 불구하고 아직 과학자들은 결정적인 설명을 구성하지 못하고 있다. 또한 단순히 과학의 이용(내지 오용)을 둘러싼 투쟁보다는 과학지식의 **구성** 그 자체와 그 속에 묻혀 있는 가정들을 살펴봐야 한다.

우리는 때때로 논쟁을 불러일으켰던 환경쟁점인 산성비 사례를 통해 과학적 이해에 관한 이러한 지적들을 좀더 깊이 들여다볼 수 있다. 산성비

논쟁은 '새로운 세대의' (산성비뿐 아니라 지구온난화나 오존층 파괴도 포함한) 전지구적 환경위협이 야기하는 수많은 과학적 어려움들을 담고 있어 우리의 논의를 발전시킬 수 있는 훌륭한 지점을 제공한다. 그러나 산성비를 환경쟁점들 중에서 좀더 '간단한' 문제의 하나로 보는 것도 가능한데, 이는 산성비처럼 상대적으로 잘 이해되어 있는 사례에서도 불확실성을 찾아볼 수 있음을 의미한다. 이어지는 절에서는 산성비 문제를 살펴보면서 그것이 다른 영역의 환경적 대응에 던지는 폭넓은 함의에 특히 초점을 맞출 것이다.

과학과 불확실성: 산성비 사례[29]

환경위험 분석의 다른 수많은 영역에서와 마찬가지로, 산성비로 인한 오염 문제는 (가령 영국과 유럽의 이웃 국가들 혹은 미국과 캐나다 사이에서의) 열띤 정치적 협상뿐 아니라 원인과 결과를 둘러싼 일련의 기술적 이견 표출로 줄곧 특징지어진 역사를 가지고 있다. 수많은 영역에서 의심과 논쟁이 끈질기게 제기되었다. 무엇보다 **원인**(다양한 오염원에 기인하는 산성화 수준)과 **결과**(가시적인 물리적 귀결)를 연결해 주는 중심적인 문제에 크게 의문이 제기되었다(특히 과학이 그런 사례에서 어떤 명확한 '증명'을 제공할 수 있다는 통상의 가정과 배치될 때 그렇다). 과학적 불확실성으로 둘러싸인 문제들은 다음과 같은 것들이 있었다.

• 고려대상이 되는 과정의 **화학적 복잡성**. 오염물질의 이동과 상호작

용에 관계된 광화학반응의 세부사항을 이해하는 것은 언제나 상당한 어려움을 수반한다.

- 분석대상이 되는 **결과**의 온전한 **범위**(숲, 식물 및 작물, 호수, 강, 어류, 사람의 건강, 부식). 이 모든 결과들을 가져오는 원인에는 공통의 요소도 있지만, 각각의 결과는 과학적 분석을 요하는 제 나름의 개별적인 문제들을 제기한다.

- **시간-규모**의 문제가 원인과 결과를 연결시키는 데 특별한 어려움을 제기한다. 예를 들어 산성비 오염의 일화적 성격과 (가령 스칸디나비아의 호수에서) 이산화황(SO_2) 오염의 정점과 그에 따른 산성화 수준의 정점 사이에 나타나는 시간지체는 국제적 산성비 수준의 경향을 파악하는 것을 더 어렵게 한다.

- 결과의 **공간적 확산**은 의심의 여지없이 복잡성을 야기하는 주된 영역이다. 국경을 넘는 오염의 이동은 오염의 결과(가령 물고기 폐사)를 특정 원인(가령 영국의 발전소)과 연관시키는 것을 더 어렵게 한다.

- 또한 **원인-결과 반응의 다양성**을 고려할 필요가 있다. 어떠한 두 개의 장소도 토양의 완충능력과 다양한 지질학적 특성, 정확한 pH수준, 지배적인 기상조건, 식생, 야생생물의 분포 등의 측면에서 동일하지 않다.

- **매개변수**도 감안해야 한다. 예를 들어 다른 오염물질이나 환경적 작인, (해조류가 배출하는 물질 같은) '자연적'인 생물학적 과정 등이 미치는 (상호 상승작용을 할 수 있는) 결과는 모든 평가에 포함되어야 한다.

종합해 보면 이러한 요인들은 환경악화의 원인과 결과의 연관관계를 확립하는 데 다소의 복잡성과 불확실성이 개입함을 말해 준다. 이산화황과 질소산화물(NO_x)이 감소하면 그에 비례해 산성화 수준이 낮아지는가라는 '선형성' 문제를 놓고 열띤 논의가 진행되었다. 산성화 피해가 일어나는 정확한 과정도 논쟁의 대상이 되었고 오존, 햇빛, 중금속 침출이 어떤 역할을 하는지에 대해 점차 관심이 집중되었다. 결국 이 모든 측면을 감안하면 오염원, 산성화 수준, 관찰된 환경적 결과를 서로 연결하는 일은 매우 어려워진다. 1970년대와 80년대 내내 중앙발전국(Central Electricity Generating Board, CEGB)[30]과 영국정부 등이 산성비 문제는 '증명되지 않았다'고 주장해 온 것도 바로 이런 종류의 불확실성 때문이었다.

이러한 견해차이와 그로부터 비롯된 당사자집단들간의 적대감이 특히 보여주는 것은 과학적 평가—그중에서도 과학적 **불확실성**—가 환경논쟁에서 '중심 무대'로 부상할 수 있다는 점이다. 가령 1980년대 초에 CEGB는 추가적인 오염규제에 반대하는 자신들의 입장을 **과학적** 근거에 입각해 단호하게 옹호했다. 자신들이 '기성체제'보다 '더 나은' 과학적 설명을 제공한다고 되풀이해서 주장해 온 환경단체들 역시 동일한 접근법을 취해 왔다. 다시 한번 사회 전반은 논쟁 당사자들끼리 벌이는 과학 지향적 전투의 목격자가 되고 있다.

아울러 '근대주의적' 전략이 정부나 기업조직들에 국한된 것이 아니라는 점도 유의해야 한다. 환경단체들도 동일한 접근법을 취할 수 있다. 그런 의미에서 우리는 후기근대성의 원인으로 환경단체들을 지목한 벡의 주장을 받아들일 때 조심할 필요가 있다.[31]

환경논쟁에서 서로 다른 입장을 위한 '자원'으로 기술적 전문성을 동원하는 것은 지난 수십 년 동안 흔히 볼 수 있는 일이 되었다. 핵발전을 둘러싸고 계속되는 논쟁이나 지금까지 사회과학자들이 분석한 일련의 논쟁들(예컨대 화학물질의 독성, 대규모 사고피해, 안전벨트 착용 의무화 등을 둘러싼 논쟁)에서도 분명 비근한 모습을 찾아볼 수 있다.[32] 나아가 크레이머는 환경관련 의사결정에서 생태학자들의 역할에 관한 연구에서, 다양한 형태의 불확실성들이 정책자문을 요청받은 기술전문가에게 영향을 준다는 점을 지적했다.[33]

우선 **실용적 불확실성**이 존재한다. 과학자들은 대단히 급한 기별을 받고 충분한 장비나 인력자원도 없는 상태에서 실용적 조언 제공을 요청받을 수 있다. 지난 수년 동안 산성비 연구분야에서 상당한 진전이 있었던 것은 사실이지만, 주요 기관의 연구소에 몸담고 있지 않은 수많은 국제적 과학자들이 이런 문제를 경험해 왔다는 것은 의심의 여지가 없다. 이것은 다른 정책논쟁에 말려든 과학자들이 공통적으로 토로하는 불평이기도 하다.

두번째로 **이론적 불확실성**이 있다. 이는 하나의 과학분야를 통합시키는 강력한 이론적 개념 틀(내지 '패러다임'[34])이 없이 분과별 접근이나 상이한 패턴의 학문적 시각만 존재할 때 나타나는데, 특히 현재의 맥락과 연관이 있는 것 같다. 앞서 지적했듯이 산성비 연구는 (화학, 기상학, 생물학, 물리학, 지질학 등을 포함하는) 매우 다양한 배경에 의존하기 때문이다. 이처럼 서로 다른 분과학문들은 각각 산성비 문제의 서로 다른 측면들을 부각시킬 것이며 분석기법에서도 별도의 '도구상자'를 가질 것으로 예상된다. 이런 다학문 패턴은 기존의 단일분과로부터 등장하기 않고 '문제 지향적' 방식으로 발전해 온 연구분야들에서 흔히 볼 수 있는 특징이다. 가령

(2,4,5-T와 같은) 화학물질의 독성을 둘러싼 논쟁은 마찬가지로 다양한 기술 전문분야들(독성학, 화학, 생물학, 역학, 공중보건, 의학 연구 등)에 의존한다.

세번째로 크레이머는 **생태학적 예측의 복잡성과 연관된 불확실성**을 지적하고 있다. 생태학자들은 빈틈없이 통제된 실험실의 '닫힌 시스템' 내에서 활동하는 대신 고도로 복잡한 유형의 '실제세계'의 행동(즉 '열린 시스템')을 모델링하도록 요구받는다. 산성비는 수많은 매개변수들이 아무 때나 유입될 수 있어 높은 수준의 응답변동을 보이며 모델링과 동향파악이 극히 어려운 '열린 시스템'을 보여주는 탁월한 사례이다. 이처럼 열린 시스템(가령 BSE사례에서 도축장이나 공장형 농장에서 실제로 일어나는 일)으로 옮겨가게 되면 단순한 기술적 판단뿐 아니라 **사회적** 판단도 요구된다.

이얼리는 과학적 전문성과 환경쟁점의 관계에 대한 개설에서, 환경과학자들이 종종 **관찰가능성의 한계**에서 작업한다는 사실이 불확실성을 더욱 증가시킨다고 지적했다.[35] 환경문제들은 종종 미묘하고 실체를 파악하기 어려운 형태의 피해를 수반하기 때문에 감시가 어렵고 정확한 동향에 대한 이해가 불완전할 수 있다. 다시 한번 이는 산성비 사례뿐만 아니라 수많은 다른(가령 독성 화학물질이나 오존층 파괴 같은) 위해/환경 문제들에도 적용된다.

많은 논평자들은 공공정책 논쟁에서 기술적 조언이 정책에 대한 의견 불일치를 제거하기보다 오히려 악화시키는 이유가 바로 이러한 불확실성에 있다고 본다.[36] 화학물질의 독성을 둘러싼 논쟁에서 과학적 증거의 역할을 연구한 그레이엄 등은 다음과 같이 결론을 내리고 있다.

한편으로 [규제당국이] 매우 단순한 질문을 던진 경우에, 양심적인 과학자는 단순화에 기인한 모호함 때문에 어떻게 대답해야 할지를 놓고 어려움을 겪는다. 그러나 다른 한편으로 과학지식은 좀더 복잡한 질문들에 어떤 확신을 가지고 답하는 데는 적절치 못하다. 요컨대 과학자들이 종종 서로의 의견불일치를 경험하는 이유는 그들이 모호함과 무지, 너무 어려운 질문과 너무 단순한 질문들 사이에 끼여 있기 때문이다.[37]

통상의 과학논쟁에서 이 '모호함과 무지'의 조건은 (아마도 추가적인 연구를 위한 동기부여로서) 전적으로 유익할 수 있다. 그러나 대단히 중요한 결정을 내려야 하는 정책의 맥락에서는 심대한 어려움이 발생할 수 있으며, 특히 본질적으로 정당화의 목적을 위해 과학적 불확실성을 감추었을 때 더욱 그렇다. 산성비와 BSE 사례에서 정부측의 많은 과학자들은—문서증거로 뒷받침하기는 물론 어렵지만—정부의 공식입장에 대해 불편함을 느꼈던 것으로 보인다. 그들이 품은 의심은 '강력한 메시지'를 제시해야 한다는 이해관계 속에서 걸러내어져 버렸다.

우리는 앞에서 논의한 종류의 '구조적 불확실성'을 인식하는 것에 더해, 위해쟁점에 관한 과학적 설명 속에 묻혀 있는 **사회적 가정들**도 염두에 두어야 한다. 앞서 SSK 시각에서 제시했듯이 과학은 특정한 사회적 맥락 내에서 구성되며, 이는 결국에 가서 인증된 지식으로 간주되는 것을 형성할 것이다. 이러한 과학의 '제도적 형성'은 환경적 맥락에서 특히 중요해지는데, 여기서는 기술적 평가가 종종 대단히 부담이 큰 정책과정을 거쳐 도출되기 때문이다. 1장에서 지적한 것처럼 윈은 전문가들이 과학적 위험 분

석을 발전시키는 과정에서 '위험관련 실천'에 관한 사회적 가정들에 일상
적으로 의존한다고 주장했다. "'객관적' 개념틀은 위험평가 과정에서 좀더
공개적으로 표현되고 협상되어야 하는 주관적 신념과 가정들의 바다 위에
떠 있다."[38]

이 단계에서 우리는 첫번째 절에서 논의한 '사회'와 '자연'의 문제로 돌
아가 볼 수 있다. 과학은 자연세계를 묘사하려고 시도하지만, 동시에 우리
와 그 세계의 상호작용에 대한 사회적 가정들을 세워야 한다. 살충제는 실
제로 어떻게 사용될 것인가? 공장형 농업이 이뤄지는 실제조건은 어떠한
가? 화학공장은 실제로 어떻게 관리될 것인가?

산성비 사례에서는 오염배출의 동향, 환경악화를 유발하는 다른 인간
오염원, 물고기와 나무의 죽음에 대해 우리가 실제로 신경을 쓰는 정도 등
이 사회적 가정에 포함된다. 또한 산성화의 문제는 기술발전과 에너지의존
사회의 점증하는 에너지 수요에 의해서 만들어진다. 한편으로 이는 '자연
적인' 문제지만, 다른 한편으로는 우리의 사회 시스템에 의해 만들어지며
그것과 떼려야 뗄 수 없이 연결돼 있다. 그 밑에 깔린 사회적 원인에는 주
의를 기울이지 않고 기술적으로 오염통제에 초점을 맞추는 것은 환경문제
를 대단히 특정한 방식으로 정의하는 데 일조하며, 아울러 (특정 기관들에
게) 기술발전의 전체적 방향에 대한 좀더 불편한 대중논쟁으로부터 주의를
딴 곳으로 돌리게 한다.

결국 과학은 특정한 입장을 취하는 것뿐 아니라 사회적 문제들을 특정
한 방식으로 틀 지움으로써도 정당화의 역할을 할 수 있다. 그래서 BSE는
식품 생산과 소비의 문제가 아닌 종간 전이의 문제가 되었다. 이 장의 논의

에 따르면 이렇게 주장할 수 있다. '자연세계'에 대한 과학적 설명은 동시에 우리가 살고 있는 사회세계에 대한 진술이기도 하다는 것이다.

과학과 환경위기

이 장에서는—계몽주의의 시각에서 제시하고 있는 것처럼—환경위험에 관한 논의에서 과학은 중심적인 역할을 해왔음을 지적했다. 그러나 BSE와 산성비 사례연구가 함축하듯, 이러한 관여는 또한 과학, 시민 그리고 공공정책 결정에 문제를 제기하기도 한다. BSE사례에서 소비자들은 안심 메시지를 전달하는 공식적 시도의 중심에 있었다. 산성비에 대한 논의과정에서 시민들은 주로 정부와 환경단체들이 각자의 편에 서서 주장을 펼치는 논쟁에서 더욱 배제되었다.

우리는 과학적 무지와 불확실성이 환경논의의 주요한 특징이며, 이는 과학이 다양한 수준에서 **사회적** 가정들에 의존한다는 것을 의미함을 볼 수 있었다. 벡은 과학의 한계에 대한 인식의 증가가 중요한 결과를 가져왔다고 주장한다. "과학적 불확실성의 폭로는 기술관료제라는 후견인으로부터 정치, 법, 공공영역의 해방을 의미한다."[39]

과학이 **확실한** 지식이라는 지위를 상실한 것은 세상에 대한 '계몽주의' 관점을 심각하게 침식하는 것으로 볼 수 있다. 대신 라베츠의 주장처럼 우리는 '쓸모 있는 무지'와 더불어 살아가야 한다.

이제 우리는 생물권에 대한 정책결정을 내릴 때 과학의 불완전성, 근본적 불확실성, 심지어는 무지에도 대처해야 한다. 우리는 과학자의 체면을 깎아내리는 그러한 문제들을 단지 회피만 할 것인가? 아니면 우리의 무지까지도 새로운 조건에서 쓸모 있게 만드는 방법을 어떻게든 배울 것인가?[40]

이와 밀접하게 관련된 두번째 요인은 기술적 의견불일치와 논쟁의 정도와 관련되어 있다. 산성비 사례뿐 아니라 수많은 다른 환경쟁점들에서 명백히 드러났듯이, 과학자들이 그런 문제들에서 의견일치를 볼 거라고 예상하기는 어렵다. 근대주의의 지배적 이데올로기가 아무리 다른 예상을 내놓더라도 말이다. 그럼에도 불구하고 다음 장에서 논의하는 것처럼, 과학은 정책논쟁에서 진정으로 확실성을 제공할 수 있는 듯한—따라서 제도적 행동에 폭넓은 정당화로 기능할 수 있는 듯한—역할을 계속하고 있다.

마술, 연금술, 그외 다른 비밀스러운 형태의 도구주의와 달리 과학기술은 관찰 가능한 공적 사실들의 영역을 참조해 행동을 합리화하는 것처럼 보인다. 그래서 자유민주주의의 도구주의는 정치행위자들이 기술적 측면에서 합리적·공개적으로 정당화될 수 있는—혹은 적어도 그렇게 제시할 수 있는—행동을 선택하도록 촉진하는 경향이 있다.[41]

마지막으로 폭넓은 내용을 다룬 이번 장에서는 과학과 폭넓은 시민들의 관계에서 두 가지 점을 강조할 필요가 있다. 먼저 과학·사회·자연의 변화하는 관계에 주목하는 것이 특히 중요하다. 이로 인해 환경쟁점들은 전통적으로 존재해 온 것보다 훨씬 더 확장된 '실험' 개념을 요구한다. 아울러 이처럼 변화하는 관계는 과학과 대중에 대한 새로운 구성적 가능성을 제공해 준다. 벡의 표현을 빌리자면 "과학은 그 자체로 실험실과 사회의 경계를 허물었다."[42]

산성비와 2,4,5-T 같은 사례들이 분명하게 보여주는 것처럼, 이제 '실험실'은 환경적 위협의 영향을 받는 모든 사람들을 포괄할 정도로 확장되었다. 달리 말하자면, 우리 모두는 기술발전이 미치는 환경적 결과에 관한 사회적 실험의 일부분이다. 이는 우리가 살고 있는 '위험사회'를 정의하는 특징인 것 같다. 따라서 실험자와 실험대상의 분리는 더 이상 적용될 수 없다. 이처럼 확장된 실험실 개념은 또한 새로운 지식관계가 필요하다—아니, 이미 존재하고 있는지도 모른다—는 결론을 가리키고 있는 것처럼 보인다. 이후의 장들에서 이러한 가능성을 살펴볼 것이다.

또 하나 강조해 두어야 할 점은, 과학이 환경문제에 가능한 해법을 제시하는 존재로 종종 그려지고 있음에도 불구하고, 지금까지 다룬 사례들을 보면 과학이 그러한 문제의 **원인**이라는 인식이 존재한다는 것이다. 이러한 공격은 대체로 두 가지 형태로 나타난다. 첫째는 오늘날의 수많은 환경적 위협이 실제로 과학기술(새로운 화학물질, 생산공정, 에너지 시스템)의 **산물**이라는 주장이다. 둘째는 과학은 자연적 과정과 정반대라는 주장이다. 과학은 바로 그 합리성으로 말미암아 자연세계의 통제·해부·지배('자연에 대한 강간')를 추구한다는 것이다. 이는 BSE사례에서 가장 잘 드러나고 있는 듯하다. 근대적인 과학적 농업이 '비자연적'인 방법을 통해 그러한 문제들을 만들어낸 것이 아닌가 하는 질문이 그것이다. 그렇다면 어떻게 과학이 스스로를 환경의 구원자로 내세울 수 있는가? 더글러스와 윌다브스

키가 단언했듯이 "한때 안전성의 원천이었던 과학기술은 이제 위험의 원천이 되었다." [43]

과학과 환경에 대한 논의는 과학을 이해의 원천인 동시에 불확실성의 원천, 심지어 위협의 원천으로 바라보게 한다. 그러나 앞서 라베츠가 제시한 것처럼, 이제 문제는 우리가 이런 형태의 이해를 수용하느냐 거부하느냐가 아니라 그것에 어떻게 의지해야 하느냐이다.

과학은 우리에게 서로 모순되는 수많은 측면들—구원자, 위협, 지식, 무지, 사회적, 자연적—을 보여준다. 이어지는 두 개 장에서는 먼저 정책 과정 내에서, 이어서 특정한 시민집단의 삶 속에서 나타나는 과학의 모습을 논의할 것이다. 위험과 환경적 위협, 또 위험과 과학적 이해 사이에 존재하는 이러한 긴장들은 실제로 어떻게 작동해 왔는가?

[주]

1. Royal Society, *The Public Understanding of Science*(London: Royal Society, 1985), p. 10.

2. Beck, U., *Risk Society: Towards a new modernity*(London/Newbury Park/New Delhi: Sage, 1992), p. 70(홍성태 옮김, 『위험사회: 새로운 근대(성)를 위하여』, 새물결, 1997).

3. 이 주제에 관한 마거릿 대처의 두 차례 주요 연설은 1988년 9월 27일 왕립학회와 1988년 10월 14일 보수당 전당대회에서 있었다.

4. 이 주제에 관한 완전한 논의는 Hansen, A. ed., *The Mass Media and Environmental Issues* (Leicester, London and New York: Leicester University Press, 1993) 참조.

5. 가령 다음의 책을 포함한 존 엘킹턴의 여러 저작 참조(Elkington, J. and J. Hailes, *The Green Consumer Guide*, London: Victor Gollancz, 1988).

6. 예를 들어 Irwin, A., S. Georg and P. Vergragt, "The social management of environmental change"(*Futures* 26/3, 1994, pp. 323~34) 참조.

7. Beck, U., 앞의 책.

8. 예를 들어 Brown, J. ed., *Environmental Threats: Perception, analysis and management* (London and New York: Belhaven Press, 1989); Irwin, A., *Risk and the Control of Technology* (Manchester: Manchester University Press, 1985) 참조.

9. Douglas, M., "Environments at Risk," Dowie, J. and P. Lefrere, *Risk and Chance*(Milton Keynes: Open University Press, 1980), p. 289.

10. Diski, J. *Rainforest*(London: Methuen, 1987), pp. 54~55.

11. Cotgrove, S., *Catastrophe or Cornucopia: The environment, politics and the future* (Chichester: John Wiley and Sons, 1982).

12. Schwarz, M. and M. Thompson, *Divided We Stand: Redefining politics, technology and social choice*(Hemel Hempstead: Harvester Wheatsheaf, 1990).

13. Douglas, M. and A. Wildavsky, *Risk and Culture: An essay on the selection of technological and environmental dangers*(Berkeley, Los Angeles and London: University of California Press, 1982).(김귀곤 · 김명진 옮김, 『환경위험과 문화: 기술과 환경위험의 선택에 대한 소고』, 명보문화사, 1993).

14. Yearley, S., *The Green Case*(London: HarperCollins, 1991).

15. Dickens, P., *Society and Nature: Towards a green social theory*(Hemel Hempstead: Harvester Wheatsheaf, 1992), pp. 3~4.

16. Beck. U., 앞의 책, pp. 9~10.

17. Giddens, A., *Modernity and Self-Identity: Self and society in the late modern age*(Cambridge: Polity Press, 1991), p. 21(권기돈 옮김, 『현대성과 자아정체성: 후기현대의 자아와 사회』, 새물결, 1997).

18. 같은 책, p. 30.

19. Lash, S. and B. Wynne, "Introduction," U. Beck, 앞의 책, p. 4.

20. 이를 보여주는 한 가지 사례는 Latour, B. and S. Woolgar, *Laboratory Life: The social construction of scientific facts*(Beverly Hills and London: Sage, 1979) 참조.

21. 이에 관한 유용한 논의는 Woolgar, S., *Science: The very idea*(London: Tavistock, 1988) 참조.

22. Kuhn, T.S., *The Structure of Scientific Revolutions*(Chicago: University of Chicago Press, 1987).(김명자 옮김, 『과학혁명의 구조』, 까치, 1999).

23. 예컨대 다음을 참조. Latour, B. and S. Woolgar, 앞의 책; Mulkay, M., *Sociology of Science: A sociological pilgrimage*(Milton Keynes and Philadelphia: Open University Press, 1991); Latour, B., *Science in Action*(Milton Keynes: Open University Press, 1987).

24. 과학기술사회학에 관한 대단히 유용한 입문서로는 Webster, A., *Science, Technology and*

Society(Basingstoke and London: Macmillan, 1991) 참조(송성수 · 김환석 옮김, 『과학기술과 사회』, 한울, 2002).

25. 예를 들어 Gilbert, G. N. and M. J. Mulkay, *Opening Pandora's Box*(Cambridge: Cambridge University Press, 1984) 참조.

26. 이러한 질문들을 정식화해 준 스티브 울가에게 감사를 표한다. 물론 이 말이 내가 그려낸 SSK의 모습에 대한 책임을 스티브에게 지우겠다는 뜻은 아니다.

27. 이에 관한 논의는 Hardings, S. and J. F. O'Barr eds., *Sex and Scientific Inquiry*(Chicago: Chicago University Press, 1987) 참조.

28. *The Times* 1990. 5. 18에 실린 광고.

29. 이어지는 논의는 Irwin, A., "Acid pollution and public policy: The changing climate of environmental decision-making"(M. Radojevic and R. M. Harrison eds., *Atmospheric Acidity: Sources, consequences and abatement*, London and New York: Elsevier, 1992, pp. 549~76)에서 가져온 것이다.

30. 1950년대부터 잉글랜드와 웨일즈의 발전 및 송전을 독점했던 영국의 국영 전기회사로 1990년 전력산업 구조개편에 따라 민영화가 이뤄지면서 여러 개의 회사로 분할되었다.—옮긴이

31. Beck, U., 앞의 책.

32. 이러한 사회학문헌들에 관한 추가적인 참고문헌은 Irwin, A., "Technical expertise and risk conflict: An institutional study of the British compulsory seat belt debate"(*Policy Sciences* 20, 1987, pp. 339~64) 참조.

33. Cramer, J., *Mission-orientation in Ecology: The case of Dutch freshwater ecology* (Amsterdam: Rodopi, 1987), pp. 49~52.

34. Kuhn, T. S., 앞의 책.

35. Yearley, S., 앞의 책.

36. Collingridge, D. and C. Reeve, *Science Speaks to Power: The role of experts in policy making*(London: Frances Pinter, 1986).

37. Graham, J. D., L. C. Green, and M. J. Roberts, *In Search of Safety: Chemical and cancer risk*(Cambridge/Mass. and London: Harvard University Press, 1988), pp. 185~86.

38. Wynne, B., "Frameworks of rationality in risk management: Towards the testing of naive sociology"(Brown, J., 앞의 책), p. 44.

39. Beck, U., "From industrial society to the risk society: Questions of survival, social structure and ecological enlightenment," M. Featherstone ed., *Cultural Theory and Cultural Change*(London: Sage, 1992), p. 109.

40. Ravetz, J., "Usable knowledge, usable ignorance: Incomplete science with policy

implications," W. C. Clark and R. E. Munn eds., *Sustainable Development of the Biosphere*(Cambridge: Cambridge University Press/IIASA, 1986), p. 417.

41. Ezrahi, Y., *The Descent of Icarus: Science and the transformation of contemporary democracy* (Cambridge, Mass. and London: Harvard University Press, 1990), p.34.

42. Beck, U., 앞의 글, p.108.

43. Douglas, M. and A.Wildavsky, 앞의 책, p.10.

3 / 과학과 정책과정

오늘날 독립적인 전문가들이 과학에 근거한 결정을 검토해야 한다는 명제는 위험이 전혀 없는 사회는 없다는 명제만큼이나 논란의 여지가 없는 입장이라는 인상을 주고 있다.[1]

2장에서는 과학과 대중의 관계를 '위험사회'와 과학지식에 대한 사회학적 분석이라는 보다 넓은 맥락 속에 배치했다. 여기서 우리는 '과학'과 '시민권'을 위험 및 환경의 맥락에서 이해하는 새로운 가능성을 확인할 수 있었다. '과학'은 경합과 협상이 이루어지는 이해(理解)의 영역이 되고 있다. 이제는 시민들의 요구를 잘 몰라서 그러는 거라거나 주변적이라고 쉽게 무시해 버리지 못하게 된 것이다. 그리고 환경위협의 정의조차 사회적·과학적으로 구성된 것이라는 견해가 대두되고 있다. 예를 들어 BSE나 산성비 같은 위협들은 과학과 '공식'성명을 통해 매개되고 확인될 필요가 있다.

이 모든 것은 과학과 대중의 관계에 대한 신선하고 혁신적인 이해의 가능성을 제시해 주고 있다. 그러나 이 장에서 주장하는 것처럼, 공공정책 결정에서 주류적인 접근방식은 훨씬 더 근대주의적 관점에 굳게 뿌리박혀 있다. 이 관점에서 보면 과학은 위험문제뿐 아니라 다른 모든 관심사들을 규정하며, 그중에는 대안적인 이해형태나 상이한 가치구조까지도 포함된다. 여기서 우리는 하버마스의 '기술관료주의적 의식'에 대한 설명을 상기할 수 있다.

기술관료주의적 의식은 윤리적 상황의 분리가 아니라 생활의 범주로서 바로 그러한 '윤리'의 억압을 반영한다. …이런 의식의 이데올로기적 핵심은 **실천적인 것과 기술적인 것의 구별을 제거하는 것이다.**(강조는 원문)[2]

물론 이런 과학중심성에 대해서는 여러 가지 설명이 가능하다. 과학(특히 **환원주의적** 형태의 과학)이 유일하게 행동의 합리적 근거라는 입장에서부터 과학기술과 사회의 관계에 대한 보다 근본적인 쟁점을 회피할 수 있는 하나의 방편으로 보는 입장까지 다양한 설명이 있다.

대중이 알고 활용할 수 있도록 공개된 위험평가에 의해 단련된 대중들이 체득하고 있는 유형의 성찰성은, 그것이 없었더라면 현재 위난(danger)의 진정한 원인으로 향했을 공격을 슬쩍 피하거나 굴절시킨다. 대체로 이런 성찰성은 효율성 극대화나 문제 지향성처럼 기술적 영감에서 비롯된 전략들이 사람들에게 호감을 주지 못하는 결과를 빚어내면서도 계속 살아남는 데 기여하고, 그럼으로써 이러한 전략들이 위난을 야기할 수 있는 가능성을 그대로 보유한 채 시험을 견디고 출현할 수 있게 한다.[3]

그러나 근대주의적인 개념틀이 갖고 있는 힘은 과학을 도구적 합리성과 결합시키는 데 있다. 지배적인 사회제도들이 근대성의 기반을 이루는 강력한 인지적 개념틀을 벗어나기를 꺼려하는 이유를 설명하기 위해 음모이론까지 동원할 필요는 없을 것이다. 나는 때때로 과학을 노골적인 정당화 목적으로 이용하는 것을 완전히 배제하지 않는다. 그러나 우리 앞에는 우리가 살고 있는 새로운 사회 · 기술 · 환경 조건을 고려할 수 있는 과학 · 시민권 · 환경의 개념틀을 구성해야 하는 과제가 놓여 있다.

이 장에서는 위험이나 환경위협과 연관된 정책결정 과정과 과학의 관계를 살펴볼 것이다. 2장에서는 이 영역들의 과학적 설명에 한계, 불확실성, 사회적 가정들이 녹아들어 있음을 확인했는데, 이제는 이에 대한 '공식적'인 대응을 더 상세하게 탐구하려 한다. 위험에 대한 과학적 평가가 지닌 이와 같은 특징들은 어떻게 협상되며, 그 연후에 어떻게 대중—물론 여기에는 위협이나 해악에 의한 잠재적 희생자들도 포함된다—에게 제시되고 있는가? 이와 아울러 위험사회에 관한 논의를 비판적인 견지에서 조망해볼 것이다. 의사결정구조 내에 벡이나 기든스가 개념화한 유형의 사회변화가 일어나고 있다는 실질적인 증거가 과연 존재하는가?

우리는 이러한 매우 포괄적인 목표들을 염두에 두고 환경위협에 대한 정책적 대응 중 주요한 세 가지를 간략하게 검토할 것이다. 이 장은 이러한 정책양식들에 대한 본격적인 유형분석이라기보다는 간략한 개괄에 가깝다. 따라서 각각의 대응은 구체적인 사례를 가지고 설명될 것이다.

첫번째 대응은 공공연하게 **전문가적**일 것을 주장하는 게 특징인데, 해당 사안에 대한 전문가의 평가만이 이치에 맞고 객관적인 의사결정 과정을 만들 수 있다는 가정에 근거하고 있다(한마디로 "사실이 결정하게 하라"). 이 접근법에 대해서는 2장에서 암암리에 비판을 가한 바 있고, '위험사회'에서는 이러한 쟁점들을 다루는 방식이 바뀌고 있다는 울리히 벡의 논의에서도 비슷한 함의를 찾아볼 수 있다. 그러나 전문가위원회만이 위해문제에 대해 '자문'할 자격이 있는 유일한 기구라는 관념은 널리 퍼져 있다. 미국의 맥락에 대해 재서노프는 다음과 같이 언급한다.

> 과학자문위원회는 미국의 규제정치라는 무대에서 신기할 정도로 보호받는 위치에 있다. …일반적으로 자문위원회는 폭넓은 분야의 기술적 결정들에서 정책결정자에게 꼭 필요한 도움을 주는 것으로 인식되고 있다. 자문위원회는 정부관리들이 해당 분야를 잘 알고 최신의 활동을 하고 있는 현장전문가들의 의견을 청취할 수 있는 유연하면서도 비용이 적게 드는 수단을 제공한다. … 아마도 가장 중요한 점은 자문위원회가 규제체제에 요구되는 종류의 유능함과 비판적 지성을 주입해, 규제체제가 정치적 요구에 심하게 좌지우지되지 않도록 해준다는 데 있다.[4]

그러나 재서노프나 미국의 다른 논평자들이 지적하듯, 미국의 자문위원회 구조는 기술적 증거의 해석에서 나타나는 문제와 정책적 해결을 처리하지 못하는 무능력 때문에 대중들의 거센 도전에 직면해 있다.

환경정책 결정의 대안적 접근방식으로는 '대의제'나 **민주적** 구조("사람들이 결정하게 하라")가 가장 유력하다. 1977년에 매긴티와 애설리가 말한 것처럼,[5] 공정한 의사결정 체계라면 잠재적 희생자에게 강력한 발언권을 주어야 한다. 최근 들어 생태문제와 발전이라는 전지구적 사안에 관한 브룬트란트 이후의 논의들[6]은 이런 점에서 민주주의의 중요성을 강조하는데, 구체적으로 환경정책과 관련된 민주주의뿐 아니라 보다 넓은 사회구조의 민주주의도 언급되고 있다. 브룬트란트 보고서의 주장에 따르면, 오직 정의로운 사회만이 '지속가능한 발전'을 달성할 수 있다.

이와 같은 맥락에서 진정으로 '민주적인' 의사결정 과정이 어떤 것인지를 정의하기는 쉽지 않다. 하지만 현재 널리 퍼져 있는 민주주의 형태가 대의제임을 감안해, 환경규제의 '대의제' 체제라고 부를 수 있는 것에 초점을 맞출 것이며 특히 미국의 경험을 중심으로 살펴볼 것이다. 우리는 이 접근방식에 내재된 난점들을 일부 확인하게 될 것인데, 이는 앞장에서 논의한 기술적 자문의 구조적인 한계와 적어도 부분적으로 연관이 있다. 특히 정책의 정당성을 확보하는 대안적 수단으로 '참여적' 양식이 제시되고 있지만 실제로는 환경관련 의사결정에 대한 이 접근법의 핵심에도 기술적 자문이 자리 잡고 있다는 사실을 밝힐 것이다. 따라서 '민주적' 접근법도 '전문가' 접근법과 매우 유사한 '계몽' 모델에서 유래한 것이다. 다시 말해 민주적 접근법도 시민집단이 지닌 전문성이나 이해에 대해서는 거의 주목을 하지 않는다는 것이다.

제3의 정책적 대응은 비(非)이데올로기적이고 **실용적**인 의사결정 방법(즉 "상식이 결정하게 하라")이다. 이 책에서 제시한 사례—영국의 석유화학시설 안전성에 관한 논쟁—는 '전문가적' 방식과 '참여적' 방식에서 몇 가지 요소들을 채택해서 조합한 경우다. 이처럼 일견 점진적이고 '뒤섞인' 방식에서도 여전히 동일한 특징을 지닌 정책적 가정들을 찾아볼 수 있다는 점도 아울러 제시될 것이다.

앞으로 보겠지만 대형위해자문위원회(Advisory Committee on Major Hazards, ACMH)는 앞서 말한 두 가지 유형보다는 여러 면에서 보다 만족스러운 정책결정 방식이다. 그러나 이러한 '정책양식'에도 어려움이 없는 것은 아니며, 특히 특정 종류의 지식이나 전문성을 이용하는 데 어려움이 존재한다.

이 장의 핵심은 이 세 가지 정책양식들이 갖고 있는 각각의 효과성이나 형평성을 검토하는 것이 아니며, 이것들에 대한 대안의 존재를 부정하는 것도 아니다. 대신 우리는 각각의 양식들의 중심에 있는 '과학, 시민권, 환경위협'에 대한 가정들을 살펴볼 필요가 있다. 이하에서 보겠지만, 이러한 가정들은 다른 측면에서는 서로 분명히 구분되는 이 접근법들 모두에서 놀라울 정도로 변하지 않고 있다.

정책에 대한 전문가적 접근

지금까지 이 책에서 살펴본 사례들 중에서 가장 분명하게 '전문가 양식'을 대표하는 사례는 2,4,5-T를 둘러싼 논쟁이다. 영국에서는 대다수 영역의 독성물질 통제에서 농약자문위원회(ACP)가 '전문가' 위원회의 역할을 하는데, ACP의 근본철학은 1980년에 2,4,5-T에 관한 보고서에서 ACP 위원장이 말한 데서 잘 드러난다.

ACP는 상업적 이해관계나 분파적 이해관계 모두로부터 독립적이다. 독립적인 위원 개개인들은 전문 분과학문에서 쌓은 지식은 물론이고 전문직과 과학의 저명한 동료들과 밀접한 교류를 통해 얻을 수 있는 자원을 위원회에 제공한다. …본 자문위원회가 농약과 관련된 모든 문제에 대해 절대적으로 정통하다고 주장할 생각은 없다. 다만 위원회가 보유하고 있는 지식과 경험은 정부체계 안팎에 있는 일군의 귀중한 의료 및 과학적 전문성에 의해 뒷받침되고 있다고 주장할 수 있다.[7]

이런 식의 정당화 주장은 특정한 과학적 '전문성'에 근거하고 있다. 환경이나 위해 문제에 대한 국제적 대응도 주로 이와 유사한 형태의 전문가 위원회로 운영되고 있는 것으로 보인다.

재서노프는 독성 화학물질이나 2,4,5-T, 직업에서 유발된 암 등 여러 영역에서 미국의 정책결정 과정을 면밀히 조사해 정부의 정책수립 과정에서 과학자사회의 중요성을 보여주었다.[8] 영국의 발암물질 통제정책에 관한 연구에서는 정책방향이 거의 전적으로 전문가 자문위원회에 의존한다는 사실이 밝혀졌다.[9] 이 정책양식이 가진 장점은 독립성, 중립성, 객관성, 과학적 전문성 등으로 앞서 ACP 위원장이 제시한 바와 대체로 일치한다. 그러나 이러한 위원회들에 대한 비판적인 지적도 계속되고 있으며, **비판**의 주요 논점을 요약해 보면 다음과 같다.

가장 먼저 이 분야에서 전문성이 지닌 논쟁적 성격을 고려해야 한다. 산성비의 사례연구에서 알 수 있듯이, 위해관련 사안들에서 '사실'은 '스스로 말하지' 않으며 전문가들의 판단 같은 무형적 요소에 의해 해석되고 가공되어야 한다.

이 분야의 과학적 이해가 지닌 불확실성 때문에 전문가기구들은 어려움을 겪게 마련인바, 특히 이런 기구들이 높은 수준의 확신과 권위를 강조하면서 과학을 '지나치게 추켜세우는' 경향을 보일 때 문제가 된다. 확실히 안전하다고 공표했다가 틀린 것으로 드러났을 때, 신뢰의 상실이 초래하는 비용은 매우 클 수 있다. 핵발전 사례가 이를 잘 보여주는데, 핵발전이 절대적으로 안전하다는 애초의 확신은 시간이 흐르면서 계속 후퇴할 수밖에 없었고 대중은 모든 것이 애초 제시되었던 것과 전혀 다르다는 인상을 받게 되었다.

이와 같은 불확실성과 전문가의 판단에 대한 질문들은 그 사례들에 적용되는 적절한 '입증책임'(burden of proof)의 문제를 부각시킨다. 2,4,5-T사례에서 농장노동자들과 자문위원회가 요구한 증명의 수준에는 분명한 차이가 있었다. 농장노동자들은 자신들이 내놓은 증거가 2,4,5-T의 '유죄'를 100퍼센트 입증했다고 결코 생각지 않았다. 오히려 그들은 농약과 관련된 수많은 불확실성을 감안할 때 가장 조심스러운 대책은 해당 물질을 금지하는 것이라고 생각했다. 그러나 ACP는 더 나은 증거가 나타날 때까지는 사용을 허용하는 것이 정당화할 수 있는 유일한 정책이라고 결론을 내렸다.

한 노조원의 말을 빌리면, 이 상황에 적용할 수 있는 증명의 수준은 최소한 두 가지였다. 위험의 존재가 '전혀 의심의 여지없이' 증명되어야 한다는 것과 '확률을 고려했을 때' 위험이 존재한다고 봐야 한다는 것이다. 농장노동자들은 후자의 기준을 강조했고 ACP는 전자를 택했다. 여기서 전문가의 판단도 어쩔 수 없이 비과학적인 요인들에 의존한다는 사실을 다시 한번 확인할 수 있다.

셋째로, 과학지식사회학의 최근 연구에서 나온 비판이 있다. 전문성은 전문가의 판단이 개진되고 적용되는 사회·제도적 조건에 따라 형성되게 마련이라는 것이다. 2장에서 논의한 것처럼 이 분야의 전문성은 일련의 사회적 평가에 의존하는데, 이러한 평가에는 서로 다른 정보원(源)이 갖고 있는 상대적 신뢰성도 포함된다(앞서 인용한 ACP 위원장의 말 역시 주변적이거나 비공식적인 평가보다 '저명함'과 명망 높은 과학영역에 쏠리는 모습을 보여주고 있다).

어떤 상황에 대한 이해를 형성함에 있어 그러한 맥락적 요인들을 피해 갈 수 없는데도 불구하고—특히 불확실성을 특징으로 하는 상황에는 더욱 그렇다—적어도 영국에서는 특정 설명에 대해 '전문가' 지위를 인정하는 것이 공개적인 논쟁과 평가의 가능성을 감소시키는 역할을 해왔다. 광우병 문제에 대해서도 비슷한 설명을 할 수 있는바, 이 사례에서 지배적인 과학적 담론은 식품안전과 농업관행에 대한 폭넓은 대중적 논쟁의 가능성을 축소시키는 경향을 보였다.

이런 논의에 근거해 보다 공평한 구조의 의사결정 과정이 필요하다는 주장이 확산되고 있다. 2,4,5-T사례에서 농장노동자들의 입장은 결국 더 높은 대표성을 가지는 정책과정을 요구해 자신들의 목소리도 전달될 수 있도록 하는 것이었다. 전문가적 접근은 흔히 공인된 과학제도 외부에서 생성된 지식이나 이해를 무시하는 경향을 보이기 때문이다.

마지막으로, 정당화라는 중대한 문제가 있다. 이는 특히 미국의 경험에 의존하고 있으나 2,4,5-T와 같은 영국의 사례에서도 찾아볼 수 있다. 과학은 의심의 여지가 없는 강력한 이데올로기이지만 전문가위원회의 결론만으로는 본질적으로 어떤 조치를 정당화하기에 충분치 않을 수 있다. 이때문에 전문가자문위원회는 일단 대중이 문제를 제기하면 신뢰성을 유지하기가 힘들다는 매우 현실적인 어려움을 안고 있다. 에즈라히는 이 점을 보다 포괄적인 언어로 설명한다. "20세기 후반기에 과학이 이룩한 지적·기술적 진보는 그것이 자유민주주의 정치의 수사(修辭)로서 갖는 힘이 쇠퇴한 것과 시기적으로 일치한다."[10]

'전문가' 위원회는 스스로 정책관련 쟁점들을 평가할 수 있는 유일한 위치에 있다고 가정한다. 그러나 2장에서 개괄한 기술적 평가의 문제점들은 이 모델에 큰 어려움을 불러일으킨다. 전문가위원회가 상대적으로 '보호를 받고 있는' 조건에서 운영될 수 있다면 외부로부터 도전받지 않고 전문적인 판단을 내릴 수 있을지 모른다. 그러나 미국의 규제정치나 영국의 2,4,5-T사례에서 볼 수 있듯이, 일단 이 모델에 대한 비판적 요구가 제기되면 전문가위원회는 신뢰성을 유지하는 데 어려움을 겪을 수 있다. 이러한 '신뢰성 투쟁'은 벡이 말한 위험사회의 주요 특징이다.[11]

이 시점에서 강조될 필요가 있는 것은, '전문가' 양식이 지닌 이러한 난점들이 반드시 과학자들에 대한 비판으로 연결되는 것은 아니라는 점이다. 뒤에서 살펴보겠지만 이러한 난점들은 과학의 제도적 조직을 다시금 주목할 필요가 있음을 말해 준다. 예를 들어 그레이엄과 동료들은 '정당화 수단으로서 과학을 활용'하려는 시도는 과학 자체의 이해관계에서만 비롯되는 게 아니라고 주장한다.

과학을 지나치게 추켜세우는 데서 생겨나는 또 다른 위험은 정치적인 책임을 져야 할 행위자들이 화학물질 규제에서 내려야 할 가치판단을 회피하려 든다는 것이다. 규제당국은 정량적 위험평가 뒤에 숨어서 책임을 떠넘기는 편을 선호하겠지만, 대의제 민주주의 사회에서는 화학물질 규제의 정치적 측면에 대해 공개적으로 숙의하는 과정을 갖는 것이 중요하다.[12]

과학이 정당화의 도구로 활용될 때는 보다 폭넓은 정치적·경제적 관심들을 가려버릴 수 있다는 문제점이 있다. 하지만 그렇다고 해서 전문가 자문을 포기해야 한다는 것은 아니다. 다만 전문가 자문이 근거로 삼고 있는 과학적 객관성과 독립성의 개념에 대해 문제제기를 하는 것이다. 이미 제안한 것처럼 하나의 가능성은 보다 '민주적'인 양식으로 전환하는 것이다.

정책에 대한 '민주적' 접근

앞에서 언급한 '전문가적' 접근이 지닌 문제점들이 인지되면서 보다 '참여적'인 의사결정 양식에 대한 요구가 다양하게 제기되었다. 1977년 과학과 사회 위원회(Council for Science and Society)가 발표한 보고서는 이렇게 결론 내렸다. "우리의 권고사항 중 가장 중요한 것을 하나만 꼽는다면, 위험에 노출되는 사람들이… 어떤 위험에 노출될 것인지를 결정하는 자리에서 강력한 발언권을 가져야 한다는 것이다. 이 발언권은 책임 있게 행사되어야 하고, 충분한 정보와 건전한 조언에 근거해야 한다."[13]

이러한 요구들은 환경 및 위해 정책을 다루는 영국의 학술연구에서 흔히 찾아볼 수 있는 요소가 되었다. 영국에서는 의사결정 과정의 비밀주의와 '폐쇄성'에 대한 비판과 함께 좀더 민주적인 절차를 요구하는 다양한 논의들이 계속되어 왔다.[14] 미국에서 일부 논자들은 영국식 체계가 미국의 경우보다 공식적인 절차를 더 많이 '존중'한다는 견해를 밝히기도 했다.[15] 그러나 영국에서도 (2,4,5-T사례나 광우병에서 볼 수 있듯이) 전문가들의 판단이 정책결정의 근거로 제시될 때 문제제기의 여지가 없는 특권화된 견해로 받아들여지고 있지 않다는 분명한 조짐이 나타나고 있다.

물론 민주적 양식에 관한 실천적인 질문은 어떤 형태의 '민주주의'를 채택해야 하는가의 문제이다. 원칙적으로 민주적 양식은 공청회, 사법적 절차, 자문과정 등을 비롯한 다양한 실천들을 포괄한다. 가능한 시민참여 방식들 중 일부는 6장에서 다루기로 하고, 여기서는 영국과 미국에서 이루어지는 관행에 대한 보다 일반적인 사항들을 지적할 것이다.

사실 영국의 환경 및 위해 정책결정 과정에서 '민주적'인 정책결정 방식은 매우 제한적으로 활용되어 왔다. 공청회는 계획 적용단계에서 쓰였다 (가령 캔비 섬에서와 같은 유해시설 입지나 사이즈웰 청문회와 같은 핵시설 입지 문제를 예로 들 수 있다). 이 논의를 위해 조금 찾아보면 영국에서는 공청회 과정에 대해 상당한 비판이 있어왔다는 사실을 쉽게 알 수 있는데, 예를 들어 윈은 윈드스케일 청문회가 그 본질에 있어 민주적 의사결정을 위한 시도라기보다는 일종의 '의례'에 불과하다고 주장했다.[16] 이러한 비판에서 제시된 한 가지 중요한 점은 대중적 집단들이 기술적 증거가 채택되는 법률적이고 기술관료적인 방식 때문에 불리한 처지에 놓이게 된다는 것이다. 스미스는 영국에서 대형 위해시설과 관련된 공청회 과정의 연구에서 지역단체들은 산업체가 활용할 수 있는 기술적 자원 때문에 불리한 처지에 놓였다는 결론을 내렸다. 지역주민들의 항의는 더 힘센 사회집단들이 활용할 수 있는 '경성과학'(hard science)이 우위를 차지하고 있는 상황에서는 주변화되게 마련이었다.[17]

또한 미국과 달리 영국에서는 정책결정 과정에서 대표성의 정도가 제한적이다. 예를 들어 독성물질 통제 분야에서 '대표성을 지닌' 유일한 포럼은 보건안전위원회(Health and Safety Commission)에서 설치한 기구에 소속된 단체들—그중에서도 독성물질자문위원회(Advisory Committee on Toxic Substances)—뿐이다. 여기서 우리는 작업장의 보건 및 안전에 대한 '3원' 시스템이 작동하고 있는 것을 알 수 있다. 실제 대표들은 노총(Trade Union Congress)이나 영국산업체연합(Confederation of British Industry) 같은 기성 조직들에서 선출된다. 이를 통해 의사결정의 기반이 어느 정도 넓어진 것은 사실이지만, 그 체계 내에서 허용되는 '참여'의 정도는 극히 제한적일 수밖에 없다. 또한 기술적 전문성의 적용에 따르는 문제점들도 존재한다. 노조대표들은 지나치게 기술적인 분석형태에 치우친 위원회 구조 내에서 자신들의 견해를 설파하기에 어려움을 느낀다는 불평을 계속하고 있다.

보다 대립적인 정책결정 과정이 특징인 미국의 경험을 주목한다면 여러 쟁점들을 생각해 볼 수 있다. 특히 미국의 정책에 대해 1980년대에 발표된 일련의 논의들은 이런 과정의 한계들을 지적하고 있다.[18] 전문가위원회에는 제한된 구성원들만 참여할 수 있기 때문에 논쟁의 '종결'이 용이하다. 반면 공개적이고 대립적인 과정은 문제제기와 그에 반하는 문제제기의 기회를 폭넓게 제공한다. 이 때문에 미국의 정책과정은 느린 속도, 비효율성, 고비용 등의 문제점을 안고 있다는 비판을 받아왔다. 항변의 가능성과 함께 수많은 다양한 목소리들을 반영해야 한다는 요구가 제기되면서 미국의 정책결정 과정은 극도로 장기화되고 경직된 모습을 보인다.

멘델로프는 미국에서 규제기준의 설정이 느린 이유로 다음 네 가지를 들었는데, 종종 법정공방으로 이어지고 있는 보건/환경 로비단체와 산업체들 간의 정치적 갈등, 복잡하고 불확실한 규제기준의 영향, 규제기구에 부과된 입증책임(burden of proof), 규제기구가 보유한 자원의 제약 등이다.[19] 따라서 규제기구들은 '활동가적 수사'를 구사하지만 실제로 얻는 것은 '조심스런 소득'뿐이다.

그러나 기술적 전문성은 이러한 의사결정 과정에서 여전히 중요한 역할을 한다. 결정에 따르는 부담 때문에 전문가 자문이 합의에 도달하는 데 어려움을 겪는 경우에도 그렇다. 재서노프는 미국의 규칙제정 절차가 취하는 공식적·대립적인 양식이 불확실성을 부각시키고 과학적 견해를 양극화시키며 갈등해결을 방해한다고 지적했다.[20] 그는 다음과 같이 결론을 내린다. "대립적 절차는… 이런 맥락에서 별로 추천할 만한 방안이 못된다. 이는 합의로 이어지는 것이 아니라 상호 경쟁하는 기술적 논증들을 해체해 버리는 역효과를 낳기 때문이다."[21]

콜링리지 같은 논평자들은 그러한 상황에서 과학은 대중논쟁에서 갈등을 완화시키기기보다 오히려 더욱 악화시키는 역할을 한다고 주장했다.[22]

미국에서 자동차에 쓰이는 수동적 보호체계[23]를 둘러싼 논쟁은 이런 점들을 잘 보여주는 간략한 예가 될 것이다.[24] 미국에서는 1966년 제정된 법률에 따라 도로안전 규칙을 제정하는 전국고속도로안전국(National

Highway Traffic Safety Administration, NHTSA)이 설립되었다. 신설기구였던 NHTSA가 가장 먼저 취한 조치는 자동차 승객에 대한 엄격한 보호기준을 놓고 논의를 시작한 것이었으며, 아울러 안전 '기술의 혁신속도를 가속화'하기 위한 시도도 병행했다.

이에 대해 산업체들은 적대적인 반응을 보이면서 기준의 시행을 지연 내지 방해하는 캠페인을 조직적으로 전개했다. 규칙제정을 연기시키기 위한 법적 대응과 백악관 로비 등의 기법들이 동원되었을 뿐 아니라, 안전기술 그 자체도 비판적 검토의 대상이 되었다(논쟁은 특히 에어백에 집중되었다). 논쟁에서는 다음과 같은 기술적 의문들이 중심을 이루었다. 새로운 보호체계에 관한 충분한 데이터가 있는가? 에어백과 안전벨트를 어떻게 비교할 것인가? (에어백을 부풀어 오르게 하는 데 쓰이는) 화학추진제가 암을 일으키는가? 어린이의 보호는 어떻게 할 것인가? 어느 정도의 준비기간이 필요한가? 이러한 기술적 의견불일치를 놓고 언론, 위원회 보고서, 공청회, 법정 등에서 격렬한 논쟁이 벌어졌다. 그러나 정책과정의 대립적 성격 때문에 각자의 입장은 더욱 공고해졌고, 기술적인 불확실성은 1970년대 내내 그리고 1980년대에 들어서도 해결되지 않고 지리하게 이어졌다.

어떤 의미에서는 이런 형태의 보다 '개방적인' 의사결정이 시민참여라는 측면에서 영국의 의사결정보다 진일보한 것으로 볼 수 있다. 영국에서는 수동적 보호체계는 규제정책의 의제로 부각된 적이 없으며, 가장 유사한 사례를 찾자면 안전벨트 의무착용 입법의 도덕성에 대한 일련의 제한적인 논쟁 정도이다.[25] 개방성이 확대되면 폭넓은 사회 · 기술적 선택지들에 대한 고려가 가능해질 거라는 것이다.

　그러나 이 짧은 논의에서도 우리는 영국이나 미국에서 이루어지고 있는 형태의 '참여적' 양식이 지닌 난점을 알 수 있다. 영국에서는 대표되는 집단이 매우 제한적이다. 반면 미국에서는 대중논쟁이 폭넓게 일어나고 있지만 이로 인해 수많은 문제들이 야기될 수 있다. (정책결정 과정이 질질 끌면서 생겨난) 규칙제정에 소요되는 비용은 물론이고 실제로 어떤 기준을 확정하기가 어렵다는 것도 문제가 된다.

　이 책의 논의에 비추어 중요한 것은, 이러한 '참여적' 양식이 쟁점을 정의하고 구성하고 '틀 짓는' 데 기술적 전문성에 크게 의존하고 있으며, 따라서 참여적 양식과 앞의 '전문가적' 양식은 첫인상과 달리 차이가 그리 크지 않다는 사실이다. 예를 들어 미국에서는 전문성의 상호검증을 폭넓게 허용하고 다양한 전문가들의 시각이 표출될 수 있게 하지만, 전문성에 대한 의존 그 자체를 근본적으로 바꿔놓지는 못하고 있다. 공청회는 고도로 기술적인 견해들이 오가는 경향을 보이며, 때때로 기술적 언어로 표현된 주장만이 존중받는 것처럼 보이기도 한다. 따라서 일견 민주적인 정책결정 형태가 실제에서 시민들의 견해와 이해를 얼마나 촉진하고 힘을 실어주는가 하는 문제가 제기된다.

　이른바 '민주적'인 양식이 시민의 견해와 지식을 극히 제한된 범위 내에서만 수용한다는 주장을 뒷받침하는 사례로는 미국 핵발전 논쟁에 관한 '내부자'의 생생한 설명을 들 수 있다.[26] 실제로 이에 관한 책을 쓴 미한은 기술적 전문성의 상호검증과 탐구라는 점에서 대립적 과정을 강력하게 옹호하는 인물이다. 그러나 여기서 '전문성'의 관념은 **과학자들**의 발언으로 극히 제한되고 있다. 미한의 설명에서 과학자들은 동원되는 무기에 불과하며 시민은 적극적 참여자가 아닌 수동적 청중의 지위로 축소된다.

물론 이 점은 많은 경우 산업체, 정부, 환경운동단체 모두에 동일하게 적용될 수 있다. 예를 들어 운동집단이 폭넓은 시민들의 입장을 대변한다고 자처할 때도 그들의 기여는 동일한 기술적 담론의 패턴을 따르는 경우가 많다.

결국 '민주적' 접근법도 실제로는 '전문성'과 '민주주의'에 대한 매우 근대주의적인 일단의 가정에 근거하고 있는 것으로 보인다. 이런 의미에서 대다수의 '민주적' 정책양식은 과학과 과학적 권위에 대한 계몽주의적 시각과 연결될 수 있다. 이 양식이 전적으로 '전문가적'인 정책양식에서 진일보한 것이라 하더라도, 시민과 전문성의 관계에서는 극히 제한적인 모델을 고수하는 약점을 갖고 있다. 여기서도 일단 과학적 설명에 따라 쟁점이 파악되고 구조화된 연후에야 민주적 토론이 시작되는 것이다. 다음 장에서 주장하겠지만, 환경 및 위해 문제에서는 다른 지식들도 공공정책 결정에 기여할 수 있기 때문에 이런 양식들이 갖는 힘은 쇠퇴하는 것 같다. 이제 우리는 마지막 유형의 정책적 대응을 고려해야 한다.

정책에 대한 '실용적' 접근

앞서 제시한 두 가지 의사결정 양식은 그동안 줄곧 주목받고 대조평가가 이루어져 왔다. 반면 또 하나의 중요한 접근법은 거의 의도적으로 극적 요소를 배제하면서도 중요한 역할을 해왔다. '적당한 선에서 실행 가능한' 혹은 '실행 가능한 최선의 수단' 같은 용어가 환경·보건·안전 관련 쟁점에 적용되면 특정한 맥락 속에 있는 지역 규제기구들이 막대한 재량권을 갖게 된다.[27] 이처럼 덜 공식적이고 더 유연한 정책결정 방식은 상이한 목소리와 이해들을 포괄할 수 있는 잠재력을 지닌 것으로 보인다. 따라서 실제 운영에서 이 방식이 '과학, 위험, 시민권'에서 앞의 두 가지와는 다른 일군의 가정들 위에서 작동하는지 여부를 살펴볼 필요가 있다.

이와 같이 이질적 요소들이 뒤섞여 있는 실용적 정책양식의 한 가지 사례로 영국에서 있었던 규칙제정 과정을 살펴보기로 하겠다. 이 사례는 1장에서 간략하게 언급한 사례나 세베소(1976. 7), 멕시코시티(1984. 11), 보팔(1984. 12) 등에서 생생하게 드러난 대형사고의 위해를 통제하는 문제와 연관이 있다.[28] 또한 여기서의 논의는 다음 장에서 다룰 대형위해 통제에 관한 사례연구의 배경이 된다.

영국의 대형위해 정책에서 (시발점은 아니지만) 전환점이 된 사건은 1974년 6월 터진 플릭스버러 사고(사망 28명, 부상 36명)이다. 엄청난 사회적 우려와 언론의 주목 속에서 사고원인을 밝혀내기 위한 공청회가 열렸다. 1974년 11월 노동부장관은 보건안전위원회(Health and Safety Commission, HSC) 산하에 새로운 위원회를 설립하겠다는 의사를 밝혔는데, 이것이 대형위해자문위원회(ACMH)가 되었다. 이 새 위원회가 맡은 임무는 대형위해 통제를 위한 정책을 마련하는 것이었으며,[29] 다양한 집단을 포괄한 위원회의 전형적 인적 구성은 다음과 같았다.

교수, 학계, 컨설턴트 등 독립적 인사 8명, 석유화학기업들, 브리티시 가스, 석유산업 같은 전형적 산업분야에 직접 종사하는 사람들 중에서 고용주가 지명한 3명, 안전문제에 대한 노동자들의 관점과 가장 위험한 상황에서의 작업

수행에 대한 노동자들의 기여를 반영시키기 위해 노총(TUC)에서 지명한 3
명 등으로 구성되었다. 그리고 내무부에서 지명한 소방서장 1명과 환경부에
서 지명한 계획전문가 내지 지역당국의 이해관계를 대변하는 사람 3명이 있
었다.[30]

그러나 이렇게 다양한 인적 구성에도 불구하고 기술적 전문성의 문제
는 '대표성을 갖춘' 이 위원회 내에서 매우 중요한 요소였고, 다시 한번 효
과적인 참여를 위한 전제조건으로 작용했다. 위원회 운영에 관한 한 위원
의 설명에 따르면

위원회에서의 논의가 고도로 기술적인 성격을 띠었기 때문에 노총이나 지역
연합(Local Association) 대표들은 완전히 이해하지도 못했고 대다수의 분과
위원회에서 벌어지는 의사진행에 참여할 수도 없었다.[31]

그렇다면 대형위해 문제에 대한 ACMH의 대응형태는 '전문가적' 양
식과 '참여적' 양식을 조합한 것이라 할 수 있다. 그러나 이 위원회는 정책
에 중점을 두었다는 점에서 앞의 두 가지 정책양식과 구분된다. 즉 '독립성
과 전문성' 혹은 '대표성과 민주주의'를 내세우는 것이 아니라 '실행가능
성과 관리가능성'에 호소한다는 것이다. 한 위원은 위원회의 규제철학을
이렇게 설명한다.

위원회의 가장 중요한 목표는 현실성이 있으면서도 집행 가능한 통제계획을

만들어내는 것이었다. 우리는 집행이 불가능할 정도로 엄격해서 무시되게 마련인 계획보다는 상대적으로 요구사항이 적지만 실제로 집행할 수는 있는 계획이 훨씬 낫다고 생각했다.[32]

지면관계상 여기서 드러나는 실용적 원칙들을 모두 항목으로 만들어서 제시하기는 어렵지만 몇 가지 특성을 추려볼 수 있다.

- 외부로부터의 기준설정이나 인가절차보다는 자기규제를 강조한다. 정부기구보다는 기업에 책임을 부여한다.
- '규정집'을 만들어 시행하기보다는 유연하고 협상에 기초한 통제방식을 강조한다.
- 기술적 정교화보다는 '실용적인' 지침을 만드는 데 초점을 맞춘다. 따라서 과학적 모델링과 위험분석 기법보다 간단한 목록 만들기 식의 관리가 선호된다. 아울러 역사적 기록이 앞으로 일어날 일에 대한 예측보다 더 설득력을 갖는 것으로 간주된다.
- 점검과 통제를 위해 가용한 자원의 적절한 목록들을 정한다.
- 여기에 더해 위원회의 전반적 운영에 관해서도 언급해야 한다. ACMH의 공개보고서는 다음과 같은 여러 특징을 강조하고 있다. 즉 정부 및 산업체와의 긴밀한 협력, 유연성, 비공식성, 갈등의 억제, 대립적 논쟁보다는 합의의 강조 등이다. ACMH가 구사한 수사는 전반적으로 '건전한 판단'과 함께 '합당'하고 '실행 가능한' 것에 대한 감각을 강조하고 있다는 점도 고려해야 한다.

여기서 알 수 있듯이, 이 양식과 앞서 제시한 두 가지 양식 사이에는 많은 공통점이 있다. 그러나 '분별 있는 판단'에 근거한 정당화를 강조하는 실용적 접근법은 "사실이 결정하게 하라"와 "사람들이 결정하게 하라" 사이의 양자택일을 강조하는 방식들과는 분명 차이가 있다.

1977년 8월, ACMH는 자문과정을 종료했고 규제법령의 초안을 만드는 단계에 있다고 공표했다. 이어 1978년에 초안이 발표되었다. 그러나 이 시점이 되면 세베소 사건 이후에 전개된 유럽공동체 차원의 대응이 영국에서의 논의를 대체했다. 결국에는 ACMH의 규제법령이 나중에 나온 EEC의 규제법령보다 훨씬 큰 영향력을 발휘했음이 드러났지만 말이다.[33]

미국의 정책양식이 시간이 많이 걸리고 어려움을 겪는 것과 비교하면 ACMH의 방식은 상당히 매력적으로 보인다. ACMH는 확신을 갖고 신속하게 행동했고 위원회 활동의 정당성도 도전받지 않았으며 주요 사회집단들을 '대표하면서도' 지속적인 갈등으로 나아가지 않았다. 뿐만 아니라 ACMH는 세 편의 보고서를 발표하고 자체적인 숙의결과에 대해 공개논평의 기회도 제공했다. 이는 적어도 잠재적인 차원에서 '대표성'과 '효과성' 사이에 적절한 균형이 이루어졌음을 보여준다.

그러나 좀더 비판적인 견지에서 몇 가지 점을 지적하지 않을 수 없다. 첫번째 비판은 실용주의에 대한 편애로 통제정책의 목적·목표·근거를 둘러싼 광범한 논의가 질식되었다는 것이다. 이 사례에서 위원회가 '관리 가능한 것'에 대해 극히 협소한 관점을 채택하게 된 이유에는 분명 실용주의에 대한 관심이 크게 작용한 것으로 생각된다. 위원회는 정책이 작동하는 배경이 되는 자원의 부족이나 정치적 제약을 부각시키기보다 이를 기정 사실로 받아들이고 그 위에 통제체계를 구축하려 했다. 따라서 ACMH의 규제철학은 기성체제에 대한 급진적 비판을 배제하는 것이라 할 수 있다. 물론 위원회의 관점에서 볼 때는 이것이 유일하게 채택할 수 있는 '분별 있고' '관리 가능한' 접근방식이었다. 그러나 어떤 집단에게는 '분별 있는' 논의가 다른 집단에게는 그렇지 않아 보일 수 있는 것처럼, 대형위해에 대한 대안적 시각이 존재한다는 사실 또한 인정될 필요가 있다.

> 우리는… 사고의 불가피성을 강조해야 한다. 사고는 기술 그 자체—가장 포괄적인 의미의 기술은 기술 속에 뿌리내린 사회관계까지도 포함한다—에 구축되어 있으며, 따라서 제아무리 정교하고 돈을 많이 들여도 기술적 해결책 (technological fix)으로는 해결될 수 없음을 강조해야 한다.[34]

대형위해 정책이 '기업살인'의 한 사례라고 비판하는 책에 나오는 이 인용문은 ACMH가 다루는 문제들에 대해 적어도 하나의 대안적인 시각을 제시하고 있다. 좀더 정치적인 언어로 번역하면 이 시각은 대형위해가 기업의 우선순위에 대한 전면적 재고 없이는 '관리 가능'하지 않다고 주장한다.

이 지점에서 대형위해 소재지가 과연 '필요'한지, 또 고위험물질들을 대량으로 주거지 인근에 저장하지 않도록 석유화학산업이 구조적으로 변화하는 것이 가능한지 등 폭넓은 질문이 제기될 수 있다. 그러나 여기서 서술된 규제과정은 이러한 상황에서 가장 '분별 있는' 판단에 대한 대안적인 시각들을 언급하지 않는다. 앞서 인용한 바우만이 지적한 것처럼, 정책과정이 적어도 부분적으로는 실질적 변화가능성을 논의하기보다 '공격을 슬쩍 피해 가는' 수단이 되고 있는 것처럼 보인다.[35]

다음 장에서 보겠지만, 실제로 위해 소재지 인근에 살고 있는 사람들이 화학산업의 능력을 항상 ACMH처럼 높게 평가하지는 않는다는 증거도 있다. 위험논쟁에 관한 최근의 문헌들은 그러한 대안적 시각들(혹은 '복수의 합리성')의 존재가 환경논쟁의 중요한 특성임을 매우 설득력 있게 보여주고 있다.[36] 따라서 ACMH의 절차중심 접근방식이 대안적 시각들에 대응하는 최선의 방법인가라는 질문이 최소한 제기는 되어야 한다.

이러한 ACMH의 점진주의적 접근방식은 위원회의 인적 구성에서 기인한 것으로 보인다. ACMH는 스스로를 **전문가** 기구라고 부르기를 꺼려했지만, 실무그룹에서는 학계나 석유화학산업에서 나온 '전문가들'이 지배적인 영향력을 행사했다.

다음으로 가능한 비판은 위원회가 채택한 방법론과 관련된 것이다. 실용적 접근방식의 한 가지 귀결은 의사결정을 떠받치는 일관된 논리를 찾아내기가 매우 어렵다는 점이다. 오히려 위원회는 때때로 단일한 합리적 근거의 부재를 과시하는 것처럼 보이기까지 한다. 그 대신 전과정은 신뢰에 기반하고 있으며 '꾸준히 일을 진행시키는' 접근방식을 택하고 있다. 이처럼 ('분별 있는' 개인들에게 '관리 가능한' 것으로 보인다는 것 외에는) 정당화 근거가 결핍되어 있기 때문에 위원회는 "문제로부터 빠져나오는 가장 손쉬운 길을 택했다"는 비판을 면하기 어렵다. ACMH가 가진 실용주의 관념이 대형위해 문제에 대해 소규모의 대응책만을 제시하는 데 영향을 끼쳤다는 분명한 증거가 있다.

　　이러한 비판들은 ACMH가 채택한 '실용적 방식'에 내재한 몇 가지 한계들을 보여준다. 그러나 지금의 논의와 가장 관련이 깊은 것은 이 장에서 서로 짝을 이루는 두 가지 관심사, 즉 '전문성'과 '시민권'에 대해 위원회가 취한 입장이다.

　　이 방식에서는 앞서 설명한 정책양식들에서보다 전문성이 좀더 폭넓게 정의되었음은 의문의 여지가 없다. 가령 기술적 정교화보다는 '실제적 경험'을 더욱 강조하는 것이 이를 잘 보여준다. 그러나 그처럼 폭넓은 정의는 석유화학산업의 안전성에 대한 시민들의 경험이 아니라 전문가들의 판단에 의존하고 있다. 그러한 시민들의 경험과 이해는 다음 장에서 주로 논의될 것이다. 마찬가지로 참여에서도—'전문가적' 양식에 비하면 훨씬 개방적이었음에도 불구하고—그 범위가 대형위해 소재지 인근에 거주하는 사람이 아닌 전문적이고 '인정받는' 집단들로 제한되었다. 그러한 방식으로 '실용주의의 한계'에 대한 위원회의 가정들 역시 도전받지 않고 통과할 수 있었다.

　　'실용적' 양식과 앞선 두 가지 양식 사이에는 상당한 차이가 있다. 그러나 이 책에서 우리의 관심사에 비추어보면 이들 사이에는 차이점보다는 유사성이 더 두드러진다. 이 양식에서도 다른 두 가지와 마찬가지로 계몽주의적 정책 패러다임이 작동하는 것을 볼 수 있는데, 이 패러다임은 '전문성'을 특정 전문가집단으로 제한하고 대안적인 형태의 분석과 표현보다 기술적 논증을 강조한다.

환경에 대한 공공정책: 토론

이 장에서는 환경정책 결정이 기술진보에 대한 시민들의 우려가 표출되는 중요한 영역임을 강조했다. 2장에서 논의한 과학의 구조적 한계에도 불구하고, 우리는 세 가지 정책양식들 모두가 과학을 중요한 정당화의 원천으로 삼고 있다는 사실을 확인할 수 있었다.

좀더 근본적인 수준에서는 ACMH에서의 실용적 협상에서건, '전문가' 위원회의 운영에서건, 표면적으로 '민주적'(내지 '참여적')인 접근방식에서건 간에 과학적 분석은 환경 및 위험 문제의 '핵심'으로 제시되어 왔다. 심지어 의사결정 과정에 법적 문제제기나 시민들의 항의가 일어날 때조차도 이러한 근대주의적 가정들이 여전히 작동하고 있는 것 같다. 반면 대다수의 사람들은 본질적으로 '수동적'인 지위에 머물렀으며, 적극적 참여자가 아닌 **증인**으로 축소되었다. 정책의 기저에 깔려 있는 가정은 잘해봐야 이런 식이다. 대중이 (대표를 통해) 의사결정 과정에서 배심원 노릇을 하지만, 고려대상이 되는 증거들을 종합하고 환경관련 결정이 내려질 마당과 고려될 변수들을 선택할 자격은 오직 전문가들만이 갖고 있다는 것이다. 위험문제를 그 본성상 **기술적인** 것으로 제시하는 것이 이처럼 극히 제한적인 시민권 개념을 정당화해 주는 중요한 근거가 됨은 두말할 나위도 없다. 대중은 '무지'하다는 이유로 영향력을 행사할 수 있는 자리에서 배제되는 것이 정당화된다.

하지만 이러한 정책대응들에서 나타나는 일반적인 문제들도 지적되었다. 전문가위원회들은 '더 높은 수준의 전문성'을 갖추고 있다는 의심스런 주장이나 제한된 참여기반 때문에 공격을 받고 있다. 이러한 비판들은 특히 미국에서부터 발전했지만 영국에서도 BSE나 2,4,5-T 사례에서 반향을 얻고 있다. '대중논쟁'이 분쟁, 지연, 효과 없는 정책과 동의어가 되면서 이른바 '민주적' 양식은 미국에서 거의 동일한 비판을 받아왔다.

이러한 접근방식들은 영국에 특유한 것처럼 보이는 전문가의 판단, 합의, 실행가능성을 강조하는 '실용적' 양식과는 대조적이다. 그러나 이 양식은 대중논쟁과 정책대안에 대한 고려를 제약할 수 있다. 또한 실용주의의 한계에 대한 비판적 질문이 제기되었을 때 신뢰성을 유지하는 문제도 있는 것으로 보인다. 이런 의미에서 실용적 양식은 결론에 대해 일관된 정당화를 제공하는 데 있어 세 가지 양식 중 가장 취약하다. "우리를 믿어주세요"라는 식의 대응은 환경에 대한 우려와 사회적 도전이 일어나고 있는 현재의 분위기에서는 적절한 정당화가 될 수 없다. 실용적 양식은 예전의 보다 잠잠하던 시기의 정책결정을 반영하고 있는지도 모른다.

전체적으로 볼 때 세 가지 양식은 모두 벡이나 기든스의 논의와 밀접하게 연관된 이유들 때문에 도전을 받고 있다. 셋 모두 근저에 깔린 과학적 전문성과 '시민권'의 모델 때문에 신뢰성을 유지하는 데 어려움을 겪고 있다.

물론 기술적 의견제출 역시 특정 사회집단의 자원과 영향력에 의존한다. 대체로 조직적 기반, 재정능력, 확신을 가진 집단만이 참여할 수 있는 지위를 갖게 된다. 그런 의미에서 기술적 의견교환은 오직 제한된 범위의 사회적 관점들에만 의지한다. 여기서 핵심적인 지점은 '전문성'과 '민주주의'라는 물음이 분리된 것이 아니라 상호 연관된 것이라는 점이다. '지식' 개념을 건드리지 않고 정책과정을 민주화하려는 모든 시도는 필연적으로 커다란 한계를 지닐 수밖에 없다. 이는 미국의 사례가 잘 보여주고 있다.

정책사안에 대한 '과학중심'의 설명은 여기서 언급된 한계—구조적 불확실성 차원의 한계와 대중적 정당화 문제와 관련된 한계—에도 불구하고 여전히 영향력이 매우 높다. 민주주의 확장의 요구는 의사결정 과정 내에서 기술전문가들의 영향력을 고려하지 않는다면 제한적인 영향을 끼치는 데 그칠 것이다. 대중이 정책논쟁을 '바로 옆'에서 지켜볼 수 있게 하는 것은 사회적 형평성이나 지속가능성을 위해 어느 정도 가치 있는 일일지 모른다. 그러나 좀더 근본적인 재평가가 이루어진다면 현재 정책과정에 부합되지 않는 시민집단이 갖고 있는 지식과 이해를 탐구할 수 있을 것이다. 이 문제에 대해서는 다음 장에서 논의하려 한다.

한편 오늘날 '시민권'은 오직 '전문성'이 환경의제를 설정할 때만 모습을 드러낸다. 과학적 전문성이 이러한 쟁점들에서 주요한 역할을 하고 있는 것은 분명하다. 그러나 지식과 이해의 다양한 원천이 가능하다는 것을 인정하려면 우리가 갖고 있는 과학–시민관계에 대한 이해를 재구성할 필요도 있다. 이러한 재구성작업을 위해서는 이 영역의 과학적 진술들이 암묵적으로 의존하고 있는 사회적 · 제도적 가정들 역시 인식해야 한다.

좀더 부정적으로 말하자면, 지금처럼 대중이 위험 및 환경 쟁점에 대해 우려를 갖고 있는 상황에서는 이 같은 변화가 필수적인 듯 보인다는 것이 이 장에서 암시하는 하나의 결론이다. 여기서 제시한 모든 사례들이 보여주고 있듯이, 처음에는 위험과 안전에 관한 구체적인 질문들이 점차 발전해 그 질문의 근저에 있는 기술적 · 제도적 구조에 대한 문제제기로 바뀌어 나갔다. 이러한 시민들의 대응 중 일부는 대형사고의 위해를 명시적인 '시민 지향적' 관점에서 탐구할 다음 장에서 볼 수 있을 것이다. 그렇다면 정책결정 과정의 근대주의적 가정에 대해서는 어떤 문제제기가 출현하고 있는가?

이 물음에 답하기 위해 우리가 가장 먼저 해야 할 일은 과학–대중관계의 정통적인 모델을 뒤집는 것이다. '과학 중심' 접근법을 받아들이지 말고—즉 현재의 공식적 · 과학적 실행에 내재한 가정들에서 출발하지 말고—**시민들**과 위험 및 환경 쟁점에 대한 시민들의 이해로부터 출발해야 한다는 것이다. 따라서 4장과 5장에서는 과학 커뮤니케이션에 관한 일반적인 묘사를 뒤집어서 제시할 것이다. 권력을 가진 사회제도가 아니라 현재 환경논쟁의 목격자인 다양한 대중집단이 분석적 시선을 소유하게 된다면 과연 어떤 일이 일어나겠는가?

[주]

1. Jasanoff, S., *The Fifth Branch: Science advisers as policy makers*(Cambridge/Mass. and London: Harvard University Press, 1990), p. 1.

2. Habermas, J. *Towards a Rational Society: Student protest, science and politics*(London: Heinemann, 1971), pp. 112~13(장일조 옮김, 『이성적인 사회를 향하여』, 종로서적, 1980).

3. Bauman, Z., *Postmodern Ethics*(Oxford and Cambridge/Mass.: Blackwell, 1993), pp. 203~204.

4. Jasanoff, S., 앞의 책, p. 1.

5. McGinty, L. and G. Atherley, "Acceptability versus democracy," *New Scientist* 1977. 5. 12, pp. 323~25.

6. "환경적으로 건전하고 지속가능한 발전"(Environmentally Sound and Sustainable Development, ESSD)의 개념을 명시한 보고서 『우리 공동의 미래』(*Our Common Future*) 이후의 논의를 말한다. 이 보고서는 유엔 산하 '환경과 개발에 관한 세계위원회'(WECD)가

1987년 4월에 발표한 것으로, 당시 위원장의 명칭을 따서 일명 '브룬트란트 보고서'라고 불린다.―옮긴이

7. Advisory Committee on Pesticides, "Further review of the safety for use in the UK of the herbicide 2,4,5-T"(London: MAFF, 1980), p. 1.

8. Jasanoff, S., 앞의 책.

9. Irwin, A. and K. Green, "The British control of chemical carcinogens," *Policy and Politics*(1983), pp. 439~59.

10. Ezrahi, Y., *The Descent of Icarus: Science and the transformation of contemporary democracy* (Camridge/Mass. and London: Harvard University Press, 1990), p. 13.

11. Beck, U., *Risk Society: Towards a new modernity*(London, Newbury Park, new Delhi: Sage, 1992.

12. Graham, J. D., L. C. Green, and M. J. Roberts, *In Search of Safety: Chemicals and cancer risk*(Cambirdge/Mass. and London: Harvard University Press, 1988), p. 198.

13. Council for Science and Society, *The Acceptability of Risks*(London: CSS and Barry Rose, 1977), p. 54.

14. Irwin, A. and D. Lloyd, "Pragmatism, effectiveness and institutional judgement in the British control of major accident hazards," *Technology Analysis and Strategic Management* (4/2, 1992), pp. 115~32 참조.

15. 예를 들어 Vogel, D., *National Styles of Regulation: Environmental policy in Great Britain and the Unitied States*(Ithaca and London: Cornell University Press, 1986) 참조.

16. Wynne, B., *Rationality or Ritual? Nuclear decision-making and the Windscale Inquiry* (Chalfont St Giles: British Society for the History of Science Monographs, 1982).

17. Smith, D., "Corporate power, risk assessment and the control of major hazards: A study of Canvey Islands and Ellesmere Port"(Unpublished PhD thesis, Department of Science and Technology Policy, University of Manchester, 1988. 3).

18. 예를 들어 Vogel, D., 앞의 책; Brickman, R., S. Jasanoff, and T. Ilgen, *Controlling Chemicals: The politics of regulation iin Europe and the United States*(Ithaca: Cornell University Press, 1985) 참조.

19. Mendeloff, M. J., *The Dilemma of Toxic Substance Regulation: How overregulation causes under-regulation at OSHA*(Cambridge/Mass.: MIT Press, 1988).

20. Jasanoff, S., 앞의 책, p. 8.

21. 같은 책, p. 250.

22. Collingridge, D. and C. Reeve, *Science Speaks to Power: The role of experts in policy making*

(London: Frances Pinter, 1986).

23. 사고가 일단 일어난 상황에서 운전자와 승객을 안전하게 보호하기 위한 각종 기술적 장치들을 말하며, 안전벨트나 에어백이 대표적인 예이다.—옮긴이

24. 이 사례에 관한 자세한 설명은 Irwin, A., *Risk and the Control of Technology: Public policies for road traffic safety in Britain and the United States*(Manchester: Manchester University Press, 1985) 참조.

25. Irwin, A., "Technical expertise and risk conflict: And institutional study of the British compulsory seat belt debate," *Policy Sciences*(20, 1987), pp. 339~64 참조.

26. Meehan, R. L., *The Atom and the Fault: Experts, earthquakes, and nuclear power* (Cambridge/Mass. and London: MIT Press, 1984).

27. 이에 관한 논쟁은 Vogel, 앞의 책 참조.

28. 이 사례에 관한 더 자세한 설명은 Irwin, A. and D. Lloyd, 앞의 글; Lloyd, D. J., "The role of risk analysis in the control of major hazards"(Unpublished PhD thesis, Faculty of Science, University of Manchester, March 1988) 참조.

29. Foor, M., House of Commons Debates 880: written answers, col.74(1974. 11. 7).

30. Ryder, E. A. "Discussion session"(Proceedings of the OYEZ European Major Hazards Conference, London, 1984. 5. 22~23), p. 8.

31. A. Bulmer의 인터뷰(1986. 11. 20).

32. 같은 곳.

33. 예를 들어 Lloyd, D. J., 앞의 글 참조.

34. Jones, T. *Corporate Killing*(London: Free Association, 1988), p. 275. 더 자세한 논의는 Perrow, C., *Normal Accidents: Living with high risk technology*(New York: Basic Books, 1984) 참조.

35. Bauman, Z., 앞의 책.

36. 예를 들어 Schwarz, M. and M. Thompson, *Divided We Stand: Redefining politics, technology and social choice*(Hemel Hempstead: Harvester Wheatsheaf, 1990) 참조.

4 / 목격자, 참여자, 대형사고의 위해

다른 사람의 경험을 이해하기 위해서는 자신의 위치에서 바라본 세상을 해체하고 그 사람의 위치에서 재구성하는 것이 필요하다. 예를 들어 다른 사람이 행한 어떤 선택을 이해하려면, 그가 직면했을지 모를 선택지의 부재를 상상 속에서 맞부딪쳐 보아야 한다. …다른 사람의 경험을 서투르게나마 이해하고자 한다면 세상은 해체되었다가 다시 재구성되어야 한다. …다른 사람이 가진 주관성은 동일한 외부의 사실들에 대해 단순히 서로 다른 내적 태도를 취하는 것이 아니다. 그가 중심이 되어 바라보는 사실군(群) 자체가 다른 것이다.[1]

3장에서는 환경정책 결정에 대한 '과학 중심적'이고 환원주의적인 일련의 설명들을 생각해 보았다. 여기서 유의해야 할 점은, 좀더 '민주적'인 결정 양식에서조차도 시민들이 여전히 합당한 전문성을 결여한 것으로 간주되고 있다는 사실이다. 일반대중은 적극적인 힘이라기보다는 수동적인 존재로, 효과적인 참여자라기보다는 일련의 주장들을 지켜보는 목격자로 간주되고 있다. 따라서 무엇을 '합당한' 지식으로 정의할 것인가의 문제는 시민집단이 중대한 정책결정 영역에 민주적으로 참여함에 있어 중요한 함의를 갖는다.

이런 주장에 대해 나올 수 있는 한 가지 즉각적인 반론은 일반대중에게 과학정보를 '확산시키기' 위해 현재 이루어지고 있는 수많은 활동들을 지적하는 것일 터이다. 특히 대중매체뿐 아니라 지역 차원의 많은 기획들(이 장에서 곧 논의될 것과 비슷한 유형)을 통해 기술적인 쟁점에 대한 대중이해를 향상시키기 위한 노력이 기울여지고 있다. 현재와 같은 모습이 나타난 데는 1985년 왕립학회 보고서의 강력한 권고가 영향을 주었다.

우리가 전달하려는 가장 직접적이고 긴급한 메시지는 과학자들을 향한 것이다—과학자들은 대중과 의사소통하는 법을 배워 이 일에 적극 나서야 하며, 그렇게 하는 것을 자신들의 의무로 간주해야 한다. …대중의 과학이해를 증진하는 것은 모든 과학자들이 전문직 종사자로서 마땅히 져야 하는 책임의 일부임이 분명하다.[2]

'전문직으로서의 책임'에 대한 호소는 다소 성공을 거두어, 각종 매체들에서 과학기술을 다루는 몇몇 프로그램들이 인기를 얻고(예컨대 텔레비전의 '대중과학'에 관한 프로그램) 과학적 주제를 다룬 잡지나 책의 판매가 증가하기도 했다. '대중과학'에 관한 글[3]에서 더랜트는 영국의 TV프로그램 〈내일의 세계〉가 20년 가까이 높은 시청률을 유지해 왔고 과학잡지 『뉴 사이언티스트』는 매주 10만 부씩 팔리고 있으며 스티븐 호킹의 『시간의 역사』는 1980년대에 나온 영어권 도서를 통틀어 10위 안에 드는 베스트셀러였다는 사실을 언급하면서, 이어서 대중과학의 네 가지 유형을 제시하고 있다. '철학적 과학'(생명이나 우주의 기원과 같은 '거대한 문제들'), '실용적 과학'(앞으로 우리의 삶을 변화시킬 과학), '정치적 과학'(긴급한 사회적 혹은 환경적 쟁점을 다루는 과학) 그리고 '이상(異常)과학'(비정통적이거나 '일탈적'인 과학적 사고)이 그것이다.

이러한 대중과학 현상은 분명 무시될 수 없는 요소이다. 그러나 이 장에서는 일상에서 마주치는 기술적 쟁점들을 열정적인 과학전파자의 관점이 아니라 시민의 관점에서 일상생활의 일부로 탐구해 볼 것이다. 또한 우리의 관심은 앞에서 더랜트가 언급한 '비범한 과학'보다는 기술발전과 기술 커뮤니케이션의 좀더 평범한 측면들에 기울여질 것이다. 이런 접근을 통해 일반대중에게 과학이 어떤 적절성이나 유용성을 갖는지, 대안적 설명을 제시할 수 있다.

이 장에서는 시민집단과 기술적 이해의 관계에 대한 두 가지 사례연구를 다룰 것이다. 먼저 우리는 대중에게 정보를 확산시키는 주류적 접근— '계몽적' 관점에 근거한 접근—에 대해 생각해 볼 것이다. 그것이 시민들이 기술관련 문제들을 다루는 데 기여하기 어려운 본질적 한계를 지적한 후에, 대안적 설명으로 넘어갈 것이다. 여기서 대안은 '대중적 확산' 모형에서 벗어나 일상생활 속에서 과학기술 쟁점이 어떤 위치를 차지하는지에 대한 이해로 옮겨간다. 이 단계에서는 시민들의 관점과 평가를 '정돈하려는' 시도는 일절 이루어지지 않을 것이다. 대신 그런 관점과 평가의 풍부함과 복잡성이 제시될 것이다.

이 장은 대중을 향한 정보의 확산을 꾀한 활동 한 가지를 자세하게 들여다보는 것으로 시작할 것이다. 특정 인구집단에게 인근 석유화학공장의 위험에 관해 알리는 비교적 소규모의 지역적 활동이었는데, 아울러 사고나 비상사태가 발생했을 때 시민들이 취해야 하는 올바른 조치를 알리는 활동도 전개했다. 이러한 활동은 세베소 사건 이후에 만들어진 EC 규제지침에 따라 일정수의 유럽 석유화학공장 소재지에서 필수적으로 요구되었다(이에 대해서는 이미 1장과 3장에서 언급한 바 있다). 이 사례를 가지고 정보의 흡수와 확산을 꾀하는 '공식적' 과정에 대해 생각해 볼 것이다. 특히 일반대중에 대한 '대중의 무지' 모형에 비추어 평가될 것이며, 이를 통해 '열정적 확산'이 지닌 한계가 지적될 것이다. 그리고 난 후 시민-과학관계에 대한 대안적 관점으로 넘어갈 것이다.

CIMAH와 대형 기술위해 정보의 제공: 캐링턴 사례연구

3장에서 이미 언급했듯이, 영국 대형기술위해자문위원회(ACMH)가 만든 대형사고의 위해 통제를 위한 규제체계는 1976년 세베소 사고 이후 EC 차원의 법령이 마련됨에 따라 그것으로 대체되었다(그 속에 부분적으로 흡수되기도 했다). 1장의 '우리 시대의 이야기' 중 세번째에서 논의한 바와 같이, 1982년에 EC는 대형 위해시설의 통제지침을 채택했다.

이 지침의 8조에서는 '대중에 대한 정보제공' 의무를 규정하고 있는데,

이 조항은 1984년 영국에서 제정된 산업대형사고 위해통제(CIMAH) 법규에 반영되었다. 그 결과 사상 처음으로 지역적 위해에 관한 정보가 많은 (상당히 제한된 수이긴 했지만) '대중들'에게 배포되었다. 1장에서 밝힌 것처럼, 이런 정보제공 활동이 심리적 공황상태를 불러일으킬 거라는 산업체의 우려에도 불구하고 대중의 반응은 거의 잠잠한 듯 보였다. (비록 충분치는 않지만) 지금까지의 조사를 통해 밝혀진 바에 따르면, 관련정보가 대중에게 수용된 정도 역시 미약했다.

이 장에서는 여기서 나타난 대중적 확산의 문제를 생각해 봄으로써 일견 가망 없어 보이는 이 사례를 좀더 깊이 탐구해 보려 한다. 먼저 주류적인 과학중심의 패러다임 내에서 정보제공 활동의 위치를 향상시킬 수 있는 가능성을 생각해 본 후, 이어서 이 문제에 관한 지역시민들의 관점을 보다 자세하게 들여다볼 것이다. 이 과정에서 우리는 대중의 무지(내지 무관심) 측면에서 대중의 반응을 설명하는 것을 넘어 이 상황에 대한 대안적 분석을 생각해 볼 수 있을 것이며 또 이 대안적 분석은 시민–과학관계에 대해 다른 패러다임을 제시할 것이다.

이 분석의 첫번째 부분에서 다루어질 사례연구는 잉글랜드 북서부 맨체스터 광역시에 있는 캐링턴 석유화학 복합단지이다.[4] 캐링턴 복합단지에는 천연가스, 인화성 기체와 액체, 염소 같은 독성물질을 비롯한 상당히 많은 양의 유해물질들이 저장되어 있었고, EEC의 세베소 지침이 반영된 CIMAH 규정에 따라 '최우선 공개'(top-tier) 소재지로 지정되었다. 이로써 새로운 규제의 적용을 받는 시설은 셸 케미컬 영국지사(Shell Chemicals UK Limited), 노스웨스트 가스(North West Gas), 브리티시 가스(British

Gas) 등 세 개 업체였다. 각각의 시설은 많은 요구조건을 충족시켜야 했는데, 그중에는 안전보증문서(safety case)를 제작하고 공장 인근지역에서의 비상계획을 마련하는 것도 포함되어 있었다. 그러나 이 장에서의 주된 관심은 다음과 같은 원래의 EC지침 8조에 관한 것이다.

> 회원국가들은 신고된 산업활동으로 인해 빚어진 대형사고의 영향을 받을 가능성이 큰 사람들이… 안전상의 조치와 사고시 취해야 할 올바른 행동에 관해 적절한 방식으로 정보를 제공받을 수 있도록 보장해야 한다.[5]

영국 CIMAH 법규에는 이 조항이 좀더 구체적으로 반영되었는데, CIMAH 법규 12항은 최우선 공개 소재지(이는 앞장에서 논의한 것처럼 유해 화학물질의 재고량에 따라 정의되었다)에 거주하는 주민들에게 제조회사 혹은 지역당국은 다음 사항들에 관한 정보를 제공해야 한다고 규정한다.

- 해당 시설에서 이루어지고 있는 산업활동이 보건안전청에 신고된 것이라는 사실
- 일어날 수 있는 대형사고에서 위해의 성격
- 안전상의 조치와 대형사고 발생시 취해야 할 올바른 행동

결국 대중에게 정보를 제공하는 매우 구체적인 활동이었다고 할 수 있겠지만, 또한 '상의하달식' 확산모형의 실제를 보여주는 훌륭한 사례이기도 하다.

모든 정보확산 활동은 **어떤** 대중이 ‘정보를 제공받아야’ 하는가라는 질문에 먼저 답해야 한다. 이 사례에서는 캐링턴 소재지 인근의 얼마나 넓은 지역을 ‘대중 정보제공 지구’(Public Information Zone, PIZ)로 지정해야 하는가의 문제가 제기되었다. 기술적 측면에서 보자면 이러한 지정에는 문제의 소지가 많다. 예를 들어 특정 가스가 대량으로 유출되었을 때 어떻게 이동하겠는가라는 문제에는 상당한 불확실성이 존재한다. 이에 대해 결국 영국 내 다른 지역에서의 관행을 따라, 기존에 있는 보건안전청 자문 구간(HSE Consultation Distance)—특정 위해시설 주위에 계획 목적으로 설정해 놓은 지구—에 근거해 PIZ가 설정되었다. 이러한 행정 편의적 선택을 한 이유에 대해서는 지역주민들에게 아무런 공식적인 해명도 없었다.

이런 활동이 성공을 거두기 위해서는 어떠한 정보확산 **형태**를 취하느냐가 매우 중요하다. 이 사례에서는—역시 영국 내 다른 지역에서의 관행에 따라—PIZ에 있는 모든 가정에 유인물이 배달되었다. 유인물의 내용은 세 개 회사와 지역당국의 합의하에 마련되었지만, 유인물 자체는 트래퍼드 자치구(Metropolitan Borough of Trafford) 명의로 발송되었다.

유인물에 담긴 정보의 내용은 CIMAH의 요구조건에 맞춘 것이었다〈그림 1〉 참조). 〈그림 1〉에서 볼 수 있듯이, 유인물은 세 개 회사의 이름을 밝히고 CIMAH 법규를 언급한 후 주민들이 “대형사고가 일어났을 때 영향을 받을 가능성이 있는” 지역에 거주하고 있음을 알리고 “만의 하나 그런 사고가 일어났을 때”의 비상절차를 다음과 같이 제시한다. “대형사고 발생시에는 경찰이 행동요령을 알려줄 것입니다. 먼저 귀하께서는 일단 집 안으로 들어가 문과 창문을 모두 닫은 다음 후속지시를 기다려주시기 바랍니다.”

정보: 여기 제시된 비상절차에 관한 더 많은 정보는 아래 주소로 연락하면 얻을 수 있습니다.

The County Emergency Planning Center,

G.M.C., P.O. Box 430, County Hall, Piccadilly Gardens,

Manchester M60 3HP

셸 케미컬 영국지사, 브리티시 가스, 노스웨스트 가스 3사와의 협의 후 이들을 대신해 트래퍼드 도시 자치구에서 발행

이 유인물을 잘 보관해 두셨다가 추후 참고하시기 바랍니다.

1985년 12월 발행

캐링턴 복합단지비상절차

귀하의 토지와 가옥은 캐링턴 복합단지에서 대형사고가 일어났을 때 영향을 받을 가능성이 있는 지역에 위치해 있습니다. 산업대형사고 위해통제에 관한 법규(1984)에서는 다음의 장소들에서 만의 하나 그런 사고가 일어났을 경우 귀하가 준수해야 하는 비상절차를 귀하에게 고지하도록 의무화하고 있습니다.

> 셸 케미컬 영국지사, 캐링턴
>
> 브리티시 가스, 파팅턴 히스 팜로(路)
>
> 노스웨스트 가스, 파팅턴 커먼로(路)

이 공장들에서 이루어지고 있는 산업활동은 보건안전청에 신고된 것입니다.

복합단지 내의 산업활동

셸 케미컬은 화학물질과 플라스틱을 생산합니다. 이것은 세제, 포장용 필름, 가정용·산업용 플라스틱 물품, 단열용 스티로폼 등을 만드는 데 쓰입니다.

브리티시 가스와 노스웨스트 가스는 대량의 천연가스를 전국과 지역의 가스관을 통해 공급하는 일을 합니다. 이를 위해 대량의 액화가스를 저장하고 있습니다.

이런 활동들에서는 인화성 물질들이 사용됩니다. 대형사고가 일어날 경우 인화성 기체가 대기중으로 방출될 가능성이 있습니다. 이 기체는 보통 안전하게 흩어져 사라지지만 인화되면 화재를 일으키거나 경우에 따라서는 공장부지 내에서 폭발을 일으킬 수도 있습니다.

셸 케미컬 공장에서는 독성물질이 사용되는데 대형사고가 일어날 경우 이것이 대기중으로 방출될 수 있습니다. 이 기체는 보통 안전하게 흩어져 사라지지만 극단적인 경우 낮은 농도로 공장부지 바깥까지 퍼져 눈과 목에 통증을 유발할 수 있습니다.

비상절차

각각의 회사와 지역당국, 소방서, 경찰, 구급서비스 등이 사고피해를 최소화하기 위한 구체적인 비상계획을 마련해 놓고 있습니다.

비상시 행동요령

대형사고 발생시에는 경찰이 행동요령을 알려줄 것입니다. 귀하께서는 일단 먼저 집 안으로 들어가 문과 창문을 모두 닫은 다음 후속지시를 기다려주시기 바랍니다.

물론 이 정보는 비상시에 취할 수 있는 최선의 행동을 매우 **일반적으로** 지시한 것에 불과하다. 그 정의상 그리고 가능한 사고 시나리오(불타는 집들, 독성물질의 유출, 토지 및 가옥의 황폐화)와 **개인별** 시나리오(외출해서 상점에 있는 경우, 야외에서 놀고 있는 경우, 운전중인 경우, 학교에서 수업을 듣고 있는 경우)가 엄청나게 다양할 수 있음을 감안할 때, 이는 사고시 대응에 대한 개략적인 안내역할만 할 수 있을 뿐이다. 유인물을 배포한 이들은 '혼란스러운 정보를 제공하는' 것보다 하나의 단순한 지시사항을 담는 쪽을 선택한 것이다.

따라서 이 정보확산 활동은 **사회적·기술적 불확실성을 지워버리려는** 시도를 암암리에 하고 있었다. 여기에는 "내용을 단순하게 하면 대중이 메시지를 좀더 쉽게 이해할 것"이라는 가정이 담겨 있는데, 이 메시지의 기술적 맥락은 '정보제공'의 대상인 대중에 관한 특정한 가정으로부터 분리시킬 수 없다. '청중'의 구성은 기술적 정보의 형태와 내용을 형성하는 데 핵심적인 역할을 한다. 이와 동시에 그리고 적어도 이 사례에서는 그러한 구성이 청중과의 토론에 개방되어 있지 않았고 그것을 정당화하려는 시도도 없었다.

그외에도 유인물에는 해당 공장의 산업활동에 관한 간략한 정보와 연락할 수 있는 주소가 나와 있다(전화번호는 씌어 있지 않았다). 트래퍼드 자치구를 나타내는 문양이 눈에 띄게 드러나지만, 이 유인물이 "세 개 회사들과의 협의를 거친 후 이들을 대신해" 발행된 것이라는 언급이 있다. 유인물의 다른 곳을 보면 각각의 회사들과 지역당국, 소방서, 경찰, 구급서비스 등이 구체적인 비상계획을 마련해 놓고 있다는 구절이 있고, 또 주민들에게 "참고를 위해" 이 유인물을 보관해 두라는 요청도 담고 있다.

결국 캐링턴 복합단지에서 이루어진 유인물의 배포는 상당히 눈에 띄지 않는 방식으로 대중에게 정보를 확산시키는 활동이었다고 할 수 있다. 그러나 앞의 설명에서 몇 가지 중요한 특징을 파악해 내는 것은 가능하다.

• 이런 종류의 활동에서 과학적 불확실성을 취급하는 방식은 이미 2장에서 살펴본 바 있다. 위해 잠재성을 평가하고 위해가 실제로 발생했을 때의 (얼마나 많은 사람들이 영향을 받겠는가라는 질문에서부터 실제로 사고가 났을 때 독성물질이나 인화성물질이 어떻게 움직이겠는가 하는 문제까지) 시나리오를 예측하는 활동에는 단계마다 불확실성이 개입한다. 그러나 유인물에는 이런 불확실성을 암시하는 내용이 전혀 들어 있지 않다. 유인물에 그려진 세상은 견고한 지식(과 견고한 권위)이 지배하는 세상이다.

• 비상절차가 어떤 근거에서 마련되었는지에 관해서는 아무런 실질적 정보도 제공되지 않았다(PIZ의 선정근거나 산업체와 지역당국의 협력에 관해서도 마찬가지다). 여기서는 메시지의 제공자가 지역에서 충분한 신뢰성을 확보하고 있어서 지역주민들이 틀림없이 그들의 메시지를 그냥 믿을 거라고 가정되고 있다.

• 유인물의 전반적인 어조는 주민들을 안심시키고 회사들의 권위를 정당화하는 것을 의도한 것처럼 보인다.

• 정보제공 활동이 매우 지역적이고 구체적인 성격의 것임에도 불구하고, 지역주민들과의 토론을 촉진하려는 노력은 전혀 눈에 띄지 않았다. 공장부지와 그곳에서 이루어지는 활동에 대한 기존의 지식들을 평가해 보려

는 노력도 없었다. 그보다 토론은 제한된 수의 '공식적' 당사자들에만 한정되었다. 지역대중에 대해서는 '무지한 대중'이라는 모형이 암묵적으로 적용되었다. 그들은 선별적으로 가공된 정보의 **수용자**로 간주되었다.

이상의 얘기를 종합해 보면 이 활동은 '상의하달식' 모형이 실제로 작동하는 것을 분명히 보여준 사례가 된다. 과학적 복잡성과 불확실성은 지역에서의 혼란이나 불필요한 심리적 공황상태를 피하기 위해 '명료하고 단순한' 형태 속에서 걸러내어졌다. 그리고 난 후 '사실들'이 권위적인 방식으로 제시되었고, 이는 회사들과 지역당국, 비상대처반의 사회적 정당성에 의해 뒷받침되었다. 논쟁이나 토론을 장려하는 움직임은 없었으며, 지역의 관점이나 의견 내지 평가가 유용할 거라는 제안도 없었다. 이 모형은 대중의 **역량을 강화시키는** 것이 아니라 그들에게 **정보를 제공하는** 것이었다. 그런 활동 속에서 주민들은 참여자가 아닌 목격자에 그치고 만다.[6]

이 점은 유인물의 첫머리에서 규제문제를 고려하는 방식을 보면 더욱 확고해진다("산업대형사고 위해통제에 관한 법규(1984)에서는… 귀하에게 고지하도록 의무화하고 있습니다"). 그 본질상 이는 법적 요구조건을 충족시키려는 행위이며, 해당 공장에서는 아무것도 바뀌지 않았다는 사실을 암묵적으로 담고 있다. 그러나 이 정보는 대다수 시민들에게 한마디로 무의미할 것이다. 시민들은 그 정보가 자신에게 전혀 와닿지 않음에도 불구하고 이를 수용할 것으로 기대되는 것이다.

그러면 이러한 정보제공 활동에 대한 대중의 반응은 어땠을까? 이 문제로 넘어가기 전에 먼저 이 사례에서 언급되는 '대중'에 관해 좀더 알아보도록 하자.

저프의 설명에 따르면 캐링턴 지역은 오랜 기간(50년 이상) 동안 화학산업과 관계를 맺어왔다. 인근주민들 중 상당수가 화학산업에서 일자리를 찾기 위해 이사를 온 사람들이다. 그간 이 지역에는 안전성에 관한 우려가 끊이지 않고 표출되어 왔는데, 공장의 거대한 규모를 감안한다면 아마도 피할 수 없는 일이었을 터이다. 심각한 사고가 발생한 적은 없었지만, 적어도 나이 많은 주민들은 한 가지 사건을 기억하고 있다. 1950년대 중반에 폭발사고가 일어나 셸 케미컬의 노동자 두 명이 사망한 사건이다.[7] 최근 들어서는 공장노동자들에 대해 일련의 감원조치가 이루어지고 있었고, 다른 일거리를 찾기 쉽지 않은 불경기에 일어난 일이라 지역에서는 고용불안에 대한 정서가 증가했다.

주택의 배치를 보면 이 지역은 상당히 이질적인 요소들이 뒤섞인 곳이다. 공장들이 지어지기 전까지만 해도 파팅턴과 캐링턴은 소규모 농촌마을이었으며, 현재까지도 반(半)농촌구역과 고도로 산업화된 구역이 섞여 있다. 공장들이 들어서면서 셸 케미컬 노동자들을 위한 공영주택이 캐링턴에 건설되기 시작했고, 파팅턴의 공장 인근지역에도 공영주택단지가 형성되었다. 지금에 와서 보면 이러한 도시계획 결정은 그리 당연한 것으로 보이지는 않는다. 인근의 플릭스턴과 세일은 그 성격 면에서 상대적으로 중산층이어서 개인소유 주택이 일반적이다.

이러한 이질성과 복합단지의 규모 때문에 단일한 '캐링턴 지역사회'를 파악하기란 쉽지 않으며, 따라서 커뮤니케이션이 목표로 하는 단일한 '청중'을 파악하기도 어렵다. 이 같은 대중들의 **다양성**은 앞에서 벡과 기든스가 주장한 바와 같이 우리 시대 사회구조의 중요한 특징인 듯 보인다.[8] 그러나 커뮤니케이션 전략에 내포된 지배적인 가정은 균질적인 집단을 상정한다. 하나의 표준화된 접근이 채택되고 있는데, 특히 이곳에서 배포된 유인물이 다른 위해지구에서 만들어져 배포되고 있는 유인물들과 매우 유사한 체재를 따르고 있다는 점에서 그러하다.[9]

이러한 정보확산 활동에 대한 대중의 반응을 측정할 목적으로 1987년 여름 동안 설문조사가 이루어졌다. 조사는 캐링턴과, 파팅턴 그리고 플릭스턴의 일부 지역에서 무작위로 추출된 201명의 개인을 대상으로 했는데, 여기서—PIZ 바깥이지만 복합단지에는 인접해 살고 있는—플릭스턴 주민들은 비교목적으로 조사에 포함되었다.

여기서의 논의를 위해 연구 프로젝트의 결과 전체를 요약할 필요는 없을 것이다. 대신 저프의 논문에서 표 두 개를 인용하도록 하겠다.

설문문항 중에 다음과 같은 질문이 있다. "만약 공장에서 사고나 비상사태가 발생한다면 당신은 어떻게 그 사실을 알게 될까요?" 〈표 4–1〉은 이 문항에 대한 답변을 PIZ 내에 거주하는 주민들과 플릭스턴에 거주하는 주민들로 나눠 표시한 것이다.

표에 따르면, 유인물을 받은 사람들 중에서 가장 흔한 답변(주민의 40%)은 폭발이나 불길을 보거나 들어서 사고사실을 알게 될 거라는 것이다. 이는 사고 혹은 비상사태는 극적인 폭발의 형태를 띨 거라는 관념과 부합하는 것으로 보이는데, 즉 사고는 흔히 폭탄과 유사한 것으로 간주된다. 그러나 극단적인 경우 사건은 시각적·청각적으로 아무런 경고도 수반하지 않는 가스누출과 같은 형태를 취할 수도 있다. PIZ에 거주하는 주민들

〈표 4-1〉 질문 12: 만약 공장에서 사고나 비상사태가 발생한다면
당신은 어떻게 그 사실을 알게 될까요?

답변	PIZ	플릭스턴
폭발/불길을 보고/듣고	41 (40%)	26 (43%)
공장의 사이렌 소리를 듣고	28 (28%)	13 (22%)
구급차 소리를 보고/듣고	13 (13%)	18 (30%)
경찰이 알려주어서	22 (22%)	4 (7%)
라디오/텔레비전/신문을 통해	–	8 (13%)
(셸 케미컬의) 불꽃신호 상태를 보고	4 (4%)	3 (5%)
당신의 집이 영향을 받아서	3 (3%)	2 (3%)
사고사실을 모르고 있을 것	9 (9%)	6 (10%)
기타	3 (3%)	3 (5%)
모름	5 (5%)	–
총 응답자	**102**	**60**

자료: Jupp, 앞의 글, p. 1790에 기초해 작성
* 주: 주관식 답변의 분류는 저프가 담당

에게서 두번째로 흔한 답변은 공장의 사이렌 소리를 듣고 알게 될 거라는 것인데, 이 역시 심란한 가정에 근거하고 있다. 왜냐하면 공장들이 비상시 사이렌을 울리는 것과 같은 경보시스템을 채택하지 않았기 때문이다(주된 이유는 인근 운하를 오가는 선박의 사이렌 소리와 혼동될 위험이 있다는 것이었다). 결국 이 질문에 대한 답변들은 '공식적' 조언과는 상당한 간극을 보여주고 있다.

이어 두번째 질문에서는 지역주민들에게 공장에서 사고나 비상사태가 발생했을 때 어떻게 대응할 것 같으냐고 물어보았다. 그 답변은 〈표 4-2〉에 나와 있다.

<표 4-2> 질문 13: 만약 공장에서 사고나 비상사태가 발생한 것을 알게 된다면
당신은 어떻게 하시겠습니까?

답변	PIZ	플릭스턴
그 지역을 벗어난다	29 (28%)	9 (15%)
집 안에 있는다	20 (20%)	5 (8%)
문/창문을 닫는다	17 (17%)	4 (7%)
어떤 사고냐에 따라 다르다	10 (10%)	10 (17%)
경찰이 알려줄 때까지 기다린다	9 (9%)	8 (13%)
경찰에 전화를 건다	6 (6%)	4 (7%)
뭔가 도와줄 일이 있는지 알아본다	6 (6%)	4 (7%)
공장 가까이 가지 않는다	3 (3%)	6 (10%)
할 수 있는 일이 없다	6 (6%)	3 (5%)
지시가 있으면 대피한다	4 (4%)	4 (7%)
있던 곳에 계속 있는다	4 (4%)	3 (5%)
가족의 안전을 확인한다	6 (6%)	1 (2%)
아무것도 할 필요가 없다	2 (2%)	3 (5%)
기타	6 (6%)	7 (12%)
모름	7 (7%)	5 (8%)
총 응답자	102	60

자료: Jupp, 앞의 글, p. 183에 기초해 작성
* 주: 주관식 답변의 분류는 저프가 담당

여기서 PIZ 주민의 1/4 이상이 그 지역을 벗어나겠다고 답했는데, 이는 유인물의 조언과 명백히 모순되는 것이다(또한 비상대처반의 운영에도 큰 문제를 야기할지 모른다). 그럼에도 불구하고 "집 안에 있는다"라는 '옳은' 답변을 한 사람의 수로 보면, PIZ 거주 주민들이 플릭스턴 거주 주민들에 비해 다소 '진보'가 있었음을 알 수 있다. 또한 PIZ 거주 주민들 중에서

160

도 유인물을 받은 것을 기억하는 사람들과 그렇지 못한 사람들 사이에 차이가 있다. 전자의 경우 33%가 집 안에 있겠다고 답했고 25%가 문과 창문을 닫겠다고 했다(반면 후자의 경우 각각 7%만이 그러겠다고 답했다).

지금까지 캐링턴 조사의 한 부분을 간략히 요약해 보았다. 전반적으로 이 결과는 정보제공 유인물이—아무리 잘 봐주더라도—지역의 인지도와 비상시 대응수준을 향상시키는 데 부분적인 성공을 거두었을 뿐임을 보여준다. 이 시점에서 캐링턴 지역에서 화학공장에 대한 우려가 그리 높지 **않았다**는 사실을 말해 둘 필요가 있겠다. PIZ 내에 거주하는 주민들의 71%가 화학공장을 '매우 안전' 내지 '안전'하다고 여기고 있었으니 말이다. 이런 정보제공 활동이 지역에서 심리적 공황상태를 야기했다고 보기 어려운 것만큼은 분명하다. 이 경우에는 정보제공 활동과 그에 대한 반응 모두가 확실히 눈에 띄지 않는 것으로 보인다.

그렇다면 이런 일련의 경과들을 어떻게 해석해야 할까? 캐링턴에서의 정보제공 활동은 (다소 거칠게 표현하자면) 그 성격이 '상의하달식'이었다고 할 수 있다. 이와 같은 지역의 대중들과 그들에게 제공된 구체적인 과학적 조언 사이의 관계에 관해 우리가 끌어낼 수 있는 보다 일반적인 결론은 무엇일까?

먼저 우리는 이 정보제공 활동을 그 주도자들—산업체와 지역당국—의 관점에서 생각해 볼 수 있다. 그들이 보기에 결과는 (비상시의 대응에 관한 인지도가 높아지기를 진정으로 바랐던 사람들에게는) 실망스러운 것이었거나 혹은 (산업체에 대해 강한 반발을 나타내지는 않을까 걱정했던 사람들에게는) 안도감을 자아낸 것이었을 터이다. 그러나 앞에서 인용한 설문조사가 정보제공 주도자들과는 완전히 독립적으로 이루어졌다는 사실을 여기서 언급할 필요가 있다. 정보제공 활동의 주도자들이 대중의 반응을 측정하기 위한 노력의 일환으로 (어느 공장이든) 자체적인 연구를 수행한 것 같지는 않다. 대신 산업체들과 비상계획 담당자들이 통상적으로 내리고 있는 결론은 그런 활동에 대해 대중이 무관심했다는 것이다. 이는 대중이 기술적 지침에 대해서는 관심이 없다는 관념을 재차 강화시키는 듯하다.

정보확산 활동을 이런 식으로 이해할 때 나올 수 있는 한 가지 긍정적인 반응은 대중 정보제공 캠페인을 더욱 정력적으로 추진해 나가야 한다는 주장일 것이다. '더 나은 커뮤니케이션' 접근을 위한 구체적인 조치들에는 다음과 같은 것들이 있을 수 있다.

• 대중에게 정보를 제공하는 문헌을 더 잘 디자인하는 것(그래픽 사용, 조언에 대한 더 많은 설명, 수명이 더 오래가는 용지)
• '한번 하고 마는' 식의 접근이 아닌 반복적 정보제공
• 다른 매체의 이용(지역 신문이나 텔레비전, 공공회합, 연락기구)
• 앞에서 인용된 것과 같은 대중의 인지도 수준을 평가하기 위한 조사연구

적어도 피상적인 수준에서는 이 같은 커뮤니케이션 기반 접근이 상당히 일리가 있는 것처럼 보인다. 그리고 비상시 대응과 관련된 정보를 보다 더 정력적으로 확산시킬 것을 주장하는 이들이 선한 동기를 가지고 있음을

의심하기는 어렵다. 그러나 현재와 같은 상태에서 이러한 요청은 대중의 무지와 무관심이라는 관념을 강화시키고 만다("만약 우리가 메시지를 좀 더 정력적으로 전달해 주기만 **한다면**, 그들이 우리 얘기를 들을 텐데"). 이 런 조치들이 중대하게 놓치고 있는 것은 캐링턴 복합단지 인근과 같은 지 역의 기저에서 작동하는 사회적 동학(social dynamics)이다.

그렇다면 '과학과 시민권'에 대한 대안적인 설명을 어떻게 만들어낼 것 인가? 이를 위한 하나의 출발점은 이런 정보제공 활동에서 사회적·기술 적 불확실성을 취급하는 방식과 관련해 우리가 앞서 내린 결론이다. 즉 유 인물에 담긴 조언은 잠재적 복잡성을 지닌 사회적·기술적 실재—실제 사 람들(우연히 그 지역을 방문중이거나 인근을 여행하고 있는 사람들까지)을 포함한 실제세계에서의 비상사태—를 고도로 단순화·이상화시킨 관점 을 제공한다는 것이다.

유인물을 옹호하는 입장에서는 가능한 '시나리오'의 수가 거의 무한에 가깝다고 주장할 수도 있다. 이런 백과사전식 설명(비상시에 한번 보려면 몇 시간이 걸릴지 모를 엄청나게 두꺼운 문서)을 피하려면 쉽게 기억할 수 있도록 간단하면서도 적당히 일반적인 안내를 제공하는 수밖에 없다고 말 이다. 만약 다른 대안이 마땅히 없다면 (연관된 산업전문가와 기술전문가 들이 동의한) 보다 구체적인 지시가 내려질 때까지 그러한 조언이 역할을 하게 될 것이다. 어떤 대안적 접근도 일반적·대중적 확산의 목적에는 적 합지 않을 것이다.

이런 식의 '공식적 조언'에서의(핵 방어에서 숱하게 조롱의 대상이 되 었던 "몸을 숨겨 살아남으라"는 식의 접근과 HIV[에이즈를 일으키는 인체면역결핍 바이러스—옮긴이]/에이즈 통제를 목표로 한 초기의 대중 정보제공 프로그램에서 볼 수 있는) **문제점**은 주어진 상황에 대한 시민들의 이해와 지식을 받아들이려는 시도를 (혹은 그것과 의사소통하려는 시도조차도) 전혀 하지 않는다는 것이다. 그래서 '이상화된' 조언은 그 지역의 모든 사람들이 (사고 순간에) 집 근처에서 가족들과 함께 있을 것이고 '집 안'이 가장 안전한 장소라고 가정하고 있는 것 같다. 그러나 설문조사 결과(〈표 4-1〉과 〈표 4-2〉 참조)는 이 가정이 얼마나 '비현실적'일 수 있는지 잘 보여주고 있다. 여기서 우리는 이런 종류의 기술적 메시지의 틀을 짜는 데 있어 그간 별다른 문제제기를 받지 않고 당연하게 여겨온 '대중'에 관한 사회적 가정들이 얼마나 중요한지를 다시 한번 보게 된다.

설문조사의 두 문항에 대한 좀더 비공식적인 답변들을 보면, 과연 어떤 성격의 사고가 발생할 것인가(인근에서 '폭탄'이 터졌는데 집 안으로는 대체 왜 들어가나요?)와 사고가 났을 때 어떻게 대응할 것인가(내가 도울 수 있는 일이 있는지 한번 알아봐야겠죠)에 대한 다양한 이해가 존재한다는 사실을 알 수 있다. 또한 "글쎄요, **당신 같으면** 어떻게 하겠습니까?"와 같은 식으로 인터뷰 담당자에게 장난기어린 답변을 던지는 경우도 있었다 ("집 안으로 들어간다"는 것이 '대피소'를 찾을 때까지 집집마다 문을 두드려야 함을 의미하는 경우 특히 그렇다. 이때는 "그 지역을 벗어난다"가 훨씬 도움이 되는 행동일 수 있는 것이다).

흔히 주민들은 만약 사방 모든 곳에서 혼란이 빚어지고 있을 경우 그들이 **어떻게** 사고에 관한 정보를 얻을 수 있겠는가라는 질문을 던지곤 했다 (이에 대한 견해는 대체로 비상대처반에 대한 개인적 신뢰의 문제로 나타났다). 뿐만 아니라 PIZ 설정을 '합리화하려는' 유인물 작성자들의 (한 마을을 둘로 쪼개지 않도록 PIZ를 확장하는 등의) 노력에도 불구하고, 주민들은 PIZ **바깥**에 사는 일부 사람들이 그 **안**에 사는 사람들 중 일부보다 공장에 더 가까이 사는 것과 같은 상황에 맞닥뜨렸다. 이 모든 일상경험과의 '불일치'를 감안해 본다면, 비상사태가 발생했을 때 자신(혹은 가족) 스스로 대처방법을 마련해 나가는 것이 더 논리적일 수 있지 않을까?

결국 '깨끗하게 정돈된' 상의하달식 접근은 '메시지를 단순하게 하는' 분명한 장점을 지님에도 불구하고 중대한 난국에 봉착하게 된다. 이러한 '난국'은 그 본질상, 실제 경험에 의해 이런 종류의 공식적 조언에 회의적인 태도를 갖게 되는 (이 경우) 지역주민들의 이해와 연관되어 있다. 여기서의 정보제공 활동은 지역주민들의 이해를 끌어들이지 않고 그것을 우회하는 시도를 함으로써 주민들에게 완전히 무시되는(혹은 캐링턴보다 좀더 대립적인 상황에서는 오히려 적대감을 불러일으키는) 위험을 자초한다. 결국 '대중의 무지' 모형이 실패하는 이유는 시민-과학관계에 대한 잘못된 개념화에 근거해 '실제' 행동을 추진하기 때문이다. 이와 같이 지역주민들이 단지 (인지적) 백지상태에 불과하다는 가정은 사회학적으로 틀렸을 뿐 아니라 (산업체가 지역의 비판적 조사를 통해 배울 수 있는 매우 중요한 교훈도 포함해서) 관련된 모든 진영의 사회적 학습에 장애물 구실도 하게 된다.

이러한 정보제공 활동이 근거하고 있는 확산모형과 달리, 이제 우리가 취해야 하는 다음 단계는 지금까지의 관찰에 입각해 '대중의 무지'(혹은 '결핍') 모형에 대한 대안적 접근을 생각해 보는 것이다. 특히 추가적인 조사를 통해 앞서의 사례에서 볼 수 있었던 '지역적' 세계관과 '공식적' 세계관의 간극이 더 확고해지는지 여부를 따져볼 필요가 있는데, 이를 위해서는 위해 지역환경 속에서 사는 주민들에 대한 별도의 사례연구를 살펴볼 것이다. 만약 우리가 시민들의 목소리—그리고 이 장 첫머리에 인용한 사실 '군'—에 먼저 눈을 돌린다면 우리의 분석은 어디로 향하게 될까?

시민, 과학 그리고 두 개의 지역사회

이제 캐링턴 사례에서 위해산업체 인근에 위치한 두 지역사회의 사례로 넘어가도록 하겠다. 두 곳은 동(東)맨체스터의 클레이턴/베스윅 지역과 (중서 맨체스터의) 샐퍼드 내 에클즈 지역이다.[10] 이 지역들은 고도로 도시화·산업화된 특성을 지녔는데, 일부 석유화학 복합단지 인근에서 푸른 들판을 볼 수 있는 캐링턴 지구와 대조적으로 이 두 지역사회에는 위해산업체와 주택단지, 분주한 도로가 가득 들어차 있다. 에클즈에는 예전 방식의 공영주택들이 새로 들어선 집들과 나란히 서 있는데, 그중 일부는 보건안전청의 조언과는 달리 화학공장과 가까운 곳에 지어져 있고 또 현대적인 쇼핑센터와 병원을 비롯하여 사람들이 북적거리는 노천시장, 노인들을 위한 주택, 그리고 레저센터 등이 인근에 위치해 있다. 클레이턴/베스윅에서도 오래된 공영주택과 좀더 현대적인 시설들이 나란히 배치되어 있는데 이 모두가 많은 수의 위해산업체들 인근에 자리 잡고 있다. 각 지역은 중산층 거주지도 다소 포함하고 있지만, 그럼에도 이 지역의 주민들 대다수(특히 두 지역에서 위해 소재지 인근에 거주하는 주민 대다수)를 '노동계급'으로 분류하는 데는 큰 무리가 없다.

그러면 이 지역들에서 위해정보에 관한 대중의 반응은 어떠했을까? 먼저 강조해 두어야 할 것은, 이 지역들이 '최우선 공개' 위해 소재지가 아니었고 따라서 우리의 연구가 이루어졌던 시점까지 이 지역에서 잘 조직된 '정보확산' 캠페인이 진행된 적은 없었다는 사실이다(클레이턴/베스윅 지역에서 인근 산업체들이 확장된 PR 프로그램의 일환으로 공장에서 이루어지고 있는 활동에 관해 약간의 정보를 배포한 적은 있었다). 그러나 이 지역들은 다양한 정보원들에서 시민의 관점이 어떻게 나타나는지 알아볼 수 있는 기회를 제공해 주고 있다. 우리의 연구는 이 지역에 대한 사회조사(358명을 대상으로 설문인터뷰를 한 후 다시 35명의 참가자들과 함께 대강의 얼개를 미리 짜놓은 토론을 진행했다)로 시작해서 '시민과 과학'에 대한 더 적극적인 설명을 제시하는 것을 목표로 하였다.

우리가 연구대상으로 삼은 지역들에 공통된 한 가지 중요한 특징은 공장에서의 사고와 오염에 대한 우려가 대체로 높게 나타났다는 점이다—물론 이는 실업, 범죄, 폭력, '생활비 상승'과 같이 충분히 예상할 수 있는(그러면서도 매우 실제적인) 다른 우려들과 나란히 나타났다. 이러한 인상은 지역주민들과의 대화나 인터뷰에서 인근 공장이 두드러지게 자주 언급되었다는 사실에 의해 분명히 뒷받침되었다. 구체적으로 대부분의 우려는 소음, 악취와 대기오염(예컨대 공장굴뚝에서 나오는 연기) 그리고 폭발의 위험에 초점이 맞추어져 있었다. "콘플레이크 냄새가 나고 파란색 연기가 나오죠. 굴뚝마다 밤에 그런 걸 내보내요." "이 지역은 가슴앓이 환자수로는 전국 최고일 거예요" 이와 같은 고질적인 오염문제는 캐링턴 인근보다 이 지역에서 더 크게 부각되었다.

물론 시민기반 관점의 핵심은 오염이나 대형 기술위해의 위협과 같은 문제들이 지역 내의 다른 우려들이라는 더 넓은 배경과 필연적으로 뒤섞인다는 것이다. 이는 앞에서도 이미 언급한 바 있다. 좀더 긍정적인 방식으로 말하자면, 위험과 환경에 관한 문제들은 이런 배경 내에서만 어떤 식으로건 의미를 갖는다는 얘기다. 예컨대 대다수의 지역주민들에게는 공장폐쇄가 지역의 일자리에 미칠 영향을 고려하지 않고 지역 화학산업의 위해를 논하는 것은 말도 안 되는 것으로 보인다. 위해란 자유롭게 떠다니는 어떤 지적 상태 내에 존재하는 것이 **아니다**. 그것은 일상적인 사회적 실재를 구성하는 일부분이자 그 지역 정체성의 일부분이기도 하다. 이는 지역주민 두 사람이 나눈 다음의 대화에서 잘 드러난다.

"이 근처 사람들은 대부분 아닐린에 대해 걱정을 하고 있다고 할 수 있죠."
"만약 클레이턴 아닐린 공장이 문을 닫으면 이 근처는 무시무시한 유령도시가 되고 말 걸요."

이 대화는 또한 대부분의 사람들에게 위험문제가 매우 복합적인 것임을 말해 준다. 오염은 적어도 산업활동이 이루어지고 있음을 보여주는 신호이다—지역주민들은 오염은 없지만 사회적으로는 황폐화된 그런 지역환경을 열렬히 원하는 것은 아니다. 따라서 '님비주의'(NIMBY-ism)나 '위험 기피성향'(risk adversity) 같은 (흔히 그런 공격을 하는 사람들 편에서 보면 매우 이기적으로 보이는) 통상적인 관념에도 불구하고, 이처럼 이미 자리를 잡은 산업지역에서 도시오염은 그 지역에 고유한—그러나 결정적이지는 않은—특징으로 간주된다. 환경오염은 이 지역들에서 삶의 중요한 특징 가운데 하나이지만, 그것이 **유일한** 특징은 아니다.

아울러 지역에서 (위험에 대한) 우려가 생겨날 때, 위험의 통계적 확률이나 위험의 영향에 대한 과학적 평가는 단지 한 가지 요소에 불과하다는 사실도 알 수 있다. 한 지역에서 살아가면서 행하는 일상적인 상황판단은 그외 일련의 담론과 증거형태들에 의존하는데, 이는 매일매일의 토론과 반복되는 (종종 매우 구체적인) 관찰을 통해 만들어진다. 기술적 담론은 이런 복잡한 상황에서 단지 하나의 (반드시 중요한 것도 아닌) 요소일 뿐이다.

시민기반 관점에서 도출되는 또 하나의 결론은 '관련된 정보'를 전달하려는 표준화된 노력들이 해당 지역 내에 존재하는 바로 이러한 인식을 감안하지 못할 가능성이 크다는 것이다. 앞절에서 설명한 바와 같이, 기술적 정보를 확산시키려는 노력들은 지역상황에 비추어볼 때 전혀 쓸모가 없는 것으로 받아들여지거나, 이해당사자 집단들에게 기존의 관행을 정당화하려는 시도로 비춰질 위험을 내포하고 있다. 그런 노력들은 보통 '환경위협'을 일상적인 사회적 맥락으로부터 분리시킬 수 있다고 가정하며, 이를 깔끔한 자기완결적(self-contained) 꾸러미로 만들어—청중의 성격을 미리 가정해 이를 토대로 사회기구들이 선별한 정보내용과 함께—일반 청중에게 제공할 수 있을 거라고 생각한다.

그럼에도 불구하고 지역주민들과의 토론에서는 그들이 지역 산업체를 중요한 정보원으로 삼고 있다는 사실이 **눈에 띄게** 드러났다. 우리가 연구한 지역들에서는 지역 산업체들이 위해정보의 원천이 될 가능성이 크니

'직접 당사자의 입에서 듣는' 것이 가장 나을 거라는 식의 정서가 강하게 나타났다. 이는 전적으로 합당한 가정처럼 보이는데, 그 이유는 지역당국 같은 외부기구들 역시 안전과 오염통제에 있어서는 산업체의 자체평가에 크게 의존할 수밖에 없기 때문이다. 이로 인해 겉으로는 다양한 잠재적 정보원들—지역사회 집단들, 구급서비스, 지역당국, 지방의회 의원, 지역출신 하원의원, 시민상담소—이 존재하는 듯 보이지만, 실제로는 이 모든 것이 기술적 평가를 수행하는 단 하나의 지배적 정보원으로 환원된다(또 그렇게 이해되고 있다).

지역주민들은 이 점을 잊지 않고 있다. 뿐만 아니라 산업체는 위해정보의 원천인 동시에 위해의 원천이기도 하다. 그와 같은 상황에서는 변화를 일으킬 능력을 사실상 갖고 있지 않은 기구들을 상대하는 것보다 산업체를 직접 상대하는 것이 논리적인 것처럼 보인다. '정보'는 쓸모가 없을지도 모르지만("우리가 그걸 가지고 대체 뭘 **할** 수 있겠습니까?") 실제 행동은 **쓸모가 있는** 그런 맥락에서는, 환경위해를 줄일 수 있는 힘을 가진 기관과 직접 부딪혀보는 것이 최선일 것이다.

앞에서 드러난 '행동을 위한 지식'이라는 관념과 더불어 생각해 보아야 할 것은 정보원들이 대체로 회의적인 시선을 받는다는 사실이다. 이 사례 연구에서 '정보'가 조언이나 이해를 얻을 수 있는 다른 근거들에 비해 특권적인—혹은 적어도 존중받는—지위를 자동으로 부여받음을 보여준 증거는 거의 없었다. 우리는 사회조사 과정에서 두 지역의 사람들에게 가능한 '정보전파자'들이 얼마나 '믿을 만한가'(trustworthy)를 평가해 보게 했다. 그 결과 지역 내의 복잡한 상황인식이 드러났다(〈표 4-3〉).

<표 4-3> 당신은 다양한 곳으로부터 지역의 화학산업에 관한 정보나 조언을
제공받을 수 있습니다. 당신은 다음의 개인이나 조직, 기구 등이 그런 문제에 관한
정보원으로 얼마나 믿을 만하다고 생각하십니까?

	대단히 믿을 만함	믿을 만함	못미더움	대단히 못미더움	모름
지역 화학공장	9 (5%)	41 (22%)	71 (39%)	34 (18%)	29 (16%)
지역사회 집단	20 (11%)	99 (54%)	8 (4%)	0	57 (31%)
경찰	15 (8%)	97 (53%)	19 (10%)	2 (1%)	51 (28%)
소방서	68 (37%)	91 (49%)	2 (1%)	0	23 (12%)
지역당국	8 (4%)	73 (40%)	30 (16%)	7 (4%)	66 (36%)
시민상담소	32 (17%)	104 (56%)	6 (3%)	0	42 (23%)
지방의회 의원	6 (3%)	55 (30%)	40 (22%)	12 (6%)	71 (39%)
지역 하원의원	10 (5%)	53 (29%)	23 (12%)	8 (4%)	90 (50%)
보건안전청	36 (20%)	81 (44%)	9 (5%)	0	58 (31%)

총 응답자 = 184

* 자료: 자체 연구

이 조사에서 '믿을 만한'이라는 것은 매우 폭이 넓고 다양한 측면을 포
괄하는 개념으로, '정직하고 믿음직한' '아는 것이 많은' '책임 있는' '의지
할 수 있는' 등 여러 가지 의미로 이해될 수 있다. 이 표에서 흥미로운 것은
지역의 화학공장들이 소방서나 시민상담소, 보건안전청 등보다 '믿을 만
함'에서 낮은 점수를 받았다는 사실이다. 그러나 인터뷰 과정에서 나온 지
역 산업체에 대한 언급을 몇 개 발췌해서 보면 좀더 분명한 상이 드러나기
시작한다. 우리는 인터뷰에서 나온 답변을 <표 4-3>에서 나온 몇 가지 범주
로 나눠 분류하는 식으로 작업했는데, 실제 답변들에서는 우리가 어떤 범주
로 분류했는가와 무관하게 신중함과 회의적 경향이 나타남을 알 수 있다.

대단히 믿을 만함: "우리에게 아무것도 숨기지 않습니다."

믿을 만함: "그 사람들은 진실을 말해 주어야 하는데도 이를 감추려는 경향이 약간 있어요." "믿을 만한 것 같아요. 하지만 자기 입장에서 우리가 알았으면 하는 것만 말해 주겠죠."

못미더움: "글쎄요, 그 사람들은 우리에게 얘기할 때 다소 조심스러워한다는 생각이 들어요." "우리 입을 막기 위해 현란한 과학만 한 무더기 안겨줄 거라는 생각이 드는군요." "그 사람들이 우리에게 전체적인 조망을 제공해 주지는 않을 겁니다. 그들도 자기 일자리 생각을 안 할 수 없으니까요."

대단히 못미더움: "그 사람들 얘기라면 한마디도 못 믿겠습니다." "그 사람들은 그저 우리를 안심시키기 위한 말만 합니다"

모름: "그 사람들은 말은 이렇게 하지만 속뜻은 다를 거예요." "그 사람들은 자기 입장에서 우리가 알았으면 하는 것만 알려줄 겁니다."

우리의 목적에 비추어볼 때 훨씬 더 흥미로운 것은, 주민들이 지역 산업체를 명백히 비판하고 있다는 점이라기보다 이러한 인용구들이 하나같이 회의적 태도와 신중한 경향을 보여주고 있다는 점이다. 이러한 경향은 조사에서 쓰인 모든 범주에 놀라울 정도로 관통하고 있다(이는 곧 설문결과를 그런 식의 범주들로 분류하는 것이 근본적으로 한계를 있음을 말해 준다). 그래서 심지어는 '모름'의 범주에 속하는 답변조차도 산업체가 제공하는 정보와 조언에 대해 매우 조심스러운 접근을 보이고 있다. 여기서 '모름'에 해당하는 답변을 응답자의 무지 혹은 무관심과 동일한 것으로 간주할 수 없음은 분명하다.

지금까지의 조사결과를 종합해 보면, 산업체로부터 나오는 정보가 **맥락 속에서** 받아들여질 것임을 알 수 있다. 특히 그 정보의 **원천**이 누구인가 하는 점은 필연적으로 정보 그 자체에 대한 반응에 영향을 주게 될 것이다.

'믿을 만함'에 관한 조사결과들은—기술적인 것이건 아니건 간에—새로운 정보원이 수용되는 방식이 대단히 **능동적**일 수 있음을 보여준다. 여기서는 대중집단들이 자유롭게 떠다니는 가치중립적인 과학을 단지 흡수만 한다는 식의 생각은 찾아볼 수 없고, 오히려 과학에 대한 좀더 비판적인 반응을 볼 수 있다. 그 이유는 그런 과학이 실제적인 '삶 속의' 경험과 서로 전혀 들어맞지 않기 때문일 수 있다(예를 들어 우리가 앞에서 본 대형 기술 위해 대응계획에서의 비현실적인 가정들).

마찬가지로 정보의 **원천**을 정보 그 자체와 분리시키는 것은 불가능하다. 이런 점에서 기술적 메시지에 대한 대중의 평가는 (2장에서 간략하게 논의한) SSK 내의 '이해관계' 모형에 놀라울 정도로 수렴하는 것 같다. 즉 정보전파자—이 사례에서는 자신들의 오염기록을 변호하는 경향을 필연적으로 보이게 될 산업체들—의 사회적 위치가 기술적 조언이 틀 지워지고 선택되고 구성되는 데 결정적으로 영향을 주는 것으로 이해되고 있다. 기술적 진술에는 '이해관계가 깃들어 있으므로' 이를 받아들일 때는 마치 정치인이나 이웃의 진술을 받아들일 때와 같은 지적 조심성이 요구된다는 것이다. 그러나 이 사례와 같은 안정된 상황에서 기술적 정당화에 기초한 논증은 시민집단들을 공개적 토론이나 의견불일치로부터 침묵시킬 수 있는 특별한 능력을 지니고 있다.

공적 논의의 장에서 이런 식으로 대중의 의심이 잦아드는 것은 곧 수용을 의미하는 거라고 잘못 해석되기 쉽다. 널리 퍼진 오염피해 우려에 대해 회사소속 의사가 걱정할 필요 없다는 보증의 말을 건넬 때 그런 것처럼 말이다. 준비가 안 된 시민들의 입장에서 그와 같은 권위에 직접 도전하는 것은 매우 어렵다. 그러나 이것이 꼭 우려가 사라져 버렸음을 의미하는 것은 아니다. 과학적 권위는 중요한 설득력을 갖고 있지만, 그러한 설득력은 근저에 깔린 두려움과 불확실성의 표현을 가로막는 결과를 초래할 수 있다. 이는 일상생활 내에서 전문성의 지배에 대한 푸코의 분석과 궤를 같이한다.[11]

특히 전문성의 담론은 일종의 자기검열을 야기할 수 있다. 반대의 목소리가 합당하지 않은 것으로 사전에 정의되어 버리기 때문에 아예 제기조차 되지 않는 것이다. 예컨대 조사대상 지역 중 한 곳에서는 회사측이 주최한 공개모임이 열렸는데, 이 모임에 대한 주민들의 얘기에서 산업체 대표들이 제공한 정보를 비판적으로 언급하는 대목을 흔히 찾아볼 수 있었다. 그러나 이런 공식석상에서 직접 그 정보에 대해 문제제기를 하면 조롱거리가 될 뿐이다. 일반대중의 구성원이 기술적 대화에 끼어드는 것이 대체 가당키나 한 일이겠는가? 하지만 그런 자리에 나가 침묵을 지킨다고 해서 이것이 암묵적 동의를 의미하는 것으로 간주한다면 대단히 큰 오산이다.

여기서 다음과 같은 반론이 나올 법하다. 오염과 도시환경에 대한 이러한 '맥락화된' 접근은 산업체에 대한 지역주민들의 반응과 관련해 우리에게 많은 것을 말해 주고 있지만, 과학과 시민권의 관계에 대해서는 실제로 말해 주는 것이 매우 **적지 않은가** 하는 것이다. 따져보면 이러한 만남들에서 '과학'이 차지하는 비중은 상당히 낮은 것 같다. 즉 과학은 요구되지도 않았고(시민들의 문의는 대체로 실제 행동에 초점이 맞추기 때문이다) 주어진 적도 없었다(대체로 시민들은 기술적 깨우침을 얻고 있다기보다 자기들을 안심시키기 위한 사탕발림과 자기정당화의 말을 듣고 있다고 생각했기 때문이다).

지역주민들과의 인터뷰에서 '과학'이라는 주제를 탐구하기가 어려운 것은 분명 사실이다. 지역환경과 지역에서의 삶에 관해 매우 유창하게 토론할 수 있는 사람들도 과학과 과학자라는 화제에 대해서는 입을 다물곤 했는데, 이는 과학이 일상적 존재와 동떨어진 것처럼 보이는 이미지를 강화시킨다. 직접 물어보면 주민들은 많은 경우 과학이 편익을 가져다줄 거라는 느낌을 갖고 있었다. 그러나 그 속에서도 흔히 조심스러운 언급을 찾아볼 수 있었다.

"과학자들이 하는 말이라—그거야 좋죠. …사람들은 귀를 기울일 거예요. 물론 내가 모든 걸 다 받아들이겠다는 얘긴 아니에요. 일단 들어본 후에 마음을 정하겠죠. 회사 얘기는 들어봐야 소용없어요. 과학자들 말을 들어보는 게 나아요."

"외지에서 온 사람이 우리에게 그건 위험한 거라는 얘기를 해주기도 하지만, 그러면 회사에서 그 사람들을 포섭하지요. 회사에서 그 사람들에게 프로젝트를 위한 자금을 줘서 자기편으로 끌어들이는 거죠."

이렇게 말하면 아마도 공평할 듯하다. 어떤 추상적 범주로서의 '과학'

은 지역주민들로부터 존중을 받지만, 보다 흔히 접할 수 있는 형태의 기술적 조언과는 매우 다른 것으로 간주된다고 말이다. 그러나 일단 과학이 일상세계 속으로 들어오면 쉽게 '포섭될' 수 있다. 물론 이 속에는 과학이 지역주민들에 의해 포섭될 가능성은 별로 없고, 더 강력한 사회집단들에 의해서만 포섭될 거라는 관념이 암암리에 녹아 있다. 과학이 시민들 자신을 위해 직접 봉사할 수 있다는 관념은 가능성의 영역을 벗어난 것처럼 보인다. 일상생활에서 동떨어져 보이는 과학의 이미지나 자신들이 과학에 무지하다는 시민들의 생각은 이런 평가를 강화시킬 뿐이다.

따라서 하나의 범주로서의 과학자들은 그 본질상 산업체 대표들과 동일한(좀더 높은 지위를 누리지만) 사회적 모형에 들어맞는다고 할 수 있다. 그들은 정보와 조언을 제공하는 가능한 원천이긴 하지만, 의문의 여지없이 받아들여지는 것은 아니다. 다시 한번 우리는 이런 방향의 분석과 '확산' 모형 사이의 간극을 확인하게 된다. 확산모형에서는 일반적으로 높은 과학의 지위가 무비판적 청중을 자기편으로 끌어들이는 데 충분한 요소라고 단순하게 가정하고 있기 때문이다.

이러한 관찰로부터 얻을 수 있는 결론 하나는, 오직 **복수의** 정보원만이 그와 같이 능동적인 청중에 대해 적절하게 응답할 수 있다는 것이다. 근대적 세계관에서는 단일하고 권위적이며 합의에 근거한 정보를 강조하는 경향이 있다. 반면 지역주민들에게는 그들 나름의 판단에 도달할 수 있도록 서로 갈등하는 입장들을 보다 솔직히 제시해 주는 편이 더 나을 것 같다. 이런 의미에서 위험평가 과정을 '정돈하려는' 근대적 성향은 신뢰성의 상실을 가져올 수도 있다.

이 사례연구는 또한 과학이 일상적 관심사들과 직접적인 **관련성**을 가진다는 생각에 의문을 제기한다. (시민들이 학교를 다니던 시절에 배웠을) 교실에서 가르치는 종류의 과학이 이런 긴급한 문제들과 연관이 있을 가능성이 별로 없음은 분명하다. 마찬가지로 이 장 첫머리에서 언급한 '대중과학' 역시 응용가능성이 낮다. 따라서 과학은 시민들의 우려를 정당화해줄 수 있는 문화적 지위를 가지고 있지만('과학자들이 하는 말'이 가치 있게 여겨지는 이유가 바로 이것이다), 과학 '지식'이 어떻게 실용적 가치를 가질 수 있는지는 지역주민들에게 분명치 않다(적어도 **그들의 눈에는** 그렇게 보인다). 또한 이미 앞에서 언급한 바와 같이 과학의 담론양식은 지역주민들에게 힘을 부여하기보다는 그들을 배제하고 주변화하는 데 기여할 수 있다.

그 결과 과학의 편에 선 관찰자의 눈에는 과학이 위험과 환경위협 문제에서 중심적인 역할을 하는 것처럼 보일지 모르지만, 지역시민들의 관점에서는 과학이 '사라지는' 경향을 보이게 된다. 그 이유는 부분적으로 '시민의 관점'에서는 과학의 존재를 파악하는 것조차 쉽지 않기 때문이다. 과학은 핵심적인 행위자가 되기보다는 행위의 전반적인 배경을 형성한다(혹은 관여를 위한 조건을 제공한다). 다시 한번 우리는 이 장 첫머리의 인용문을 상기하게 된다. 하나의 사실군(群), 예컨대 과학 중심의 관점에서 중심에 두는 사실군은 시민들이 중심에 두는 사실군과 매우 다를 수 있다(시민들에게는 사회적 판단과 예전의 경험이 훨씬 더 중심적인 역할을 한다). 과학이 사라지는 이유는 또 있는데, '정보의 교환' 속에서 무엇이 '적절한 정보'인가에 대해 하나의 힘센 집단의 입장만이 관철되는 것처럼 보이기 때문이다. 그런 상황에서 '정보'는 시민의 행동에 힘을 실어주기보다 사회적 무력감을 강화시킬 것이다.

이런 관점에서 보면, 위험과 오염을 둘러싼 지역적 논쟁에서 과학이 중요한 역할을 **하긴** 하지만, 그 역할은 대체로 이런 쟁점들에 대한 시민들의 평가를 지원하기보다는 **방해하는** 쪽에 가까운 것 같다. 이 때문에 대다수의 시민들은 자신들이 당면한 오염문제와 과학의 관련성을 찾기 어려운 것이다. 산업체는 가장 많은 정보를 가진 정보원으로 간주되지만, 그것이 제공하는 정보는 현재의 관행을 정당화하는 데 쓰인다. 주민들이 나쁜 냄새, 눈에 보이는 오염, 건강에 끼치는 영향, 일상적 불쾌감 등에 대해 산발적으로 표출하는 우려는 정보교환을 통해 도움을 받기보다는 오히려 수그러들고 만다(이는 공개적으로 말을 꺼내는 것이 무의미해 보인다는 판단을 하게 되기 때문이다). 추상적인 수준에서는 '순수한 학문적 과학'의 이상이 존중되지만, 이는 주민들이 일상에서 만나는 계몽적 정당화와 그런 이상이 날카로운 대조를 이루는 것으로 정의되기 때문이다. 반면 기술적 권위는 현재의 관행을 정당화하려는 목적으로 산업체 관료들에 의해 이용된다. 그것은 산업체 관료들이 자신들의 주장을 신뢰할 수 있고 믿을 만한 것으로 내세울 때 중요한—그러나 종종 배경을 이루는—요소가 된다.

결국 이 사례연구에 대한 우리의 설명은 과학이 환경적 대응에서 크게 도움이 된다고 주장하는 계몽적 설명과 과학정보가 거의 쓸모가 없다고 보는 시민들의 견해 사이에 날카로운 간극이 있을 수 있음을 보여주고 있다. 여기서 바로 그 시민들은 (적어도 그들이 언급한 필요의 측면에 비추어볼 때) 부적절하고 정당화를 목적으로 한 메시지의 수용자가 될 가능성이 큰 것이다. 이러한 설명은 많은 점에서 위험사회에서의 과학과 시민에 대한 벡의 설명을 상기시킨다. "하나의 영구적 실험이 행해지고 있다. …그 속에서 실험동물 구실을 하는 사람들은 이맛살을 잔뜩 찌푸리고 저 멀리에 앉아 있는 전문가들에 **맞서서** 자조(自助)운동으로 독성물질에 의해 나타나는 자신들의 증상에 관한 자료를 수집하고 보고해야 한다."[12]

이 지역들 중 적어도 한 곳에서는 실제로—주민단체나 이와 유사한 집단의 형태로—'자조운동'이 있었지만, '자료수집'에서 간접적인 역할밖에 못했다. 지역주민들은 대체로 자신들의 '증상'을 비공식적으로 혹은 임시변통으로 수집했다. 예컨대 야간에 공장굴뚝에서 뿜어나오는 연기를 특별히 문제로 지목한다거나, 흉부질환과 지역오염의 널리 알려진 연관을 지적한다거나 할 때 그러했다.

벡이 서술한 바와 같이 사람들은 스스로에게 의지할 수 있으며, 이 경우 맥락적으로 생성된 이해는 산업체로부터 나온 정당화 목적의 메시지보다 일상적 수준에서 더 유용하다. 그리고 그러한 자료수집은 분명 상당히 체계적일 수 있다. 한 주민은 쌍안경을 구해 인근의 공장부지를 감시하다가 문제가 생기면 주민들에게 조심하라는 전화를 건다고 자랑스럽게 말하기도 했다. 그러나 우리는 시민들이 만들어낸 그러한 '자료'의 불완전하고 부분적인 속성을 조심스럽게 강조해야만 한다. 이는 주민들 자신도 잘 알고 있으며 스스로도 종종 밝히고 있는 바와 같다. 마찬가지로 이 단계에서 우리는 한 가지 사례에서 나온 논의를 지나치게 일반화하는 것은 아닌지 주의할 필요가 있다.

이러한 모든 점들—특히 시민들에 의해 구성되는 능동적 지식—은 이어지는 장들에서 논의될 것이다. 이 영역에서 과학적 설명이 갖는 불확실성과 한계에 관해 우리가 주장한 내용을 감안할 때, 어떤 대안적 형태의 지식과 전문성이 가능하겠는가?

토론

이 장에서는 '상의하달식' 정보확산 노력과 시민집단들이 표출한 관점·경험·이해 사이의 간극에 초점을 맞추었다. 논의의 과정에서 통상적인 정보확산 접근법이 지닌 다양한 한계들이 지적되었는데, 그런 한계들은 주로 시민들의 반응을 고려할 때 분명하게 드러났다. 여기서의 주장 가운데 가장 중요한 것은, 시민의 이해에 대한 부적절한 모형화(예를 들어 대중이 '정보 빈자'이며 백지상태와 같다는 가정)로 인해 실천적 관점에서 한계가 있는 기획이 빚어진다는 점이다. 상의하달식 접근법은 이런 시민들의 관점을 참여시키려는 노력을 기울이는 대신, 권위 있고 (설사 매우 단순화시킨 것이라 하더라도) 과학적으로 확인된 사실을 제시함으로써 대중의 주의력을 장악할 수 있다고 가정하는 경향이 있다.

　여기서 채택된 관점은 또한 '대중의 과학이해'에 대해서도 문제를 제기한다. 과학정보가 실제 행동과 분명히 연관되어 있지 않고 어떤 상황에 대한 기존평가들을 무시하는 경우, 과학정보는 기껏해야 일상적 관심사와 무관한 것으로 간주되고 말 가능성이 크다. 뿐만 아니라 비록 '과학'이 시민집단들의 존중을 받긴 하지만, 지역 산업체에 적용되는 것과 유사한 회의적인 태도는 (좀더 약한 형태로) 과학자들에게도 적용된다. 과학자들 역시

180

우리 모두와 마찬가지로 '사들여질' 가능성이 있는 것이다("글쎄요, 그들이 그런 얘기를 하곤 하죠. 그렇지 않나요?"). 결국 제공된 과학정보는 일상적 사회생활의 다른 측면들과 동일하게 비판적 맥락에서 받아들여지는 것이다.

대중이 정보제공 캠페인을 대했을 때 수동적이고 무관심한 태도를 보인다는 통념에 맞서, 이 장에서는 정보수용에 대한 대안적 모형을 파악해 내고자 했다. 이러한 모형에서는 정보원의 '유능함'이 (그 자체로 평가되는 것이 아니라) 그 정보원이 어느 정도의 신뢰성을 가진 것으로 인식되는가, 그리고 그것의 개입을 통해 가능해지는 실제 행동에는 어떤 것이 있는가에 비추어 판단된다.

방금 말한 마지막 논점은 상당히 중요한데, 우리가 연구대상으로 삼은 지역사회들에 존재했던 무기력감을 감안할 때 특히 그렇다. 만약 주민들의 목소리가 대수롭지 않은 것으로 간주되는 상황이라면(또 마땅한 대안이 없어 갑갑함을 느끼는 상황이라면) 인근의 화학공장에 대해 더 많은 것을 알아야 할 이유가 대체 무엇이 있겠는가? 그런 상황에서는 예컨대 화학공장의 위해에 대해 더 많은 것을 알면 알수록 좌절감과 무기력감만 커질 뿐이다. 비공식 인터뷰에서 종종 드러났던 것처럼, 공식적 담론이 가진 기술적 속성은 최악의 경우 대중의 자기검열을 부추길 수 있다. 주민들이 가진 우려는 '통제권을 가진' 사람들에게 공식적으로 제기되지 않고 일상적인 대화 속에서만 스며나올 수 있는 것이다.

지금까지 '기술적 정보확산'에 관한 논의가 '실제 세계'의 지식이 수용될 뿐 아니라 그 속에서 새로 만들어지기도 하는 사회적 맥락에 관한 논의로 이어지는 과정을 살펴보았다. 이 장의 의도는 이러한 목소리들과 그것이 의지하고 있는 '사실군'에 주의를 기울여야 한다는 것이다. 5장에서는 이 관점에 의해 창출된 새로운 가능성들을 생각해 볼 것이다. 특히 지금까지 논의된 종류의 지역적 이해와 '탈맥락화되고' 공식적인 과학적 합리성의 관계를 보게 될 것이다.

[주]

1. Berger, J. and J. Mohr, *A Seventh Man: The story of the migrant worker in Europe* (Harmondsworth: Penguin, 1975), pp. 92~94(차미례 옮김, 『제7의 인간: 유럽 이민노동자들의 경험에 대한 글, 사진집』, 눈빛, 1996).

2. Royal Society, *The Public Understanding of Science*(London: Royal Society, 1985), p. 24.

3. Durant, J., "Thrilled by theories," *Marxism Today*(1991/August), pp. 40~41.

4. 이 사례연구의 경험자료는 Jupp, A., "The provision of public information on major hazards"(Unpublished MSc dissertation, Department of Science and Technology Policy, University of Manchster, 1988/January)에서 빌려왔다. 그리고 Jupp, A. and A. Irwin, "Emergency response and the provision of public information under CIMAH: A community case study," *Disaster Management*(1/4, 1989), pp. 33~38 참조.

5. Council Directive of June 24, 1982 on the Major Accident Hazards of Certain Industrial Activities (82/501/EEC), *Official Journal of the European Communities*(L230, 1982. 8. 1~18).

6. 그렇다고 해서 이러한 정보제공 활동을 담당했던 사람들이 사악한 동기를 품었다고 생각해서는 안 된다. 사실 캐링턴 사례는 영국에서 '보통 이상으로 훌륭했던' 경우이며 여기 선정된 이유도 부분적으로는 그 때문이다. 이 글의 의도는 활동했던 사람들의 선의나 유능함을 의심하는 것이 아니라, 그 아래에서 암암리에 작동하고 있는 모형에 대해 문제를 제기하는 것이다.

7. 흥미롭게도 저프는 이 사건에 관한 문서기록을 전혀 찾을 수 없었다고 썼다. 그녀는 이것이 정보를 얻기가 얼마나 어려운지를 잘 보여주는 사례라고 보았다. 그럼에도 불구하고 이 사건은 지역주민들이 공장의 안전성을 평가하는 과정에서 중요한 일부를 형성했다. 저프는 이렇게 쓰고 있다. "지역주민들은 그 사건을 기억하고 있다. …그리고 자신들의 경험에서 얻어진

증거가 어떤 '전문가' 증거와도 동등한 정도로 유효하다는 것이 그들의 생각이었다." Jupp, A., 앞의 글, p. 57.

8. Beck, U., *Risk Society: Towards a new modernity*(London, Newbury Park, New Delhi: Sage, 1992); Giddens, A., *Modernity and Self-identity: Self and society in the late modern age*(Cambridge: Polity Press, 1991) 참조.

9. Jupp, A., 앞의 글.

10. 이 사례연구는 경제사회연구재단(Economic and Social Research Council)/과학정책지원단 (Science Policy Support Group) 지원을 받아 수행된 것이다. 이런 도움을 준 데 대해 감사하며 아울러 동료연구자인 앨리슨 데일과 데니스 스미스의 노고에도 고마움을 표하고 싶다.

11. 예를 들어 Foucault, M., *Discipline and Punish: The birth of the prison*(New York: Pantheon, 1977) 참조(오생근 옮김, 『감시와 처벌』, 나남, 2004).

12. Beck, U., 앞의 책, p. 69.

5 / 발언을 자유롭게 하다: 민중의 과학?

지역사회의 참여가 필요하다. 사람들이 기억해야 하는 다른 중요한 사실은… 그들이 특정 사안을 조사하기 위해 파견된 일부 전문가들만큼 많이 알거나 혹은 심지어 그보다 더 많이 알고 있을 수 있다는 것이다. 내게 특정 사안에 대한 조사를 요청할 때… 사람들은 장기간의 연구와 많은 자료의 종합을 통해 종종 나보다 훨씬 더 많이 알고 있는 문제에 관해 내게 질문을 던지곤 한다. 그러면서도 사람들은 내가 독성학이나 그 비슷한 분야를 전공했다는 이유로 나를 우러러본다. …나는 사람들이 종합해 낸 것을 보면서 점점 깊은 인상을 받게 되었다.[1]

일반인들이 잃어버리는 숙련이나 지식형태가 어떤 것이건간에, 그들은 여전히 자신들의 활동이 이뤄지고 부분적으로는 그러한 활동으로 끊임없이 재구성되는 행동의 맥락 속에서는 숙련과 식견을 갖추고 있다. 일상적인 숙련과 식견은 추상적 체계의 박탈효과와 변증법적 관계를 맺으면서 그 체계가 미치는 영향을 일상적 실존 위에서 끊임없이 재형성하고 있다.[2]

4장에서 우리는 '과학과 시민권'에 대한 통상적 패러다임에서 벗어나는 중요한 일보를 내디뎠다. 겉으로 보이는 대중의 이해결핍을 그려내는 대신, 하나의 지역적 맥락 안에서 작동하는 사회적·기술적 상호작용의 좀더 복잡한 상을 찾아냈다. 이 장에서 우리는 이러한 특정 사례에 근거해 이것이 시민들이 나타내는 반응의 좀더 광범한 패턴을 시사하는 것인지 알아보려 한다. 벡의 '위험사회' 분석이 말해 주는 것처럼[3] 지식-과학-시민권의 새로운 관계가 후기근대사회에서 출현하는 것이 가능한 일인가?

적어도 부분적으로는, 환경적 위협과 같은 영역들에서 과학의 미심쩍은 응용의 결과로 변화가 나타나고 있다고 생각해 볼 수 있다(환경적 맥락이 폭넓은 적용가능성을 갖는지에 관해서는 7장에서 살펴볼 것이다). 그러나 시민들의 우려와 반응은 과학의 '응용'이 빚어낸 문제를 넘어, 지식체계로서 과학의 구조 그 자체와 직결된 문제들에 비추어볼 필요가 있다. 앞서의 논의를 요약해 보면 그러한 문제에는 다음과 같은 것들이 있다.

• **구조적 불확실성**(2장에서 논의). 과학은 과학적 이해와 능력의 바로 그 한계에 위치한 질문들에 대해 간단하고 명백한 답변을 내놓을 것을 요구받고 있다. 그러나 간단하고 명백한 답변이란 결코 가능하지 않을 것이다. 우리는 통제가 아닌 불확실성의 세상으로 진입하고 있기 때문이다.

• 과학자들은 **사회에 대한 가정과 모델**을 암암리에 바탕에 깔고 활동

하는 것을 피할 수 없다(가령 4장에서 논의한 대피절차와 관련해서). 위험 상황에 대해 기술적 자문을 제공할 때 과학자들은 또한 대중의 반응, 서로 다른 정보원의 신뢰성, 다양한 안전절차들이 실제로 실행에 옮겨질 가능성 등에 관한 사회적 판단을 제공하게 된다. 따라서 위험과 환경에 대한 과학적 모델은 '실제 세계'에서 일이 되어가는 방식에 관한 사회적 모델에 의지할 수밖에 없다.

• 이러한 어려움들은 또한 닫힌 시스템 대 열린 시스템의 문제와도 연관되어 있다. 환경적 위협처럼 시민들이 우려하는 영역의 경우, 우리는 신중하게 고안된 실험실 세계 대신 훨씬 더 복잡하고 지속적으로 요동치는 우주 속에서 활동을 하게 된다. 수많은 과학분야의 성공은 과학자들이 외재적 변수들을 조작하고 통제할 수 있는 능력으로부터 직접적으로 유래했다. 그러나 위험과 환경 영역에서는 그러한 통제가 전혀 불가능하다.

이러한 맥락에서 실험이라는 관념은 근본적인 변화를 겪는다. 이제 우리 모두는 '환경실험실' 속에서 살고 있다. 재생산기술에 관한 어떤 책에서 사용한 표현을 빌리면, 오늘날 우리는 '살아 있는 실험실'인 것이다.[4] 이에 따라 피실험자와 실험자 사이에 새로운 관계가 생겨났다. 예를 들어 노동자들이 자신들은 새로운 화학물질을 실험하는 인간 '실험쥐'가 아니라고 주장하거나 HIV/에이즈 환자들이 신약개발에 더 많은 참여를 요구할 때처럼 말이다.[5]

이와 같은 과학의 특징들은 과학자들이 단일하고 합의된 설명을 제공하는 데 애를 먹어온 대형 기술위해, 광우병, 2,4,5-T 같은 영역들에서 분명하게 드러난다. 이는 종종 의사결정의 딜레마로 나타난다. 그토록 불확실한 지식에 근거해서 어떻게 합리적인 결정을 내릴 수 있을 것인가?[6] 이와 동시에 이러한 상황은 (벡이 주장하듯이) 적어도 시민들을 잠재적으로 해방시키는 효과를 갖는다. 폭넓은 사회적 논쟁의 가능성을 열어주고 의사결정에 대해 좀더 다원주의적인 접근이 수용될 가능성을 만들어주기 때문이다.

이러한 논쟁에서는 과학이 지닌 힘뿐만 아니라 그 한계까지도 인정하는 자세가 중요하다. 불행히도 현재로서는—지배적인 형태의 '대중의 과학이해' 논의도 이를 강화시키는 듯 보이는데—이런 종류의 건설적인 재평가가 종종 '반과학적'인 것으로 간주되곤 한다. 한편 앞에서 제시한 특징들에도 불구하고 위험논쟁은 마치 사실들이 어떻게든 스스로 말하기라도 하는 것처럼 특수한 환원주의적 형태로 제시되곤 한다.

과학은 모든 논쟁이 그 속에서 일어나야 하는 개념틀을 제공한다. 지금까지의 사례들에서 우리는 과학적 설명이 겉보기에는 **확실성**을 갖는 것으로 제시되고 있음을 보았다. 그럼에도 불구하고 2,4,5-T 같은 사례들이 말해 주는 것처럼, 우리는 이런 형태의 정당화가 결정적으로 낡아빠진 얘기가 되어버린 단계에 도달했는지도 모른다.

의사결정 내에서 과학의 작동이 갖는 이런 구조적 측면과 함께, 4장에서는 기술적 조언에 비판적인 대중의 반응들을 제시했다. 그런 반응들은 공식지침을 시종일관 무시하는 것에서부터 과학이 공적 영역으로 들어오면 예외 없이 '이해관계에 연루된다'는 인식에 이르기까지 다양하게 나타났다. 앞장에서 제시한 종류의 상황에서 과학은 여러 개의 지식원천 중 하나로—그리고 대체로 강력한 사회집단들과 제휴관계에 있는 지식원천으로—간주되었다. 과학은 일상적인 사회갈등을 '초월해 있다'는 단골 주장에도 불구하고, 과학에 대한 신뢰성 판단은 과학적 설명을 실제로 제공하는 기관에 대한 판단과 분리시킬 수 없게 되었다. 결국 우리는 앞장에서 '객관적 지식'으로서의 과학이라는 관념에 대해 널리 퍼진 회의적 태도를 볼 수 있었다. 추상 속에서는 객관성이 존재할지 몰라도(이는 과학이 누리는 높은 지위를 시사한다), 긴장된 사회적 상황에서 과학은 무엇보다도 사회적 이해관계에 봉사하는 존재로 이해되고 있는 것이다.

그러나 오늘날의 과학에 관한 어떤 논의에서도 우리는 과학이 균일한 실체가 아님을 인식해야 한다. 과학은 그 자체의 제도적·인지적 구조의 수준에서도, 사회적 평가의 수준에서도 균일한 실체가 아니다. 따라서 과학에 대한 비판적 분석을 수행할 때, 오늘날의 과학이 갖는 다양한 성질과 그것이 획득한 다양한 사회적 의미 및 중요성을 인식하는 것이 중요하다. 기든스가 주장했듯이

고도 근대성(high modernity)의 시대에 과학기술이나 그외 난해한 형태의 전문성에 대한 일반인들의 태도는 경외감과 판단유보, 승인과 불안감, 열정과 혐오가 반반씩 뒤섞인 태도를 보이는 경향이 있다. 이는 철학자와 사회과학자들(그들 역시 일종의 전문가이다)이 자신들의 저술에서 보이는 태도이기도 하다.[7]

따라서 과학과 그것이 일상생활과 맺는 관계에 대한 어떤 진지한 논의

도 과학이 우리 사회에서 지녀온 종종 모순되는 의미들을 완전하게 고려해야 한다. 앞장에서 제시한 바와 같이 위험과 환경에 관한 논쟁에서는 그러한 수많은 의미들을 찾아낼 수 있다. 가령 과학은 다음과 같은 의미를 갖는 것으로 그려지고 있다.

- 독립적이고 객관적인 지식(예를 들어 산업체와 정부가 대중집단을 '안심시키려' 할 때)
- 기업과 권력에 봉사하는 하인(대중집단이 자신들에게 제공되는 과학에 대해 의심하는 반응을 보일 때)
- 위협에 대한 공공적·개인적 평가를 위한 가장 합리적인 근거(과학 관련 기관들의 주장)
- 위해의 원천(과학연구의 산물이 위해 논쟁의 초점이 될 때)
- 확립된 일단의 이론과 작업가설(여기서 논의된 한계와 불확실성을 대수롭지 않은 것으로 간주하려 할 때)
- 일상생활과 무관한 것(자신들에게 제공된 과학을 '이해'할 수 없는 사람들에게)
- 진보로 가는 최선의 길(근대주의적 패러다임의 내용)
- 영적·도덕적으로 막다른 길(과학적 합리성을 가장 강하게 비판하는 이들의 주장)

이러한 목록은 오늘날의 과학에 덧씌워진 다양한 사회적 의미들—그리고 이들간의 중첩과 뒤얽힘—을 말해 준다. 과학은 단지 '하나의 대상'

이 아니라 다양한 문화적 현상이다. 그 이유는 무엇보다도 과학이 수행되고 활용되는 다양한 제도적 장소들에서 찾을 수 있다.

현재의 맥락에서 핵심 논점은 아래와 같이 요약해 볼 수 있다.

• 첫째, 대중집단들이 일견 모순되어 보임에도 불구하고 종종 이러한 과학의 의미들을 동시에 받아들인다는 사실을 놀라운 일로 받아들여서는 안 된다. 과학은 수많은 의미를 가지고 있으며 이처럼 서로 다른 의미들은 공존하는 것처럼 보인다. 그래서 4장에서 논의된 것과 같은 인터뷰 속에서 '회사전문가들'에 대한 냉소는 '대학의 과학자들'에 대한 존중에 재빨리 자리를 내줄 수 있으며, 이는 다시 과학의 발전이 지역의 환경에 끼친 악영향에 대한 분노로, 또 학교 다니던 시절에 과학을 공부할 때의 안 좋았던 기억으로 넘어갈 수 있다. 사람들은 일상생활 속에서 많은 상이한 방식으로 과학과 간접적으로 만난다.

• 둘째, 과학에 관한 논쟁은 종종 토론을 공약 불가능하게 만들 정도로 의미와 해석에서 너무나 큰 차이를 놓고 전개된다(한쪽에서는 과학이 만들어낸 영적 진공상태를 강조하고 있는데, 다른 쪽에서는 과학의 산물이 존재하지 않는 미래를 머릿속에 떠올릴 수도 없는 식으로 말이다). 학문적 과학의 높은 이상에 대한 존중이 지역 산업체의 의뢰를 받은 대학과학자에 대한 존중으로 반드시 번역되지 않는 것도 마찬가지이다.

기든스가 지적했듯이, 이러한 현상은 과학과 과학적 쟁점들에 대한 일상적 토론뿐 아니라 동일한 문제들에 대한 좀더 학문적인 논쟁에서도 분명하게 드러난다. 예를 들어 벡은 과학을 래시와 윈이 '과학주의'라고 부른 것과 동등한 것으로 간주하는 경향이 있다.

결과적으로 과학주의의 문화는 사회적 행위자들이 특정 사회제도나 이데올로기와 동일시할 것을 요구함으로써 그들에게 특정한 정체성을 강제해 왔다. 이는 특히 위험의 구성에서 나타났지만, 아울러 온전한 정신, 적절한 성적 행동, 그외 근대적 사회통제의 수없이 많은 '합리적' 틀에 대한 정의에서도 엿볼 수 있다.[8]

반면에 오늘날의 과학을 옹호하는 사람들은 과학을 무엇보다도 개방적이고 회의적이며 제도적 제약으로부터 독립된 것으로 그려내는 경향이 있다.

• 셋째, 과학을 바라보는 시민들의 관점과 가령 쿤 이후의 과학지식사회학에서 등장한 관점 사이에는 흥미로운 일치점이 있다. 예를 들어 두 관점은 모두 과학의 결과물을 과학이 그 속에서 만들어지는 제도적 구조와 연결시킨다. 흔히 작업현장에서 '사장의 과학'(bosses' science)에 대해 제기되는 비판은 그 결론에 있어 산업독성학과 영국에서 이 분야가 민간의 자금지원에 의존하는 것에 대한 사회학적 비판과 흡사하다.[9]

아울러 이러한 논의 속에서 우리는 과학활동이 이뤄지는 다양한 제도적·분과적 맥락을 인식할 필요가 있다. 기업컨설팅업체는 연구실험실과 다르며, 입자물리학은 식물학과 다르다. 과학은 제도적으로 또 문화적으로 다양한 실체이다. 물론 과학에 대해 일차원적인 설명('합리성'으로, '정당화'로, '위협'으로)을 제공하기는 쉬운 일이지만, 좀더 폭넓게 보는 관점의 (벡의 용어를 빌리자면) 해방적 잠재력이 더욱 크다. 과학과 시민들의 필요 사이의 건설적인 재협상을 위한 기반을 제공해 주기 때문이다. 이는 이 책 후반부에서 주장하려는 바와 같다.

이처럼 과학이 갖는 다양한 사회적 · 문화적 의미에 관한 논의는 과학에 대한 가장 계몽주의적인 시각이 제시하는 일차원적 설명과 극명한 대조를 이룬다. 그러나 계몽주의적 시각에 대해 논의할 때는 힘센 사회집단들뿐 아니라 일견 더 급진적인 사회운동에서도 이러한 시각을 견지했음을 강조해 둘 필요가 있다. 1970년대의 '민중을 위한 과학' 운동은 '과학'과 '민중'의 분열이 문제라고 보는 경향이 있었다. 일반시민들에게 더 나은 기술적 정보를 제공해 주기만 한다면, 시민들이 의사결정 과정에서 하는 역할이 더 강화될 수 있다는 것이었다. 이 운동의 일부 분파들이 (종종 극히 모호하게 표현된) '과학의 탈신비화'를 요청하긴 했지만, 전반적인 분석은 과학이 사회진보의 핵심 요소이며 '진보적' 과학자들의 임무는 필요한 곳에 '대항전문가'를 널리 보급하고 그러한 역할을 수행하는 것이라는 데 맞춰져 있었다.

이 점에서 1970년대의 급진과학운동은 워스키가 '과학결정론' (scientific determinism)이라고 이름붙인 것을 신봉했던 1930년대의 과학적 사회주의자들의 입장에서 진일보한 측면이 있다고 할 수 있다.[10] 1970년대에 나온 '지역사회연구위원회'(Community Research Council)에 대한 제안을 보면, 이 개념은 과학활동에의 대중참여 증대를 촉진하는 내용을 담고 있다. 하지만 그렇다고 해서 '과학'은 지식의 원천, '시민'들은 지식의 수혜자라는 근본적으로 불균등한 관계가 바뀐 것은 아니었다. 민중을 위한 과학이지 민중의 과학은 아니었던 것이다. 6장에서 보겠지만, 그러한 가정은 과학과 과학제도에 대한 시민의 접근을 넓히기 위해 현재 이뤄지고 있는 대부분의 시도에도 여전히 남아 있다.

이와 같은 계몽주의적 시각의 서로 다른 양상들에 맞서, 우리는 앞장에서 과학적 조언에 대해 대단히 비판적이고 맥락적인 취급이 이뤄진다는 증거를 제시했다. 신뢰성에 대한 판단과 상대적 회의주의는 상당 정도의 단서조항을 달아 재형성되지 않으면 과학이 시민집단에게 받아들여지지 않을 것임을 말해 준다. 또한 과학은 특정 상황 속에서 시민들에게 '의미를 갖는' 것이 분명하다. 이 과정은 일상적 의미를 적극적으로 만들어내는 것을 필요로 한다. 새로운 정보는 종종 세상에 대한 직접적이고 실천적인 경험을 통해 발달된 기존의 확립된 개념틀 내에 맞추어져야 한다. 그렇지 않으면 그것은 의미 없는 정보가 될 뿐이다.

이로부터 시민들이 과학의 진리 주장에 맞서 발전시킨 종류의 지식과 이해를 좀더 진지하게 고려하는 것이 중요하다는 결론이 뒤따른다. 이 장의 남은 부분에서는 이러한 시민지식의 가능성과 더 나아가 과학논쟁에 시민참여의 가능성을 다룰 것이다. 이는 서문에서 개관한 '시민과학'의 의미 중 후자에 해당하는 영역이다. 시민집단은 지식의 전파와 발달 과정에서 어떤 방식으로 적극적인 역할을 할 수 있는가? 여기에는 시민집단이 과학의 제도적 과정을 거치지 않고 발전시킨 지식에 대한 평가도 포함될 것이

다. 이 책 전체를 관통하는 세 가지 주요 사례를 다시 한번 들여다보는 것
으로 논의를 시작해 보도록 하자.

시민과학과 우리 시대의 세 가지 이야기

2,4,5-T와 농장노동자들

1장과 3장에서 설명했듯이, 농장노동자들과 농약자문위원회(ACP)가
2,4,5-T를 놓고 대립한 사건은 여러 가지 방식으로 분석할 수 있다. 통상
적인 근대주의적 시각에서 보면, 이는 기술전문가들이 운동단체와 노조활
동가들에 맞서 필사적으로 자신들의 입장을 지키려고 애쓴 사건으로 그려
낼 수 있다. 이러한 시각은 노조의 증언에 대한 자문위원회의 논평에서 명
백하게 드러나며, 여기에는 대중집단이 기술적 논증을 평가할 능력이 없다
는 노골적인 암시가 따라붙는다. ACP는 유산과 기형아에 대해 이런 주장
을 폈다.

> 특정 제품(혹은 특정 직업 · 취미 · 사회집단 · 지역 등)을 골라서 주도면밀한
> 조사를 거치지 않고 이러한 가족의 불행과 모종의 연관성을 가정하기란 상대
> 적으로 손쉬운 일이다. 특히 그렇게 주장된 연관성을 언론에서 자주 접할 수
> 있는 경우에는 더욱 그렇다. 또한 시대를 막론하고 불행한 일이긴 했으되 실
> 상 있을 수 없는 일은 아니었던 삶의 사실에 대해 어떤 외부적 원인을 찾으려
> 는 것도 충분히 이해할 만한 일이다.[11]

ACP의 입장에서는 오직 ACP(와 산하 과학소위원회) 같은 '독립적인' 기구만이 그에 필요한 냉정하고 분석적인 방식으로 증거를 걸러낼 수 있는 위치에 있었다.

자문위원회는 농약에 관한 모든 사실을 완벽하게 숙지하고 있다는 주장을 하려는 게 아니다. 자문위원회가 견지하는 입장은 정부기제 안팎에 있는 의학과 과학 분야의 귀중한 전문성이 자문위원회의 지식과 경험을 뒷받침하고 있다는 것이다. 자문위원회가 지닌 독립성도 여기에 힘을 실어주고 있다.[12]

그러나 2,4,5-T사례는 자문위원회와 농장노동자들의 대립을 '전문가' 대 '관련당사자'라는 식으로 그리는 것이 적절치 못함을 강하게 시사한다. 대신 우리는 농장노동자들이 다양한 유형의 전문성을 드러내는 것을 볼 수 있다. 비록 그들의 증언이 대체로 이러한 방식으로 이해되지는 않았지만 말이다. 이 장의 주제와 관련된 '새로운 지식관계'의 측면에서 보면 몇 가지 요소가 특히 중요하게 부각되는데, 대체로 이 요소들은 '일반인' 참여자들이 '전문가'들의 가정과 결론에 기꺼이 도전장을 던지려 한다는 점을 시사한다. 나아가 이 요소들은 일반인집단이 전문가 지식을 비판하는 것뿐 아니라 지식과 이해의 형태를 **창출**하는 데서도—즉 수동적 방식뿐 아니라 능동적 방식으로도 '살아 있는 실험실'로서—역할을 할 수 있음을 말해 준다. 이와 같은 사례들에서 시민 지식은 적어도 전문가 지식만큼 견고하고 충분한 정보에 입각한 것일 수 있다는 주장이 가능하다. 둘 사이에 엄청난 지위와 권력 격차가 존재한다는 사실에도 불구하고 말이다.

그 결과 이 논쟁에서는 (적어도 농장노동자들의 시각에서 보면) '정해진 용법'과 '정해진 용도'를 강조하는 ACP의 입장이 농약살포의 현실에 대해 엄청난 무지를 드러냈다는 것이 단골 주제가 되었다. 이는 계몽주의적 시각이 직면한 중대한 어려움—전문가들의 진술이 회의적으로 받아들여지는 현상—을 더욱 강화시킨다. 특히 전문가들이 속한 기관이 이해당사자들과 연계된 것으로 이해될 때 그렇다(이 사례에서는 자문위원회의 계속된 부인에도 불구하고 농장노동자들은 자문위원회가 농기업과 연계되어 있다고 믿었다).

아울러 이 사례는 참여자들의 지식에 의존하지 않는 전문가들의 설명은 빈곤하다는 것을 드러내었다. 농장노동자 노조는 한 농장노동자의 말을 인용했다. "그 사람들[전문가들]은 2,4,5-T의 위험에 대해서는 알지도 모르죠. 그 문제는 제대로 처리할 수 있는지 몰라요. 그 사람들은 우리가 분무기를 정상적으로 사용하기만 하면 괜찮을 거라고 합니다. 하지만 작업현장에서 '정상적으로'가 뭘 의미하는지 그 사람들은 알고나 있는 건가요?"[13] 이를 더 직설적으로 표현한 사람도 있다. "그건 세탁소에서 일하면서 증기는 쐬지 말라는 소리와 하나도 다를 게 없어요!"[14]

2,4,5-T 반대운동에 참여한 농장노동자들은 '정해진' 노동조건이라는 ACP의 관념을 여러 차례나 놀림감으로 삼았다. ACP에 대한 조롱은 명백히 그러한 조건을 위반한 구체적인 사례들에 근거를 두고 있었다. 그들이 내세운 주장은 이런 위반이 이따금씩 일어나는 실수가 아니라 '위험과 현실세계'(이는 2,4,5-T 사례를 다룬 책에 수록된 장의 제목이기도 하다)가 빚어낸 필연적인 결과임을 지적했다는 점에서 더욱 예리했다.[15]

또한 사용자들은 종종 지시된 사용법을 모르고 있을 수 있으며, 사용법을 아는 경우에도 자신들이 일하는 환경의 압박을 감안하면 사용법을 무시하는 편이 더 수월하다는 사실을 깨달을 수도 있다. 이 모두는 테스트가 이뤄지는 실험실에서의 조건과는 크게 동떨어진 것이다.[16]

특히 농장노동자들은 (빽빽한 덤불을 가로지를 때, 강한 바람이 불 때, 사다리 꼭대기에서 일할 때, 뜨거운 날씨일 때) 가능한 **분무조건들**에 대한 지식에 의존할 수 있었는데, 이처럼 다양한 조건들의 존재는 '정상적인 작업' 같은 것이라든가 모든 조건에 적용할 수 있는 절차 같은 것은 없음을 말해 주는 것으로 보인다. 농장노동자들은 **작업환경** 역시 비슷한 정도로 다양하게 나타날 수 있다는 것을 알아내었다(적절한 장비가 갖춰지지 못한 경우, 화장실과 세면시설이 멀리 떨어져 있는 경우, 농약에 들어 있는 실제 성분에 대해 미리 듣지 못한 경우, 농약이 바람을 타고 다른 밭으로 흘러가 다른 사람들이 불가피하게 노출되는 경우, 용기의 세척과 처리를 위한 적절한 시설이 없는 경우 등).

아울러 농장노동자들이 작업하는 **농장노동의 사회적 모델**은 자문위원회가 생각했던 것과는 상당히 달랐다. 기술의 사회적 조직에 대한 농장노동자들의 생각은 노조의 지원을 거의 받지 못하고 종종 고용주 한 사람에게 품삯과 주거를 크게 의존하는 고립된 개별 노동자의 모습에 근거를 두고 있었다.

결국 농약사용을 금지해야 한다는 주장은 본래부터 통제 불가능한 기술과 어질러지고 잡다한 '현실세계'를 염두에 두고 구축된 것이었다. '정해진' 조건을 고집하는 자문위원회의 입장은 이러한 농약살포의 사회적 · 기술적 모델에서는 거의 아무런 의미도 없었다. 대신 농약사용에 대한 노동자들의 이해는 과학적으로 확립된 '증명'을 명시적으로 요구하는 것에 밀려 일축되었다.

물론 농장노동자들이 보기에 '기술적' 논증과 농약살포 조건을 구분하는 것은 불가능했다. 이 둘은 서로 분리할 수 없는 것이었다. 반면 자문위원회에게는 머릿속에서 경계선을 긋는 것이 가능했고 농장노동자들의 통찰은 부적절한 것으로 간주되었다. 그러나 자문위원회의 비판자들은 이런 경계선이 대체로 이데올로기적인 장치이며, 무엇보다도 규제과정에 내포된 사회적 신념을 반영한 것이라고 보았다.

아울러 이런 종류의 기술적 결정은 요구되는 증명의 기준과 불가피하게 연루되었다. 자문위원회는 해당 물질을 금지하기 전에 "모든 합당한 의심을 잠재울 수 있을" 정도로 유죄가 입증되어야 한다고 생각하는 것 같았다. 그러나 농장노동자들은 증거에 대해 "개연성들을 서로 견주어보는" 접근법을 취하는 경향이 있었다. 주어진 의심의 정도를 감안하면 해당 물질을 금지하는 것이 보다 조심스러운 접근이 아니겠냐는 것이다. 여기서 우리는 시민들의 통찰이 전문가로 간주되는 사람들의 통찰 못지않게 소중할 수 있는 또 하나의 영역을 볼 수 있다.

마지막으로, 이 사례를 관통하는 한 가지 중요한 주제로 '대중역학' (popular epidemiology)이 있다. 이는 직접적인 경험뿐 아니라 좀더 체계적인 데이터와 외부적 분석을 통해 위험수준을 평가하는 것을 말한다. 이 사례에서 대중역학은 영국 노동자들에게서 나타난 증거뿐 아니라 다른 국가의 노동자들이 겪은 경험과 국제적 캠페인에도 의지했다. 흥미로운 것은 이 사례에서 노동자들의 평가는 농장노동자 노조가 마련한 설문지를 통해 대단히 구체적인 형태로 발전되었다는 점이다. 이러한 방법론과 ACP가 이를 수용하는 태도는 수많은 시민과학 쟁점들의 핵심을 관통하고 있다.

1장에서 언급했듯이 농장노동자 노조는 2,4,5-T가 건강에 미친 영향에 관한 정보를 노조원들에게 직접 요청해서 자체적인 데이터베이스를 구축하려 했다. 여기서 얻어진 응답들은 통계적인 형태가 아니라 일련의 사례연구로 취합되어 자문위원회에 제출되었다. 이것은 농장노동자들이 보기에 설득력을 가지는 적절한 방식으로 정보를 종합하는 합당한 시도였다. 이에 대해 자문위원회는 그런 '일화적' 증거를 무시하는 반응을 보였다. 그러나 자신들의 힘으로 지식을 취합해 내려는 농장노동자들의 시도는 농약의 안전성과 그와 연관된 규제과정에 대한 좀더 폭넓은 캠페인을 가능케 했고 캠페인의 기반이 되어주었다.

자문위원회를 상대한 경험이 농장노동자들에게 좌절을 안겨준 것은 분명하지만, 자신들이 지닌 지식과 전문성에 대한 자각은 궁극적으로 그들에게 힘을 불어넣어 주었다. 좀더 효과적인 규제구조라는 측면에서 보면 과연 노동자들 자신처럼 깊숙이 관련된 당사자들의 이해를 의사결정에서 배제한 것이 분별 있는 조치였는가 하는 질문을 던지게 된다.

이 지점에서 2,4,5-T사례는 농장노동자들뿐 아니라 자문위원회에게도 좌절을 안겨주었을 수 있음을 언급해 둘 필요가 있다. 또한 그러한 커뮤니케이션 실패의 사례는 '결핍'이론을 강화시키고 '대중의 과학이해'에 대한 정통적 개념틀을 더욱 부추길 수도 있다. 이런 맥락에서 사회과학이 갖는 가치는 바로 양측 모두의 가정에 도전함으로써 더 충분한 정보에 근거한 대화를 용이하게 하는 데 있을 터이다.

마찬가지로 이와 같은 사례를 통해 과학의 한계를 더 잘 알게 되었다고 해서 모든 형태의 맥락적 이해가 좀더 '과학적'인 설명보다 반드시 우월하다는 식의 무비판적(이고 아마도 낭만적인) 지지로 이어져서는 안 된다. 이처럼 서로 다른 형태의 지식은 서로 다른 특성을 가질 수 있음을 이미 언급한 바 있다. 예를 들어 우리는 **보편주의**(맥락을 가로질러 적용되는 진술)로 향하는 과학의 추동력과 자신들이 활동하는 **국지적** 상황에 대한 농장노동자들의 우려가 상반된다고 생각할 수 있다. 이 시각들 중 어느 것이 특정 상황에 좀더 잘 적용되는지는 미리 판단내릴 수 없다.

여기서 논의의 핵심은 '시민적' 혹은 '과학적' 이해 중 어느 하나에 특권을 부여하는 것이 아니라 위험/환경 쟁점에 관련된 것으로 보이는 지식의 다양성을 지적하는 데 있다. 어떤 새로운 형태의 환원주의를 옹호하는 것은 분명 내가 의도한 바가 아니다. 이 단계에서 세울 수 있는 아주 단순한 가설은 하나의 인지적 개념틀을 강제하는 것보다 이러한 다양성을 인정하게 되면 의사결정 과정에 도움이 된다는 것이다.

BSE와 소비자들

'광우병' 사례에서도 다양한 (그리고 서로 차이를 보이는) 지식·경험·전문성이라는 유사한 패턴을 찾아볼 수 있다. '공식적'인 권위 주장과 전문가를 동원한 정당화는 다양한 사회집단과 개별 과학자들로부터 도전을 받았다. 여기서 과학자들과 대중집단이 필연적으로 대립하는 것은 분명 아님을 언급해 둘 필요가 있다. BSE와 2,4,5-T 사례에서 과학자들은 우려를 품은 대중집단과 동맹을 형성했다. 다양한 과학적 견해들은 대중의 평가와 중첩될 수 있고 이에 정보를 제공할 수 있다. 6장에서 논의될 것처럼 그런 중첩에도 역시 문제가 있을 수 있지만 말이다.

그러나 전형적인 경우에는 2,4,5-T 사례에서 보듯, 정부와 산업체 대표의 진술은 일견 과학적으로 합의된 내용을 제시하는 것 같다. 반대집단들이 식품안전을 일상적 관심과 일상적 경험의 영역으로 그려내려 했다면 (그래서 단체명칭도 '안전한 식품을 위한 부모들' Parents for Safe Food 등으로 지었다), 정부와 산업체의 진술은 적절한 전문성을 오직 하나의 제도적 장소에서만 찾는 경향을 보였다.

과학과 변화하는 지식의 관계라는 이 장의 관심사에 비춰보면, 식품안전에 대한 선택은 상당히 중요한 영역이다. 다시 한번 식품에 대한 판단은 공식적으로 정의된 '전문가' 영역을 가로지르고 이를 넘어서는 다양한 평가들을 요구한다. BSE와 같은 사례에서 시민집단은 다음과 같은 사항에 대해 질문을 던졌다.

• 다양한 권위자들의 **신뢰성**, 특히 공식적 진술이 사회적 이해집단들에게 유리하게 작용할 가능성(이 사례에서는 정부와 육류산업의 제휴 가능성이 대중의 적대감과 회의적 태도를 크게 불러일으켰다). 또한 신뢰성 판단은 이전에 경험한 식품안전 메시지들을 서로 연결시킬 것이다. 특히 일견 권위 있는 진술들이 얼마 안 가 뚜렷한 설명도 없이 부정되어 당국의 신뢰가 실추되었을 때 그렇다. 확실성의 언어는 (애초에 의도되었을) 힘과 권

위를 전달하기는커녕 오히려 오만하거나 심지어 무지하다는 인식을 전달할 수도 있다. 특히 식품섭취가 건강에 미치는 영향에 관해 이전에 있었던 (가령 버터와 마가린 중 어느 것이 심장에 더 좋은가를 둘러싼 논쟁 같은) 공식적 진술들에 비추어 판단을 내릴 때 그렇다.

• 문제가 되는 **사회적 실천**. 예컨대 도축장에서 있을 법한 조건은 어떤 것인가? 다양한 예방조치들이 실제로 효과적으로 강제되고 있는가? 여기서 논의의 핵심은 육류생산을 (공식적 진술에서 제시하는 것처럼) 주의 깊게 통제되고 표준화된 사회시스템으로 볼 것인가, 아니면 필연적으로 '실수'가 일어날 수밖에 없는 엉망진창의 무질서한 환경으로 볼 것인가이다. 이로써 2,4,5-T논쟁과의 연결점이 분명하게 드러난다.

• 대단히 중요한 점으로, 존재하는 **대안들**과 그에 들어가는 상대적인 비용. 식품공급은 이뤄져야 하고 선택도 행해져야 하지만 이러한 선택은 필연적으로 예산과 생활양식이라는 요인의 제약을 받게 된다.

• 공식적 진술과 **개인적 경험**의 양립가능성. 물론 BSE처럼 고도로 가설적이면서도 잠재적으로 치명적일 수 있는 질병에서 이를 따져보기란 쉽지 않다. 그러나 판단을 내릴 때는 식품오염이나 식품섭취와 관련된 건강상의 문제를 다룬 좀더 일상적인 일화들도 고려대상에 넣고, 지방이 많은 식품의 섭취를 줄일 필요가 있다는 등의 (종종 서로 모순되는) 건강증진 메시지도 함께 고려되어야 할 것이다.

이 모든 사항들은 대중의 반응과 평가가 가장 공식적인 진술에서 (그리고 대중의 히스테리와 과잉반응을 질타하는 잦은 비판에서) 암시하는 것보다 훨씬 복잡한 과정을 거친다는 것을 말해 준다. 여기서 다룬 것과 같은 소비자들의 반응은 앞서 논의한 노조에 기반을 둔 전략보다 조직화는 덜 되어 있지만, 그럼에도—이 주제에 관한 대중논쟁에서 볼 수 있는 것처럼—위해쟁점에 대한 풍부한 반응을 보여준다. 이런 상황에서 공식적 발표의 언어는 안심과 위안을 제공하지 못할 가능성이 높은데, 그것은 식품 안전 영역에서 소비자의 경험과 전문성이 갖는 정당성을 대체로 인정하고 있지 않기 때문이다.

대형 기술위해와 지역사회

대형사고의 위해에 대한 지역사회의 반응을 다룬 사례는 4장에서 폭넓게 논의한 바 있다. 이는 2,4,5-T나 BSE와 관련해 제시된 것과 비슷한 패턴을 보여주는바, 대중역학이나 신뢰·신용·선택에 대한 사회적 판단 모두를 이 영역에서 확실하게 찾아볼 수 있다.

특히 대중의 평가와 지식은 특정한 대형 위해시설 소재지에서의 상세한 경험에 의존하는 경향을 보이는 반면, (확률적 위험 분석의 형태를 띤) 과학적 평가는 보다 일반적인 일단의 가정들(가령 정상적인 작업관행이나 작업자들의 전문적 능력 수준에 관한 것)을 전제한 위에서 작동해야 한다. 따라서 대중적 평가의 배경이 되는 잘 확립된 맥락을 보면 조직상의 취약성이 지속적으로 나타나는 영역, 환경피해로 이어질 수 있는 이전까지의 경향 그리고 위해의 잠재적 가능성에 관해 풍부한 이해를 얻을 수 있다.

현재 공식적 조사과정은 지역의 이해를 평가절하하고 있는 것처럼 보인다. 지역의 이해가 제한적이고 고도로 맥락적이며 이전 불가능한 속성[17]

을 지녔기 때문일 것이다. 이런 상황에서는 대체로 시민들의 이해가 행사할 수 있는 영향력은 공식기구들의 이해가 가지는 영향력보다 훨씬 떨어진다. 이는 다음 절에서 강조할 것이다. 그러나 '대중역학'(내지 '시민과학')에 대한 이러한 비판은 모든 지식이 '보편적'인 성격을 가져야 한다(혹은 이를 표방해야 한다)는 입장을 받아들일 때만 힘을 가질 수 있는데, 이러한 근대주의적 가정은 환경적 대응의 문제에서는 적절치 못한 듯하다. 여기서 일어나는 상황들은 잘 발달된 과학적 개념틀이 적용되는 구체적 사례를 넘어서는 것일 수 있기 때문이다.

'보편주의'의 본질적 가치를 둘러싼 이러한 논쟁은 과학과 환경에 관한 어떤 논의에서도 대단히 중요하다. 한편으로 시민들이 발전시킨 형태의 지식은 대체로 그러한 주장을 내세우지 않는다. 시민들의 지식이 지닌 강점은 일상적 현실의 특정 영역들에 대한 관찰에서 나온다. 반면 과학지식의 우월함에 대한 주장은 특히 보편주의 관념에 의지한다. 과학지식은 어디서나 재연 가능한(혹은 반증 가능한) 것이며 그것이 처음 발달한 장소에 국한되지는 않는다는 주장이다.

그러나 우리 시대의 '세 가지 이야기'가 제시한 특정 맥락들은 과학실험의 세계와는 동떨어진 것으로 보인다. 이 맥락들은 어쩔 수 없이 어지럽고 통제 불가능하다. 너무나 많은 변수들이 흘러들기 때문이다. 과학의 시각에서 보면 이 맥락들이 보편주의적 주장을 창출하거나 반증해 낼 가능성은 낮아 보인다. 이에 따라 이 맥락들은 종종 과학이 발달하는 곳이 아니라 **응용되는** 곳인 '실행의 장소' 지위로 격하된다. 반면 시민들의 이해—흔히 지역의 환경을 하나의 '특수한' 사례가 아닌 **가장 중요한** 사례로 간주한다—는 더 폭넓은 과학적 논쟁에 관여하지 못한다. 이와 같은 의미에서 과학자들은 중요한 일단의 사회–기술적 데이터를 얻지 못하게 된다.

어떻게 보면 시민들이 과학적 논쟁에 관여하지 못하는 것은 필연적인 귀결일 수 있다. 예컨대 농부들은 과학학술회의에 참가하는 데 관심이 없고 학술지에 논문을 발표할 생각도 없으니 말이다. 그러나 이러한 사례들에 수반되는 **어려움**은 과학적 설명이 단지 시민들의 관심사와 동떨어진 데 그치는 것이 아니라 시민들이 우려를 표명하는 데 장애물로 보일 수 있다는 것이다. 이와 동시에 시민들의 정당한 질문과 지식은 마땅히 받아야 할 중요성을 인정받지 못하고 있다. 다시 한번 말하건대, 이는 시민들의 지식이 과학지식보다 반드시 더 우월하다는 의미가 아니라 좀더 대칭적인 형태의 분석과 정책토론이 필요하다는 뜻이다.

일반인의 이해와 맥락적 지식

독성폐기물의 생산과 처분

'시민과학'의 작동을 보여주는 또 다른 증거는 지역사회가 독성 화학물질 노출에 대해 전개하는 다양한 캠페인들에서 찾아볼 수 있다. 그러한 캠페인들은 흔히 폐기물처분장(소각장이나 매립장이 보통이다)이나 화학산업에서 나오는 독성오염에 반대하는 행동을 취하며, 종종 건강상의 영향에 대한 대중들의 비공식적 지식으로부터 비롯되었다. 예를 들어 폐기물 처분에 반대하는 지역사회의 캠페인을 다룬 로버트 앨런의 책[18]을 보면 지역적 지식이 반대활동을 자극한 수많은 사례들을 찾아볼 수 있다. 그러한 지식은 다양한 형태를 띤다.

- 작업관행, 가령 처분장에서 나오는 연기기둥, 악취와 증기, 배출굴뚝의 상태 등에 대한 직접 관찰. 지역적 지식은 예컨대 처분장으로 운송되는 폐기물 유형에 관한 결정적인 정보에 근거해 만들어질 수도 있다. 어떤 사례에서는 처분장에 도착한 트럭에 붙은 특정 위험물 표시들을 낱낱이 열거함으로써 회사측의 주장이 곧장 반박되기도 했다. 또한 공식 조사활동이 제약을 받는 야간에 폐기물 배출이 심해지는 모습도 흔히 관찰되었다. 지역사회는 이런 관찰을 하기에 좋은 위치에 있다.

- 건강에 직접적인 영향이 나타났다는 증거. 가령 인접부지에서 일하는 노동자들이 소각장 매연 때문에 병에 걸렸다고 주장하거나, 지역사회 사람들이 비정상적인 질병패턴(흔히 있는 경우는 눈이나 코·목·호흡기와 관련된 문제이거나 메스꺼움·두통·기형아·유산 등의 문제이다)에 주목하는 경우가 여기 해당한다.

- 동물의 건강이상에 대한 관찰. 가족이 키우는 애완동물이나 농장의 동물들에 이상이 나타난 경우가 여기 해당한다.

- 핵심 조직들이 가진 상대적 효율성이나 관리능력에 대한 이해. 이는 형편없는 안전 내지 오염 관행(가령 쓰레기 소각의 평균온도)을 시사해 준다는 점에서 중요할 수 있다.

- 다른 처분장과의 비교. 대체로 같은 회사가 운영하는 처분장이나 산업공정이 비슷한 처분장과 비교를 하는 것이다. 이는 다른 지역 사람들의 경험에 근거해 새로운 운동단체가 만들어지는 지역사회 네트워크의 설립

으로 이어질 수 있다.

　• 운영상태 및 연관된 위해에 관한 노동자(혹은 전직 노동자)들의 증언. 노동자들은 동시에 지역주민일 수 있기 때문에 처분장 운영과 관리의 중요한 정보원이 될 수 있다.

　• 체계적인 데이터 수집. 어떤 사례에서는 하루 24시간 내내 처분장의 활동과 오염수준에 대한 '독성 감시'가 기록되었다. 여기에는 이미 알려진 위해보고들에 대한 연구도 포함될 수 있다.

　이러한 적극적 정보창출의 증거는 이 장과 앞장에서 논의한 지역적 지식의 패턴과 잘 맞아떨어진다. 잉글랜드 북동부에 계획되었던 다른 폐기물 처분장에 대한 사례연구에서, 후퍼는 해당 지역사회가 두 가지 주요한 형태의 증거들을 만들어내는 데 특히 성공을 거둘 수 있었던 이유를 다음과 같이 설명했다.[19]

　첫째, 처분장 건설이 제안된 선더랜드 부지 인근지역에 거주하는 집단과 같은 회사가 미들랜즈에서 운영하는 기존 시설 인근지역에 사는 집단이 직접 연락을 주고받았다. 미들랜즈 주민들은 악취, 소음과 소란, 처분장에서의 폭발사고와 폐기물 운반차량의 누출 등에 대한 증거를 제시했고, 이로써 처분장 운영이 오염을 낳지 않는다는 회사의 주장에 심각한 타격을 입혔다. 둘째, 계획된 부지가 이전에 석탄광산이었기 때문에 암석의 조성이나 그 특성에 관한 지역의 실용적 전문성에 의존하는 것이 가능했다. 한 전직 광산노동자는 예전에 광산 내부로 물이 흘러넘친 적이 있었다는 증거를 제시했고, 이는 독성물질의 유출과 오염 가능성을 강력하게 시사했다.

이러한 증언이 나오기 전까지는 해당 부지가 안전하다는 기술적 보증이 되풀이되고 있었다.

이 모든 사례들에서, 지역에서 나온 증언들은 '일화적'이라는 공격을 받아왔다. 그러나 이 증언들이 표준화된 과학적 평가에서 대체로 다루지 못한(심지어 인지하지도 못한) 위해에 대해 충분히 근거 있는 설명들을 제공해 왔다는 사실 또한 분명하다. 외부에서 온 과학자들은 이전의 위해경험에 대한 역사적 조망을 제공할 수 없었고, 지역적 편차를 감안하거나 운영과 안전 조직에서의 실패에 대처할 수도 없었다. 대신 이처럼 '탈맥락화된' 설명은 대체로 이상화된 사회모델과 일단의 가정들에 입각해 만들어졌다. 우리는 그러한 사회모델과 가정들이 2,4,5-T논쟁 같은 사례들에서 작동하는 것을 이미 보았다. 이는 특히 두 가지 점을 제기한다.

먼저 앞절 끝부분에서 언급했듯이, 공식기구들이 시민 지식을 의사결정 과정에 수용하는 것을 꺼리는 일반적 경향이 존재한다. 시민집단은 자신들의 증언이 무시당하는 것을 흔히 경험하게 된다. 여기서 설명한바 시민들의 증언이 갖는 잠재적 중요성에도 불구하고 말이다. 앨런이 인용한 한 활동가는 이렇게 말하고 있다.

보통사람들은 이 논쟁에서 빠지라는 식으로 얘기를 합니다. 전문가들이 올바른 결정을 내리도록 내버려두자는 거죠. 이는 우리가 가진 지적 능력과 사람들이 자신에게 깊이 영향을 끼치는 주제를 연구할 수 있는 능력을 과소평가한 소치입니다. 뿐만 아니라 '전문가들'은 때때로 기득권집단일 수도 있어요! 우리가 가진 기득권은 우리 자신의 건강이고 자연환경의 건강입니다.[20]

둘째로, 이와 연관해 '지역적' 지식과 '과학적' 지식의 미심쩍은 관계가 존재한다. 지역적 지식은 어떤 캠페인에서도 그 중심을 이루지만, 반대 캠페인을 하는 사람들은 종종 정황적이고 설득력이 없는 것처럼 보일 수 있는 증거를 제시할 때 조심스러운 태도를 취한다(앞장에서 지적했듯이 다시 한번 지배적인 형태의 담론은 다른 지식과 관심사를 질식시키는 역할을 할 수 있다). 그러나 불가피한 자원의 불균형으로 인해 그들은 '전문가' 증언을 제출하기에 취약한 위치에 있다. 보수나 기술적 자원 없이 반대운동 집단을 기꺼이 도우려는 과학자들이 크게 부족하다는 점도 중요하다.

뿐만 아니라 반대집단과 정책결정자들을 '중개하는' 과학자는 정말 심각한 문제점을 안게 될 수 있다. 그렇게 되면 과학자 자신이 '중립성'을 잃은 것으로 보일 위험이 있는 것이다. 제도적·전문직업적 압력은 과학자가 '어떤 사안에 연루되지' 말 것을 요구한다. 이러한 상황에서 지역집단들은 '과학 중심적'인 의사결정 과정에 참여할 권리를 사실상 박탈당하게 된다.

다운증후군, 가정용 에너지, 메탄, 셀라필드

이제 과학과 대중의 복잡한 관계와 이 영역에서 시민들의 적극적 대응을 보여주는 추가증거를 수집한—레이턴, 젠킨스, 맥길, 데이비가 저술한—학술연구를 살펴보도록 하자. 저자들은 이 책의 주장과 대체로 맥을 같이 하는 용어를 써서 자신들의 전반적인 주장을 내세웠다.

'민속과학'(folk science)을 낭만적으로 바라보기는 쉬운 일이다. 종종 민속과학은 틀린 것일 수 있다. 그러나 일반인들의 토착지식은 때때로 '전문가들'이

제공하는 과학지식에 타당한 도전을 제기할 수 있다. 문제를 알아차리고 파악하는 것은 비전문가의 관찰과 판단이 중요할 수 있는 영역 중 하나이다. 이처럼 오랜 기간에 걸친 시행착오를 통해 그 타당성이 확인된 전통적 지식은 과학을 풍부하게 만들어줄 수 있는 이해를 담고 있을 수 있다.[21]

이를 직접적으로 보여주는 사례로 레이턴 등은 벌목에 대한 전일론적 분석에 집중한 히말라야 지역의 '칩코 안돌란'(Chipko Andolan, "나무를 껴안다"라는 뜻을 가진 힌두어—옮긴이) 운동을 제시한다. '과학적' 산림관리는 전통적인 숲을 상업적 가치가 있는 티크나 소나무로 교체하려는 경향을 보이는 반면, 이 운동은 '식량, 가축사료, 연료, 비료, 섬유'에서의 자족성(그리고 '지속가능성')이 가지는 중요성을 강조한다.

이 사례에서 우리는 '과학적' 시각과 '시민의' 시각 사이의 긴장뿐 아니라 시민 지식이 주어진 생활양식과 문화적 이해를 보완하는 방식을 볼 수 있다. 후자형태의 지식은 '보편성'을 내세우지 않는다. 그렇게 하면 사회적·자연적 세계와 더불어 살며 이를 이해하는 지역적 방식으로부터 벗어날 것이기 때문이다. 이러한 시민들이 보기에는 이 책에서 제시한 다른 사례들에서와 마찬가지로, '앎'은 '삶'으로부터 분리해 뽑아낼 수 있는 것이 아니다.

리즈대학에 재직중인 레이턴 등의 저자들은 경험적 분석의 기반으로 네 가지 사례연구를 선택했다. 먼저, 다운증후군 자녀를 둔 부모들의 사례에서 우리는 다운증후군에 관한 의학적 설명과 일상생활의 즉각적 요구 사이의 공약 불가능성을 볼 수 있다. 이어지는 서술에서는 이 사례를 집중적으로 살펴보려 한다.

리즈대학의 저자들이 사례연구의 대상으로 삼은 다운증후군은 정신지체와 다양한 신체증상들—얼굴에 나타나는 일정한 특징, 근육발달 부진, 왜소한 키 등—과 관련된 유전질환이다. 현재 이 질환에 대한 치료법은 없다. 레이턴 등은 아이가 태어난 후 처음 의학적 진단이 내려질 때 부모들이 경험하는 엄청난 충격을 잘 전달하고 있다. 이 충격은 미래에 대한 두려움과 불확실성을 수반하기도 한다. 어떤 아이의 아버지가 한 말을 빌리면

눈을 감으니 엄청나게 살이 찌고 몽고인종의 얼굴을 한 스무 살 여자의 모습을 볼 수 있었습니다. 그리고 이런 모습의… 딸을 뒷바라지하느라 앙상하게 야윈, 시들고 나이든… [아내도] 볼 수 있었어요. 난 [아내가] 딸애를 끌고 위층으로 올라가 화장실에 앉히는 모습도 볼 수 있었습니다.[22]

그럼에도 불구하고 대부분의 부모들은 이처럼 새로운 가족상황에 대처하는 전략들을 발전시켜 나간 것으로 보인다. 하지만 여기서 특히 중요한 것은 이러한 부모들과 과학적 이해의 관계이다. 그처럼 압박이 심한 맥락 속에서 과학지식은 얼마나 유용한 자원이 되어줄 수 있었을까?

우선 리즈대학의 저자들은 다운증후군 증상의 발현과 관련해 유전학 지식의 '취약성'을 지적하고 있다. 예를 들어 재발위험의 계산("우리가 가질 다음 아이도 다운증후군에 걸리게 될까?")은 불확실성으로 점철돼 있다. 과학적 정보에 대한 부모들의 반응은 다양한 것 같았다. 일부 부모들은 의사들이 주는 직설적인 조언에 비통함을 담은 반응을 보였다. 의료전문직

은 때로 '식물인간과 다를 바 없는' '대소변도 못 가리는' '오래 살 가능성이 낮은'과 같이 암울한 예후를 제시했다. 그러한 조언이 일시적으로 아이를 거부하는 사태로 이어지는 경우도 있었다.

또 다른 사례들에서는 증상의 원인과 관련해 그것이 염색체 이상 때문이라는 기술적 정보가 부모들에게 제공되었다. 하지만 정보는 종종 아무 상관도 없거나 제한된 실용적 가치를 갖는 것으로 간주되었다. 그런 정보는 '어떻게든 삶을 살아나가는' 데 거의 줄 것이 없기 때문에 특히 그랬다. 그러나 어떤 부모들에게는 이 정보가 죄의식을 가라앉히는 데 도움이 되었다. 반면 동일한 정보가 부모의 한쪽에 책임을 돌리는 것으로 해석되는 불행한 경우도 있을 수 있었다.

부모들과 의료전문성의 관계는 다음과 같이 설명될 수 있다.

여기서 부모들은 자신들에게 제공되는 '내부자의 과학'에 반응을 보이고 있었다. 이는 자연세계에 대한 호기심을 일차적인 동인으로 해서 일반화된 이해를 얻는 것을 장기적인 목표로 하는 공동체가 만들어내고 확인하고 표준화한 지식을 말한다. 반면 부모들이 찾고 있었던 것은 단기적·즉각적으로 자신들이 처한 특정 환경에서 무슨 일을 해야 하는가에 대한 그들의 인식과 유기적으로 통합된 지식이었다.[23]

다양한 의학전문가들이 지식의 흐름에서 '아래로의 전달'이라는 익숙한 양식 내에서 활동하는 반면, 부모들은 그들 나름의 전문성을 구축하는 데 나선다. 의료전문직이 제공하는 암울한 메시지(한 부모의 말을 빌리면

"그 사람들은 우리에게 희망을 줄까 봐 걱정했던 것 같지만, 우리가 매달릴 거라곤 희망뿐인 걸요")는 (적어도 부모들의 관점에서는) 좀더 건설적인 지식의 발달을 자극했다. 이러한 지식들은 흔히 '기술적' 문제들(가령 아이의 혀가 제자리를 찾을 수 있도록 가장자리가 움푹 들어간 컵의 디자인)을 감성적·사회적 뒷받침과 결합시켰다. 뿐만 아니라 대체로 과학에서의─종종 기관에 수용되어 보살핌을 받는 아이들의 역사적 경험에 근거한─일반화를 피하고 아이들 개개인의 독특한 잠재력을 중심으로 구축되었다. 어떤 아이의 어머니는 이렇게 단언했다. "다운증후군 아이들 사이에도 일반인들 사이에 볼 수 있는 것만큼 차이가 크게 나타납니다. 나는 지능의 분포 같은 것도 전체 인구집단에서 나타나는 만큼 다운증후군 아이들에게서도 분명 나타날 거라고 확신해요."[24]

이러한 주장은 다운증후군에 대한 단일하고 표준화된 설명에 반대하면서 다운증후군 환자들의 다양성을 특히 강조한다. '전형적인' 증례를 구성하는 것보다는 국지적 편차를 강조하는 것이다.

이 사례연구는 다음과 같이 결론을 내리고 있다.

부모들 스스로가 구축해 낸 일단의 실용적 지식은 의학과 그외 '전문가들'에게서 얻을 수 있는 다운증후군의 '고급과학'에 대한 강력한 대안이었다. 부모들은 종종 그들이 애타게 희망의 메시지를 찾아 헤매고 있을 때 그런 '전문가들'로부터 절망의 메시지를 얻었다. 지식은 (실용적 행동이 아닌 다른 우선순위를 반영하여) 잘못된 형태로, (부모들이 경험에서 만들어낸 이해를 무시하고) 잘못된 방식으로, 그리고 종종 (정보제공자의 편의만 따지고 부모들이 경

험하고 있을 정신적 충격을 무시하고 필요의 순간에 둔감하게) 잘못된 시점에 제공되었다.[25]

리즈대학의 이 사례연구가 보여주듯, "대다수 부모들에게 가장 중요한 정보원은 공식적 과학도, 의료전문직도, 생활보조 서비스도, 심지어 자발적 조직도 아닌 바로 그들 자신이었다."[26]

과학과 시민집단의 관계에서 유사한 패턴의 공약 불가능성을 가정용 에너지와 노인들에 관한 사례연구에서도 찾아볼 수 있다. 여기서 가정용 에너지 관리에 대한 '과학적' 접근법은 비용효과성, 단열, 에너지 효율, 주의 깊은 모니터링과 같은 원칙들에 기반하고 있다. 이 때문에 과학적 관점은 난방이 갖는 사회적 중요성과 충돌할 수 있으며, 창문을 열어 방을 '환기'시키거나 손님들이 도착하기 전에 난방을 해 '아늑한' 방을 만들어놓는 등 전통적 관행들과도 마찰을 빚을 수 있다.

특히 '열'과 같은 개념은 기술적 논의의 기반을 이룬다. 반면 대다수의 시민들은 '추위를 몰아낸다' 같은 관념에 의존할 뿐 아니라 개인적 안락함, 위생, 사회적 에티켓에 근거한 일상적 관행들을 따른다. 나이든 어떤 부인은 집을 난방하면서 문을 하나둘쯤 열어두어 그녀가 키우는 요크셔테리어가 집 안팎을 드나들 수 있게 했다. 다시 한번—비상계획의 사례에서와 같이—우리는 인위적으로 제약을 둔 기술전문가들의 진술이 일상의 복잡성을 포괄하지 못하고 있음을 볼 수 있다. 일상 속에서는 기술적 조언이 특정한 사회적 상황에서 의미를 가질 수 있도록 능동적으로 이해되고 재구성된다.

결국 에너지 관리는 에너지 그 자체의 본질에 대한 고려를 훨씬 넘어서는 것을 포함한다. 한 저자의 말을 인용하자면

사람들은 불에서 온기를 얻을 수 있다(에너지이론가들은 이것이 불의 용도라고 믿는다). 그러나 실제에 있어 사람들은 불을 다른 용도로도—행복감이나 안도감을 위해 혹은 하나의 초점으로—사용한다. …그래서 어떤 사람의 인생에서 불이 차지하는 위치는 난방엔지니어가 불을 보는 시각과 대단히 다를 수 있다.[27]

이 같은 맥락에서 '합리적인' 과학적 정보는 한마디로 '의미를 갖지' 못할 수도 있다.

레이턴과 그 동료들이 제시하는 마지막 두 가지 사례연구는 지역당국의 메탄가스 관리와 셀라필드 핵 재처리공장에 관한 새로운 정보에 대한 지역의 반응을 다루고 있다. 전자의 사례에서 우리는 전문가의 설명과 메탄문제로 영향을 받고 있다고 호소하는 지역주민들의 설명 사이에 나타나는 간극과 이 둘 사이에서 모종의 합의를 이끌어내기 위해 애쓰는 주의회 의원들의 모습을 볼 수 있다. 그러한 상황에서는 **신뢰**의 문제가 전면에 부각된다. 주의회 의원들이 자문을 제공하는 사람들(특히 지방정부의 관리들)을 믿지 못하게 되면 그들의 업무는 사실상 불가능해질 것이다. 이 사례는 이렇게 결론을 내리고 있다.

전문가들은 주의회 의원들에게 폐기물 처분방안의 '안전성'을 설득하려면 기

술적 증거에 대한 설명이 필요하다고 본다. 기술적 증거는 테스트를 거친—전문가들이 확신을 갖고 있는—일단의 자립적(self-standing) 과학지식으로부터 끌어낸 것으로, 전문직인 그들에게 의미와 중요성을 갖는다. 반면 자신들의 우려와 경험을 신뢰하는 주의회와 주민들은 위험을 협소한 기술적 근거에 따라 평가하지 않고 자신들이 다루고자 하는 문제에 특유한 복합적 지식에 비추어 평가한다. 이 관점에서는 기술적 정보가 특정 맥락으로부터 자유롭다는 관념이 거부된다. 따라서 이 두 시각이 화해를 이룰 수 없었던 것은 그리 놀라운 일이 못된다.[28]

셀라필드 사례연구는 공장 인근에 거주하는 아이들의 백혈병 발병률에 대한 공식조사의 결과를 다루고 있다. 특히 우리는 그처럼 오랫동안 계속된 논쟁에서 과학이 의미를 갖게 되는 것과 관련된 복잡성을 볼 수 있다. 다시 한번 전문적 과학은 지역주민들과 효과적인 커뮤니케이션을 이뤄내는 데 어려움을 겪었던 것이다.

레이턴 등은 네 가지 사례연구에 대한 종합적인 결론에서 대중의 과학 이해의 '인지적 결핍' 모델을 거부하고 그들이 '상호작용 모델'이라고 이름붙인 것을 개관했다. 후자의 모델에서는 다음과 같은 특성들이 두드러지게 나타나는데, 이것들은 이 장에서 논의한 다른 사례들에서도 찾아볼 수 있다.

- 과학의 경계에는 논란의 소지가 있다.
- 일반인들은 대체로 '과학'을 그것의 사회적 · 제도적 연계와 분리할

수 없는 것으로 간주한다.

- '무지'도 나름의 기능을 갖고 있으며 이를 옹호하는 것도 가능하다. 외부인들에게 '무지'로 보이는 것이 실제로는 견고한 이해를 나타내는 것일 수 있다. 즉 지식의 부재와는 크게 다르다.

- 사람들은 "기회가 왔을 때 여러 가지가 혼합된 일단의 실용적 지식을 만드는 데 관여한다." 이것은 이 책 앞부분에서 제시한 사례들과 잘 부합한다. 맥락적 지식은 '체험을 통한 학습'(내지 브리콜라주[29])에 의해 점차적으로 형성된다.

- "'일상적 사고'와 '현실 속에서 작동하는 지식'은 '과학적 사고'보다 더 복잡하고 잘 이해가 되지 않는다."

이제 몇몇 다른 사례들을 짧게 일별해 보면서 앞에서 지적한 마지막 논점을 좀더 깊이 살펴보겠다. 이 사례들을 풍부하게 전달하는 데 초점을 맞춘 만큼 각각의 사례를 구조화하거나 상호 연결하는 시도는 하지 않았다.

목양농, 건강, 안전한 섹스, 작업장

과학과 시민에 대한 우리의 논의를 특히 중요하게 뒷받침해 주는 것이 브라이언 윈의 연구이다. 윈은 체르노빌 사고 이후 컴브리아 지방의 목양농들이 정부당국의 방사능 낙진에 관한 공식적 조언에 보인 반응을 연구했다. 윈이 연구한 목양농들은 양의 이동과 도살을 금지당하는 상황에 놓이게 되었다. 애초 정부는 금지조치가 불과 몇 주만 지속될 거라고 안심시켰지만, 그 기간이 지난 후에도 금지조치는 연장되었다. 이 책에서의 논의와

궤를 같이해, 윈은 고지대 농부들이 보유한 지식과 경험이 농무부 과학자들의 '공식입장'과 갈등을 빚게 된 과정을 설명하고 있다. 당국이 양의 행동과 지역의 방목조건에 대한 농부들의 평가에 귀를 기울이려 하지 않음으로써 갈등은 갈수록 악화되기만 했다.

농부들은 외부로부터의 간섭 때문에 자신들의 정체성이 송두리째 위협받고 있다고 느꼈다. 그들이 보기에 전문가들은 무지하고 오만했고, 농부들의 사회적 정체성의 핵심을 이루는 고지대 농업의 특수한 전문성을 인정해 주지 않았다. 이러한 전문성은 어디에도 성문화되어 있지 않았다. 구전을 통해 한 세대에서 다음 세대로 도제방식으로 전달되는 장인 전통이었고, 이 지역의 문화에 의해 더욱 강화되었다.[30]

원의 설명에 따르면 과학자들은 지역의 양치기에 관한 지식에 의존하는 것을 계속해서 거부했다. 그 결과 당국의 조언은 거듭 잘못된 것으로 밝혀졌고 지역의 조건에 부합하지 않았다(방사능 오염의 분산에 대한 초기의 낙관적 예측은 고지대 지역의 토양유형을 잘못 분석한 데서 기인한 것이었다). 아울러 당국의 단언에 담긴 확신은, 그러한 단언이 너무나도 자주 틀린 것으로 드러나면서 신뢰의 상실로 이어졌다. 반면 농부들 자신이 지닌 지식은 암암리에 평가절하되었다. "농부들은 과학의 수행과 발달에 대해 타당하고 유용한 전문적 지식을 피력했지만 무시되었다."[31]

농부들이 과학을 바라보는 시각과 관련해, 원은 두 가지 모델이 작동하고 있었다고 주장한다. 과학의 '음모이론'("그 사람들은 높은 방사능 수치

가 애초에 시인한 것보다 훨씬 더 오래 갈 거라는 걸 처음부터 알고 있었어
요”)과 ‘오만이론’(과학 내부에 시인되지 않은 무지가 존재함을 암시한다)
이 그것이다. 그러나 이처럼 일탈적인 사회모델은 과학자들의 시각과 고지
대 농부들의 시각 사이에 나타나는 바로 그 공약 불가능성과 신뢰성의 간
극에서 비롯된 것이다.

물론 양측 모두 이러한 신뢰성의 간극을 경험했다. 과학자들이 스스로
의 지적 · 문화적 전제에 갖고 있던 신념은 자신들의 사회적 정체성이 거부
되었다는 농부들의 감각에 필적할 만한 것이었다.

과학자들은 예측, 표준화 및 통제를 위한 자신들의 지적 · 행정적 개념틀을
표현하고 재생산하고 있었다. 그 속에서 불확실성은 ‘자연스럽게’ 삭제되었
고, 농부나 그들의 농장과 같은 맥락적 대상들은 이러한 문화적 표현형태에
부합하도록 표준화되고 ‘블랙박스에 넣어’졌다. 그들이 과학의 문화적 한계
와 사전적 신념(precommitments)에 대해 개인적으로 어떤 인식을 갖고 있었
건간에, 이는 성공적으로 억압되었다.[32]

물론 공식적 과학의 ‘확실성’에 관한 이러한 주장은 4장(특히 비상시
대응에 대한 논의)에서 이미 분명하게 나타난 바 있으며, 이 장에서도
2,4,5-T와 BSE 사례에서 나타났다. 원의 주장에 따르면 일반인 지식은 이
런 점에서 과학 전문성보다 실제로 더 성찰적이고 자의식적일 수 있다. “흥
미로운 점은 전통사회의 대표로 간주되곤 하는 사람들이 이러한 성찰적 능
력을 선보인 반면, 자칭 계몽된 근대성의 대표자인 과학자들은 그렇지 못

했다는 것이다."[33]

결국 일반인들의 설명은 공식적 과학이 제공하는 설명에 비해 변화하는 상황과 새로운 정보에 더 열려 있을 수 있다. 여기서 공식적 과학은 지역에서 생성된 증거를 기반으로 한 재협상과 수정에 둔감한 것처럼 보인다. 어떤 불일치도 지식기반 그 자체보다는 **응용**에서 나타나는 문제로 간주된다. 윈에게 이러한 분석이 갖는 함의는 과학의 제도적 구조를 다시 한번 들여다볼 필요가 있다는 것이다. 이 주장에 대해서는 이 책 후반부에서 다룰 것이다.

맥락적으로 생성된 지식에 대한 지금까지의 분석은 건강과 섹슈얼리티 영역에서 현재 진행되고 있는 연구 및 논의와도 잘 부합한다(아울러 이로부터 다시 한번 영향을 받기도 했다). '숙명론의 민속지학'에 관한 연구에서 데이비슨, 프랑켈, 데이비-스미스는 관상동맥 심장질환의 위험에 대한 대중의 반응을 조사했다. 세 사람의 분석은 그들이 '일반인 역학'(lay epidemiology)이라고 이름붙인 것의 본질을 강조했다. 이는 우리가 위해와 환경적 위협 사례들의 역사에서 이미 마주친 바 있는 개념이다.

여기서는 개인적 관찰, 개인과 친족 네트워크를 통해 알려진 역사, 언론보도 등에서 뽑아낸 질병과 사망 사례들이 논의되고 분석된다. 이러한 과정은 의심되는 질병의 원인을 규명하는 과정을 뒷받침하거나 이에 도전하는 데 쓰일 수 있는 '증거' 및 '데이터'의 수집과 부분적으로 관련이 있다.[34]

이 연구는 특히 '당신의 심장을 돌보는' 것에 관한 (다시금 권위와 확실성의 언어를 동원한) 공식적 조언과 심장질환의 발병패턴에 대한 (어떤 사람들은 '위험한' 행동을 하는데도 오래 사는 반면 어떤 사람들은 '건강한' 생활방식을 가졌음에도 관상동맥 질환으로 고생하거나 사망하는) 일상적 경험 사이의 관계에 초점을 맞추었다. 위험에 대한 대중의 반응과 개념화는 흔히 잘 발달된 책임성과 설명의 문화적 시스템을 제공한다. 이는 일반적인 불행(왜 그런 일이 일어나는가?)뿐만 아니라 고전적인 실존적 질문인 "왜 이 특정한 시간에 이 특정한 사람에게 그런 일이 일어나는가?"도 다루고 있다. 요컨대

역학적 경향성 주변에 존재하는 무작위성과 분산을 설명하는 일은 공중보건 전문가들에게 중심적인 문제가 아니다. 그들은 경향성 그 자체를 다루며 확률론적 미래를 교정하는 것을 목표로 하는 행동을 취하는 데 관심을 쏟는다. 반면 대중의 건강문화는 어떤 질병이나 죽음에도 눈을 감을 수 없다. 전반적인 원칙에 어긋나는 사건들도 설명이 되어야 하는 것이다. 숙명론의 민속지학이 중요한 것은 바로 이런 맥락에서다. 이는 흔히 생기지만 언뜻 예외적으로 보이는 사건들을 포용할 수 있는 문화적 구조에 빛을 던지는 것을 추구하기 때문이다.[35]

이 사례에서 우리는 '일반인 역학'의 발달을 볼 수 있다. 일반인 역학은 건강에 대한 정통적 견해와 나란히 존재하면서도, '기술적' 평가를 다양한 보건의료 메시지의 신뢰성과 유용성에 대한 사회적 평가와 결합시킨다. 다시 한번 우리는 견고한—공식적으로 인정을 받은 전문가들이 활용하는 것

보다 훨씬 더 폭이 넓은—개념적 모델이 작동하고 있는 것을 볼 수 있다.

물론 그러한 모델의 존재는 보건의료 메시지에 대한 저항을 불러올 수 있다. 특히 공식적 조언이 이환율/사망률에 대한 일상적 경험이나 현재의 생활방식과 실천을 바꿀 필요가 있는지에 대한 개인적 판단에 의해 침식될 수 있을 때 그렇다. 가령 '모든 일을 적당히'(혹은 '당신 몸에 좋다고 생각되는 일을 조금씩') 해야 한다는 대중적 관념은 최신의 공식적 조언을 따르기 위해 급격한 생활양식의 변화를 감행하는 것을 막는 일종의 브레이크로 작용한다. 뿐더러 그러한 조언이 종종 오락가락하는 모습을 보이는 데 대해 널리 퍼져 있는 냉소와도 연결된다. 목양농 사례에서 이미 보았듯이, 그처럼 조언이 오락가락하는 이유를 함께 해명하는 경우는 드물고 전문가들의 단언에 담긴 확신이 사라지는 일도 거의 없다.

데이비슨 등이 지적하고 있는 것처럼, 시종일관 개인의 생활양식 변화에 초점을 맞추면서 환경악화나 산업안전에 대해서는 거의 아무 말도 하지 않는 공식적 조언은 신용을 잃고 있다. 암 예방의 맥락에서도 비슷한 주장이 제기된 바 있다. 전반적으로 의학적 조언에 내포된 개인주의적인 이데올로기가 산업적·환경적 발암물질의 존재를 무시한다는 것이다.[36] 결국 협소하게 초점이 맞춰지고 선별적인 성격의 공식적 건강조언은 대중의 수용성 문제를 야기한다. 시민들은 일상적 건강실천이라는 좀더 폭넓은 개념틀 내에서 살아가기 때문이다.

또한 이 사례는 시민들이 발전시킨 유형의 '맥락적 지식'이 반드시 기술적 정보를 거부하는 것은 아님을 강조한다. 비록 두 가지 일화에서 기술적 정보에 대한 회의적 태도와 그것이 자신들의 삶과 무관하다는 인식을 드러내는 중요한 증거를 볼 수 있었지만 말이다. 다만 그러한 정보는 임시방편적이고 선별적인 방식으로 특정한 맥락 속에 통합된다.

우리는 '과학적' 지식과 '맥락적' 지식이 자동적으로 서로 반대편에 위치한다고 보아서는 안 되는데 이는 적어도 두 가지 이유에서 그렇다. 첫째, 후자가 전자의 요소들을 (과학 커뮤니케이터들이 선호하는 것보다는 훨씬 덜 그렇겠지만) 적절하게 통합할 수 있기 때문이다. 둘째, SSK 문헌들이 강력하게 주장하는 것처럼 과학 그 자체도 맥락화된 지식의 한 형태이기 때문이다. 이렇게 보면 문제는 서로 다른 작동의 맥락을 가로질러 활동하면서도 그러한 이동으로 인해 빚어지는 어려움들은 알아차리지 못하는 데 있다.

이 주장과 쟁점들은 HIV/에이즈와 '안전한 섹스'의 사례에서도 찾아볼 수 있다. 여기서 공식적 메시지는 종종 충분한 정보를 갖지 못한 '백지상태'의 대중을 상정해 왔다(이는 "무지 때문에 죽지는 말라"는 메시지에 잘 요약돼 있다). 이러한 메시지와 날카로운 대조를 이루는 몇몇 연구들[37]은 가령 콘돔사용이 협상되는 사회적·문화적 맥락을 탐구해 왔다. 안전한 섹스가 이뤄지지 않는 데는 무지 외에—성관계에서의 무기력함이나 삶에서의 기회감소에 따른 숙명론적 문화 등을 포함해서—다른 이유들이 있을 수 있다.

여기서 논의된 다른 사례와 마찬가지로, 권력과 통제력의 차이가 일상적 지식과 이해의 핵심적인 부분을 형성한다. 외부로부터 만들어진 메시지가 개인의 행동에 대한 일반화된 관념에 의존해 권위를 세우면서 성관계를 둘러싼 실제 맥락을 인식하는 데는 실패할 때, 그런 메시지는 냉소적으로 받아들여지고 결국에는 거부될 것이다.

시민 지식과 대중역학을 보여주는 마지막 사례로 우리는 작업장 지향의 집단과 노동조합의 활동을 들어야 한다. 2,4,5-T사례는 이를 보여주는 한 가지 예이다. 워터슨은 가스산업의 산업보건을 논의한 논문에서 대중역학의 초기 사례를 추적하고 있다. 그는 대중역학을 "일반인들이 질병의 역학을 이해하기 위해 통계나 그외 정보를 수집하고 아울러 전문가들의 지식과 자원에 방향을 지시하고 정렬하는 과정"으로 정의한다.[38]

워터슨은 19세기 말에서 20세기 초에 걸쳐 가스산업의 위험한 노동조건과 함께 이러한 위해의 존재를 인정받기 위한 가스노동자들의 노력에 대해 서술하고 있다. 그는 '가스노동자들의 지식'과 '과학적' 조언을 연대기적으로 상세하게 서술함으로써 노동자들 스스로 위해를 파악해 낸 사실을 부각시켰다. "위해와 잠재적 위해에 대한 인식은 이 분야의 '전문가' 연구자들에게 국한된 것이 아니라, 노동자들—일부 사례에서는 노동자대표들—을 통해서 훨씬 일찍 나타났다."[39]

워터슨이 지적한 것과 같이 이처럼 노동자들이 만들어낸 증거의 등장은 이 사례에 특수한 것이 아니며 산업보건의 수많은 영역에서 찾아볼 수 있다.

이 얘기는 특이한 것이 아니다. 유사한 얘기들이 석면노동자들, 플라스틱노동자들, 섬유노동자들에게도 존재한다. 암과 면폐증에 걸린 뮬 방적공, 호흡기질환에 시달리는 용접공과 주물노동자, 진동성 백랍증[40]을 겪는 건설노동자, 직업병을 달고 사는 조선공도 마찬가지이다.[41]

이 사례들은 자신들의 지식을 전문가 증언을 통해 인정받고 그에 따라 행동을 하려는 시민들의 노력을 보여준다. 여기서 가스노동자들에 대한 워터슨의 설명은 목양농들에 대한 윈의 설명이나 이 장에서 제시된 다른 사례들과 매우 흡사하게 들린다.

과학과 시민권: 발언을 자유롭게 하다

그러나 과학의 공식언어는 확실성의 언어였다. 과학의 공식언어는 지배와 정복의 언어였다. 과학의 공식언어는 그것의 사회적 기원과 인간적 한계를 부인하는 언어였다. 이러한 과학문화의 기본적 특성들은 위험성을 내포하고 있었다. …그런 특성들이 실험실 실천의 영역을 넘어 바깥으로 전달되어, 독특하고 계속해서 변화하며 헤아릴 수 없이 복잡하게 서로 연결된 일상세계의 사건들에 부적절하게 적용되었기 때문이다.[42]

이 장과 앞장에서 제시한 모든 사례는 공식화된 과학지식과 일상생활에서 생겨난 지역적 이해 사이의 관계에 문제가 내포되어 있음을 보여준다. 가장 약하게 표현하자면, 이 장과 앞선 장들에서의 논의는 대중의 과학이해에 관한 대부분의 계몽주의적 가정들이 부적절함을 시사하고 있다. 이러한 사례들은 과학을 보급하는 데서 비롯된 실패가 아니라 서로 다른 형태의 이해와 전문성들 사이에 좀더 근본적인 사회적 간극이 존재함을 말해준다.

보다 적극적으로 보면, 우리는 의사결정 과정과 위해 및 보건 쟁점들에 관한 전반적 지식을 풍부하게 해줄 수 있는 일반인 지식의 존재를 식별해 낼 수 있다. 그러나 이러한 지식은 '불합리'하고 일화적 성격을 갖는다는 이유로 현재 배제되고 있다. 관련된 시민의 시각에서 보면 이는 정말 모욕적이고 화를 돋우며 자기정체성과 시민권의 관념에 해를 끼치는 것이다. 또한 사회적으로 지속가능한 사회 전체와 기술의 발전과정에 대해 거의 아무런 희망도 주지 못한다(이는 7장에서 좀더 살펴볼 것이다).

우리가 살펴본 지역적이고 맥락적인 지식은 (그 정의상) 형태와 초점에서 서로 매우 다르다. 지금까지 논의한 사례들은 또한 수많은 다른 질문과 쟁점들을 제기하는데, 이에 대해서는 이 책의 마지막 장들에서 다시 다룰 것이다. 지금 단계에서는 일종의 예비적 요약으로서 몇몇 일반적 특성을 정리해 보도록 하자.

가장 먼저 우리는 그러한 지식들이 사회적·문화적으로 '뿌리를 내리고 있음'을 보았다. 그런 의미에서 지역적 지식들은 흔히 현실의 복잡한 영역들에 대해 잘 검증된 모델을 제공하는데, 이는 반드시 그런 지식에 특권을 부여하거나 과학을 격하시키는 것이 아니다. 이런 식의 단언은 단지 하나의 지배적인 지식시스템을 또 다른 지배적 지식시스템으로 대체하는 것일 뿐이다. 오늘날의 도전은 그처럼 엄격한 개념틀에서 벗어나 발언들을 해방시키는 데 있다.

그럼에도 불구하고 이 절 첫머리에 있는 멀케이의 인용문이 강력하게 주장하는 것처럼, 과학적 이해형태는 이러한 맥락적 지식을 끌어안는 데 어려움을 겪을 수 있으며, 더 나아가 의도적으로 그런 지식에 일화적이고 단순한 경험에 의거한 것이라는 딱지를 붙여 과학의 특권적 지위를 보호하려 들 수도 있다. 지역적 수준에서 과학의 실패는 대체로 부적절한 응용이나 규범으로부터의 일탈로 인해 빚어진 사소한 문제로 진단될 것이다. 과학활동에 대한 인지적·제도적 도전의 중대한 영역으로 간주되지 않고 말이다.

마찬가지로 훈련받지 못한 대중성원들이 기술적 쟁점에 대해 타당한 이해를 제시할 수 있다는 관념은 과학에서 이단적인 것이다. 이는 과학과 다른 사회활동들을 나누는 제도적 분리의 많은 부분을 침식한다. 이러한 분리는 역사적으로 과학활동에 핵심적인 것이었다. 아울러 이러한 분리—그리고 그것이 기반을 두고 있는 합리성의 모델—는 더 폭넓은 사회구조로서 '근대성'의 중심을 이루는 것으로 보인다.

지금까지 우리의 논의는 '대중역학'의 존재를 부각시켜 왔다. '살아 있는 실험실'에서 수동적 참여자인 동시에 능동적 참여자인 일반인집단과 개인의 존재 말이다. 어떻게 보면 그러한 지식이 존재한다는 사실은 전혀 놀라운 일이 아닌 것 같다. 워터슨이 간결하게 말했듯이 "가스노동자들이 환경의 오염된 성질을 알아챈 것은 그들이 그곳에서 일했기 때문이다."[43]

이처럼 일견 간단한 관찰이 빠뜨린 점은 (워터슨도 인정하는 것처럼) 일반인집단이 현실과 높은 관련성을 지닌 자신들의 전문성을 인정받는 데 어려움을 겪는다는 사실이다. 앞서 본 것처럼, 공식적 자문과 의사결정의 통로들은 현재 대중의 이해를 '전문성'의 지위에서 배제하고 있다.

이러한 어려움에 내포된 한 가지 측면은 그런 지식들이 흔히 통상의 과학이 거리를 두려 애쓰는 질문들(가령 위해에 관한 지식과 다양한 위해정보원의 신뢰성에 대한 판단)도 함께 다룬다는 것이다. 이러한 형태의 이해에서는 위험**분석**의 문제가 **평가**의 문제와 분리되지 않는다. 그런 의미에서 대중역학뿐 아니라 대중**인식론**의 존재를 사고하는 것은 현명한 일일 수 있다. 즉 과학자들의 분석보다 초점이 훨씬 더 넓으며 다분히 상이한 전제들에 입각해 있는 지식형태 말이다(이 말이 자신들의 역학적 개념틀에 대해 과학자들 스스로가 제시하는 설명, 다시 말해 '탈맥락화된 지식'을 제공한다는 그들의 주장을 받아들이는 것을 의미하지 않도록 주의를 기울일 필요가 있긴 하지만 말이다). 레이턴 등이 말했듯이 "과학지식과 다른 형태의 지역적이고 특수한 지식들의 관계는 세상이 과학의 관찰자로부터 분리되어 있다는 믿음에 입각한 과학의 인식론에 도전을 제기한다."[44]

따라서 농장노동자들에게는 농약의 안전성에 대한 평가를 농약사용의 사회적 조건과 분리하거나 규제당국의 신뢰성에 대한 평가와 분리하는 것은 한마디로 말도 안 되는 일이었다. 아울러 맥락적 지식은 결정적인 지위를 주장하지 않는다. 흔히 인정되고 있는 것처럼 맥락적 지식은 브리콜라주에 의해 만들어지며, 윈이 주장하듯[45] 지속적인 재고(再考)와 변화에 열려 있다.

아울러 우리가 살펴본 사례들에서 맥락적 지식은 '행동을 위한 지식'인 것이 보통이었다. 이는 일반적인 이론이나 다른 곳에서의 응용을 반드시 염두에 두지 않은, 고도로 실용적이고 사안마다 고유하며 도구적 지향을 가진 지식이다. 이 모두는 과학의 진술과 날카로운 대조를 이루며, 치우치지 않은 판단과 일반화된(혹은 '보편적인') 객관성의 관념에 권위를 의존하는 과학에 다시 한번 심대한 도전을 제기한다.

마지막으로 이 장에서 우리는 이처럼 대단히 경험적인 연구들을 근대성, 후기근대성, '위험사회'에 대한 분석과 연결시킬 필요가 있다. 물론 여기서 제시된 사례들은 '후기근대적' 분석과 아주 잘 부합한다. 특히 시민집단이 근대성의 지식-권위구조에 맞서 싸우는 모습을 그려냈다는 점에서 그렇다. 그러나 이와 동시에 이러한 사례들 중 상당수에서는 '전통적' 내지 '전근대적'인 것의 기미도 볼 수 있다. 시민집단이 과학의 담론보다 앞선 시기에 존재했던 가치와 이해를 표현하기 위해 분투한다는 점에서 그렇다. 조너벤드가 프랑스의 (노르망디의 라하그에 있는) 한 지역사회와 인근의 핵연료 재처리공장의 복잡한 상호작용을 조명한 연구에서 지적했듯이 "근대성은 전통을 휩쓸고 가버린 것이 아니다. 사실 전통은 우리가 그것을 가장 덜 기대하는 곳에서 놀라운 방식으로 재등장한다."[46]

이런 의미에서 후기근대에 대한 논의는 전근대를 떠올리게 하는 가치와 지역사회 네트워크에 대한 논의를 반드시 필요로 할 것이다(목양농과 같은 사례들이 아울러 보여주는 것처럼).

지금까지의 장들에서는 '시민들'과 '과학자들'의 지식구조를 다분히 적나라한 방식으로 대비시켜 왔다. 그러나 이러한 제도적·인지적 범주들 사이에 다리를 놓기 위해 이뤄져 온 다양한 시도들을 찾아내고 이에 대해 생각해 보는 것도 논의를 위해 중요해 보인다. 그러한 사례들은 과학-시민 상호작용에서 덜 전형적인 경우인지도 모른다(그리고 이미 지적한 것처럼 '대항 전문성'은 과학 중심적 관념들을 일견 '대안적'인 형태로 재활용하는 것이라 해도 무방하다). 그러나 그러한 사례들은 '시민과학'의 쟁점들을 부각시킬 뿐 아니라 과학, 시민권, 지속가능한 발전을 위해 전진하는 건설적 방법을 제시해 줄 수 있다. 이는 최소한 6장의 논의를 위한 근거가 되어줄 것이다.

[주]

1. 앨리스테어 헤이의 말을 Allen, R., *Waste Not, Want Not: The production and dumping of toxic waste*(London: Earthscan, 1992, p. ix)에서 재인용.

2. Giddens, A., *Modernity and Self-identity: Self and society in the late modern age*(Cambridge: Polity Press, 1991), p. 138.

3. Beck, U., *Risk Society: Towards a new modernity*(London, Newbury Park, New Delhi: Sage, 1992).

4. Rowland, R., *Living Laboratories: Women and reproductive technology*(London: Lime Tree, 1992).

5. Funtowicz, S. O. and J. Ravetz, "Science for the post-normal age," *Futures*(25/7, 1993/September), pp. 739~55.

6. 예를 들어 Irwin, A., "Acid pollution and public policy: The changing climate of environmental decision-making"(M. Radojevic and R. M. Harrison, *Atmospheric Acidity*, London and New York: Elsevier, 1992, pp. 549~76) 참조.

7. Giddens, A., 앞의 책, p. 7.

8. Lash, S. and B. Wynne, "Introduction," U. Beck, 앞의 책, p. 3.

9. 예를 들어 Gillespie, B., D. Eva, and R. Johnston, "Carcinogenic risk assessment in the USA and UK: The case of aldrin/dieldrin"(B. Barnes and D. Edge eds., *Science in Context: Readings in the sociology of science*, Milton Keynes: Open University Press, 1982, pp. 303~35) 참조.

10. 워스키에 따르면, 1930년대의 과학적 사회주의자들에게 "사회발전은 과거와 현재 세대의 합리적 과학자들이 이미 깔아놓은 궤도를 따르도록 정해진 것으로 간주되었다"(Werskey, G., *The Visible College: A collective biography of British scientists and socialists in the 1930s*, London: Free Association, 1988, p. 99).

11. Advisory Committee on Pesticides, *Further Review of the Safety for Use in the UK of the Herbicide 2,4,5-T*(London: HMSO, 1980), p. 13.

12. 같은 책, p. 3.

13. NUAAW, *Not One Minute Longer!*, 1980/July, p. 4.

14. Cook, J. and C. Kaufman, *Portraits of a Poison: The 2,4,5-T story*(London: Pluto Press, 1982), p. 53.

15. 같은 곳.

16. 같은 곳.

17. 다시 말해 한 장소에서 발전시킨 이해를 다른 장소들에도 똑같이 적용할 수 있다고 주장할 수 없다는 것이다.

18. Allen, R., 앞의 책.

19. Hooper, P., "The Silkworth Colliery Controversy: A case of undemocratic decision making?"(Unpublished undergraduate dissertation, University of Manchester, 1986).

20. Allen, R., 앞의 책, p. 4.

21. Layton, D., E. Jenkins, S. Macgill, A. Davey, *Inarticulate Science: Perspectives in the public understanding of science and some implications for science education*(Driffield, W. Yorks: Studies in Education Ltd., 1993), pp. 24~25.

22. 같은 책, pp. 36~37.

23. 같은 책, p. 45.

24. 같은 책, p. 46.

25. 같은 책, pp. 57~58.

26. 같은 책, p. 57.

27. Williams, D., "Understanding people's understanding of emergy use in buildings," B. Stafford ed., *Consumers, Buildings and Energy*(Centre for Urban and Regional Studies, University of Birmingham), p. 135. 인용은 같은 글, pp. 73~74.

28. 같은 글, p. 94.

29. bricolage, 주로 미술에서 쓰이는 용어로 가용한 재료들을 되는 대로 가져다 써서 만드는 기법이나 그렇게 만들어진 작품을 가리킨다.—옮긴이

30. Wynne, B., "Misunderstood misunderstanding: Social identities and public uptake of science," *Public Understanding of Science*(1, 1992), p. 295.

31. 같은 글, p. 287.

32. 같은 글, p. 298.

33. 같은 글, p. 301.

34. Davison, C., S. Frankel, and G. Davey Smith, "'To hell with tomorrow': Coronary heart disease risk and the ethnography of fatalism," S. Scott, G. Williams, S. Platt, and H. Thomas eds., *Private Risks and Public Dangers*(Aldershot: Avebury, 1992), p. 106.

35. 같은 글.

36. Doyal, L., K. Green, A. Irwin, D. Russell, F. Steward, R. Williams, D. Gee, and S. S. Epstein, *Cancer in Britain: The politics of prevention*(London: Pluto, 1983).

37. 예컨대 Holland, J., C. Ramazanoglu, S. Scott, S. Sharpe, and R. Thomson, "Don't die of ignorance—I nearly died of embarrassment—Condoms in context," Women Risk Aids Project(WRAP), Paper 2(London: The Tufnell Press, 1990) 참조.

38. Watterson, A., "Occupational health in the UK gas industry: A study of employer, worker and medical knowledge and action on health hazards in the late 19th and early 20th centuries," Paper given to the British Sociological Association Annual Conference on 'Health and Society', Manchester, March 1991.

39. 같은 글, p. 8.

40. vibration-induced white finger, 해머나 진동톱 등 손에 쥐고 조작하는 진동공구의 진동으로 손의 동맥이 장애를 받아 갑자기 손가락이 창백해지는 병—옮긴이.

41. Watterson, A., 앞의 글, p. 18.

42. Mulkay, M., *Sociology of Science: A sociological pilgrimage*(Milton Keynes and Philadelphia: Open University Press, 1991), p. 212.

43. Watterson, A., 앞의 글, p. 7.

44. Layton, D. et al., 앞의 책, p. 139.

45. Wynne, B., 앞의 글.

46. Zonabend, F., *The Nuclear Peninsula*(Cambridge University Press/Editions de la Maison des Sciences de l'Homme: Cambridge, 1993), p. 125.

6 지속가능한 미래의 건설: 과학상점과 사회적 실험

정부기구의 자문을 맡은 과학 컨설턴트들의 사무실에서 시작되는 [사회적 · 기술적 발전에 관한] 논의는 근본적으로 일반대중의 보다 넓은 정치적 공론장으로 이전되어야 한다. 장기적인 연구 정책의 공식화를 둘러싼 과학자와 정치가들 사이의 대화 역시 마찬가지다.[1]

어떻게 하면 어느 집단도 부당하게 지배력을 행사하지 않고 어떤 집단도 다른 집단으로부터 부당한 압력을 받지 않는 영역에서의 삶을 세분화된 지식이나 전문성이 가져다주는 이득과 결합시킬 수 있는가? …이는 하버마스나 다른 어느 누구도 아직 해결의 실마리조차 찾지 못한 문제이다. 심지어 이론적인 수준에서조차 말이다. 이는 정말로 해결할 수 없는 문제일 수도 있다.[2]

다른 사람들이 우리가 어떻게 느끼고 있는지에 대해 신경 써서 물어봐 주었

던 것은 이번이 처음이다.―매켄지계곡 송유관 청문회에서 원주민 대변인[3]

앞선 두 장에서는 과학과 시민의 통상적인 상호작용 모델을 거꾸로 뒤집어 놓았다. 우리는 단순히 대중의 무지를 문제삼는 대신 과학에 대해, 또 과학을 실제세계의 상황에 적용할 때의 한계에 대해 질문을 던졌다. 그러나 3장에서 주장하듯이 정책결정에 대한 주류적 접근들은 과학을 바로 그 핵심에 두는 일군의 가정들에 근거하고 있다. 대중은 진행되는 사건들을 잘 볼 수 있는 위치에 있지만, 분명 환경행동의 중심부에 있지는 않다. 적어도 '공식적'인 의사결정 과정에 관한 한 말이다.

물론 브룬트란트 보고서(발전과 환경의 새로운 국제적 개념틀을 제시하려고 한 『우리 공동의 미래』) 같은 중요한 국제문서들은 이 영역에서 사회적 민주주의를 확대해야 한다는 주장을 이미 펼친 바 있다.

지속가능한 발전과 연관된 어려운 선택은 충분한 정보를 갖춘 대중과 비정부기구(NGO), 과학자사회, 산업체의 폭넓은 지지와 참여에 달려 있을 것이다. 발전계획 수립, 의사결정, 프로젝트 집행에서 그들이 갖는 권리ㆍ역할ㆍ참여는 더욱 확장되어야 한다.[4]

그러나 각국 정부가 '지속가능성' 문제를 다루기 시작할 때면 이와 같은 사회적 형평성과 시민참여에 대한 강조는 사라져 버리고 다시 정부 주도적이고 자연주의적인 정책이 되는 게 일반적이다. 환경의제는 어떤 식으로건 '대자연'(이는 제도적 과학에 의해 문제없이 정의된다)에 의해 설정되며, 시민들의 기여는 그러한 의제에 '긍정적인' 반응을 보이는 것으로 축소되고 만다. 최근 정부의 정책선언들은 '우리' 공동의 미래라는 수사법으로 출발하지만, 거기서 제안하고 있는 시민행동을 보면 대체로 개인주의적인 특징을 갖고 있으며 근저에 깔린 권력과 형평성 문제에 대해서는 거의 관심을 보이지 않고 있다.

> 정부가 앞장을 서야 하지만, 환경에 대한 책임은 우리 모두가 공유해야 하는 것이지 정부 혼자만의 임무는 아니다. 기업, 중앙 및 지방정부, 학교, 자원봉사단체, 개인들 모두가 우리 공동의 유산을 훌륭히 보살피기 위해 힘을 모아야 한다. **이것은 우리 모두의 일이다.**[5]

이런 이데올로기적 개념틀에서 '책임'은 우리 모두의 것이지만, 일단 우리가 정부의 솔선을 따를 때만 그렇다. 예상할 수 있는 바와 같이, 앞선 두 장에서 논의한 시민의 지식이나 인식론을 근거로 삼는 시도는 거의 찾아보기 어렵다. 현재 주변화되어 있는 이러한 (시민적) 전문성들은 '환경'을 폭넓은 쟁점들의 일부이자 일상생활과 자기정체성의 구성과 연관된 것으로 정의하는 것이 특징이다.

지배적 환경 패러다임의 견지에서 보면 시민들의 관점이 취약하고 정교함이 떨어지는 이유는 바로 인식론과 이해에서의 이 같은 차이 때문이다. 그러나 시민들의 목소리가 과학기술 결정론이라는 주류적 관념들에 유용한 해독제라는 주장도 가능하다. 또한 시민들은 지역에서 발생한 환경문제를 사소한 말썽으로 보지 않고 이런 사안의 복잡성을 강조하곤 하는데,

이것은 다시 환경적 해악의 **원인들**을 이해하는 방식에 영향을 끼친다. 벡은 다음과 같이 말했다.

> 영속적 사회변화의 원동력으로서의 기술·경제 혁신은 처음부터 민주적 자문, 감시, 저항의 가능성으로부터 면제되어 왔다. 그 결과 수많은 모순들이 혁신과정의 설계 속에 체현되었고, 오늘날 이런 모순들이 터져나오고 있다.[6]

따라서 다양한 지식과 인식론들 사이의 건설적 대화는 "폭주해서 '조정불능' 상태에 빠진 기술과학 발전에 브레이크와 핸들을 설치"하는 역할을 할 수 있다.[7] 이 책 전체에서 제안하는 바는 과학과 시민권의 관계에 대한 재평가가 그러한 과정에서 필수적이라는 것이다. 특히 정부 주도의 과학 중심적 전략으로는 필요한 수준의 사회적·인지적 변화를 달성할 수 없을지 모른다. 이런 상황에서 맥락적 이해는 지속가능한 유형의 사회경제 발전을 이루는 데 핵심일 수 있다.

이제 과학, 시민권, 사회적 지속가능성에 '대칭적인' 분석을 발전시키려면, 지금까지 서술한 사회적 혼란에 창의적이고 건설적으로 대처하고자 했던 기존의 노력들을 고려하는 것이 필수적이다. 단지 강령 수준의 선언을 넘어서는 무언가를 제공하기 위해서는 이 영역에서 예전에 시도되었던 기획들(이 책의 관점에서는 '사회적 실험'들[8])을 검토하는 것이 분명 중요한 의미를 가진다.

이 과정에서는 '사회적 학습'이라는 개념이 특히 중요할 것이다. 이 책에서는 사회적 학습을 개별 사례나 '실험'들이 과학·시민권·지속가능성에 던져줄 수 있는 폭넓은 함의라는 측면에서 정의한다. 이를 토대로 이 장에서는 '과학/기술'과 '시민' 사이에 현존하는 간극을 메우고자 한 1970년대 이후의 시도들을 간략하게 검토할 것이다. 이런 중요한 경험들로부터 어떤 정책적·분석적 교훈을 끌어낼 수 있을까?

오늘날 과학–시민의 관계에 내포된 난점들이 어떻게 이해되고 있는지는 **참여의 딜레마**라고 이름붙일 수 있는 문제를 통해 엿볼 수 있다. 이는 간단히 말해 시민집단이 (3장에서 논의한 것과 같이) 자신들에게 매우 불리하게 짜여 있는 과학 중심적 의사결정 과정에 참여해야 하는가, 아니면 이로부터 거리를 두면서 참여의 권리 박탈을 효과적으로 활용할 것인가의 문제이다.

이 딜레마를 잘 보여주는 한 가지 사례로 스미스는 영국의 공청회(특히 캔비 섬이나 엘스미어 항구 공청회)에서 정량적 위험 분석이 어떻게 이용되었는지를 연구했다. 그는 이 공청회들이 4장에서 논의한 것과 같은 우려를 배제함으로써 결국 의사결정 과정에서 대중참여의 질을 떨어뜨리는 결과를 초래했다고 지적한다.[9] 앞서 이미 지적했듯이, 이런 조건에서 시민집단은 정부와 기업들이 갖고 있는 어마어마한 자원 앞에서 거의 압도적으로 불리한 위치에 놓이게 된다. 과학적 자원은 특정한 사회적 입장을 방어하는 데 쓰이는 수단이 되어버렸다. 그렇다면 시민집단이 싸움에 뛰어드는 것은 과연 현명한 행동인가? 넬킨은 좀더 강화된 '대중참여' 시도들과 관련해 다음과 같이 주장한다.

그런 노력들은 여러 가지 목표에 기여할 수 있다. 정책형성에 대한 대중의 직접적인 영향을 증가시킬 수도 있고, 정책결정자들에게 대중의 우려를 전달하는 정도에 그칠 수도 있다. 많은 경우 그런 노력들은 이미 내려진 결정의 수용성을 증진하거나 집행을 용이하게 하는 수단으로 쓰인다.[10]

이러한 쟁점들은 1977년 영국에서 열린 윈드스케일 청문회에서 잘 드러났다.[11] 청문회는 서부 컴브리아에 열산화물 재처리공장(THORP)을 건설하려는 영국핵연료공사(British Nuclear Fuels Ltd, BNFL)의 계획을 둘러싸고 개최되었다. 의장은 고등법원 판사인 파커가 맡았고, 법정에 준하는 수준의 대립적 분위기에서 운영되었다. 뿐만 아니라 청문회에서 사실에 대한 입증책임은 계획 지지자가 아니라 **반대자들**에게 부과되었다(다시 말해 핵산업 쪽에서 자신들의 주장 근거를 입증하는 것이 아니라 반대자들이 BNFL의 주장 근거가 잘못되었음을 입증해야 했다). 청문회에서는 반대자들을 불리한 위치에 놓이게 한 여러 가지 특징이 추가적으로 드러났다.

• 파커 판사가 "정부정책의 장단점이 아니라 이와 관련된 **사실들**"을 강조한 것
• BNFL과 반대자들 사이의 자원 불균형—반대자들에게는 법률자문과 기술적 측면을 다룰 증인들이 필요했으나 정부로부터 아무런 지원도 제공되지 않음
• 쟁점이 아니라 증인의 순서에 따른 청문회의 구성—청문회 내내 전략을 계속 바꾸는 집단들을 조율해야 하는 문제를 야기함
• 청문회 과정에서 어떤 전술을 채택해야 하는가를 둘러싸고 반대집단

들 사이의 불확실성(과 이들 사이의 경쟁)으로 인한 분열과 조율능력 상실—BNFL의 과학자들이 벌여놓은 판 위에서 그들을 이기기 위해 통상적인 '기술' 논증을 채택해야 하는가, 아니면 윤리적인 혹은 드러내놓고 가치 지향적인 근거를 들어 핵에너지의 폐기를 요구해야 하는가?[12]

1978년 초에 파커 판사가 제출한 청문회의 최종보고서는 이런 특징들을 분명하게 보여주고 있다. 보고서에서는 열산화물 재처리공장을 원래 계획된 규모로 건설할 것을 권고하면서 반대자들의 주장을 일축해 버렸다. 이런 결론은 분명히 논쟁적이지만, 이 책의 논의 맥락에서 특히 의미 있는 것은 파커 판사가 반대편 증거의 수용을 거부했다는 점이다. 당시 『네이처』는 다음과 같이 보도했다.

파커는 논쟁을 새롭게 조명하기보다는 결정을 내리기 위해 그곳에 있었다. …[그는] 일단 BNFL에 우호적인 결정을 내리기로 결정하자 거의 모든 쟁점에 대해서 이런 결정을 옹호할 수 있는 방법을 찾아나섰다. 마치 어떤 사람이 무죄임을 증언할 준비가 되어 있는 한 무리의 증인들에 둘러싸인 판사가 유죄를 확신한 나머지 이들이 내놓은 증거를 통째로 기각해 버린 것과 흡사했다.[13]

반대진영의 여러 단체들은 파커 보고서에서 자신들의 증언들이 오해되거나 잘못 묘사되고 있다고 확신하게 되었고, 과연 참여가 가치 있는 활동이었는지 의심하게 되었다. 이 청문회는 환경운동의 로비활동을 위해서는 여러 면에서 유용했지만(예를 들어 청문회가 없었다면 비밀로 묻혔을 수도 있는 자료를 공개시키는 등), 과학-시민 상호작용(과 시민-법률 상호작용)이라는 측면에서는 실패한 것으로 보인다. 청문회의 구조 그 자체—특히 청문회의 법률적·과학적 기초—가 다양한 관점과 이해의 폭넓은 교환을 완강하게 가로막았던 것이다. 청문회의 결과를 본 반대단체들은 향후 개최될 핵관련 청문회에 참여하는 것이 가치 있는 일인지에 의문을 품게 되었다. 이러한 의사결정 방식은 이후 BSE, 대형위해, 2,4,5-T 등에서 일어날 일을 앞당겨 보여주었다.

물론 아래에서 논의하겠지만, 윈드스케일 청문회에 대한 여기서의 짧은 논의를 모든 형태의 대중참여는 필연적으로 똑같이 실패할 것이라는 의미로 받아들여서는 안 된다. 또한 그런 상황을 초래한 원인으로 **과학**—제도로서의 과학이건 인식론으로서의 과학이건—만을 비난해서는 안 된다는 점도 충분히 강조될 필요가 있다. 하지만 이 사례는 현재의 절차들이 좀더 폭넓은 이해나 목소리를 표출하는 것을 어떻게 저해하고 있는지를 분명하게 보여주고 있다.

앞에서의 짧은 설명은 4장과 5장에서 제시한 분석과 잘 부합하지만, 그렇다고 해서 과학과 시민의 조우가 모두 동일한 유형을 취할 거라고 생각해서는 안 된다. 이 사례가 특별히 상기시켜 주는 것은 단순한 '참여'만으로는 충분하지 않다는 사실이다. 왜냐하면 그와 같은 시민참여 시도들은 다양한 목표에 기여하도록 설계될 수 있고, 상이한 사회적 행위자들과 전문가기구들에 어느 정도의 상대적 권위를 부여할 것인가에 관한 가정들을 필연적으로 담게 될 것이기 때문이다. 이러한 가정들은 대체로 과학 중심적인 성격을 띠어왔기 때문에, 참여가 사회적 대화보다는 정당화를 목표로 설계된 것은 어찌 보면 당연한 귀결이다.

이 쟁점들을 다루기 위해서는 그동안 논의에서 묻혀 있었던 '과학-시민의 대화'를 위한 몇 가지 필요조건을 분명히 할 필요가 있다.

우리는 **과학-시민의 대화를 목표로 하는** 기획들의 실천을 탐구하면서 지금까지의 분석에서 도출된 특정 평가기준들을 염두에 두고 접근할 것이다. 이 평가기준은 다음과 같은 일련의 질문으로 가장 잘 표현할 수 있다.

- 이러한 '사회적 실험'을 통해 가령 제도가 신뢰할 수 있고 의지할 만한지에 관한 폭넓은 사회적 판단들이 표출되고 발전할 수 있는가?

- 실천적 기획들은 시민지식을 평가절하하기보다 이를 더욱 향상시킬 가능성을 제공하는가? 특히 대중집단이 지식 수용자뿐 아니라 생산자로 인식되는 것이 가능한가?

- 그러한 기획들은 과학에 대해 어떤 모델을 가정하고 있는가? 과학이 합의에 기초를 둔 동질적인 활동이며 사회적·기술적 논쟁과는 거리가 있다는 관념에 근거하고 있지는 않은가?

- 다양한 형태의 대중참여와 과학-시민의 상호작용이 실질적인(가령 정부 수준이나 산업체들의 관행에서) 정책변화를 가져올 수 있는가? 더 구체적으로 미래의 연구방향이나 과학실천의 조직을 위한 장기적인 함의를 찾아낼 수 있는가? '사회적 학습'이라는 개념은 이런 수준의 제도적 변화가 과학-시민의 만남이 가져다 줄 수 있는 가장 가치 있는 결과 중 하나일 것이라는 생각을 담고 있다.

이런 질문들은 대강의 아이디어를 보여줄 뿐, 모든 내용을 포괄하는 것은 아니다. 그렇지만 계몽적 관점이 아닌 시민 지향적 관점을 일단 채택하고 나면 어떤 종류의 실천적 재평가가 요구되는지를 잘 보여주고 있다. 또 분명한 것은, 이런 질문들이 정책결정의 개별적인 초점을 넘어 더 폭넓은 수준에서 사회적·기술적 진보 문제를 다루고 있다는 사실이다.

그러나 가장 근본적인 차원에서 이 모든 질문의 근저에는 '과학'과 '시민의 필요'가 실제로 양립할 수 있고 서로에게 이득을 가져다줄 수 있다는 가정이 자리 잡고 있다. 이 영역에서 이뤄지고 있는 사회적 실험의 근간에는 시민들이 과학을 접하면서 이득을 얻을 수 있다—그리고 과학 역시 시민들과 만나면서 이득을 얻을 수 있다—는 믿음이 깔려 있다. 설령 (우리가 4장에서 다룬 것과 마찬가지로) 현재의 사회적·제도적 과정들이 정보와 상호이해의 흐름을 다소 방해한다고 하더라도 말이다. 이런 믿음은 6장에 중대한 분석적 관점을 제공하고 있다. 이 장에서는 과학과 시민을 중개하는 구체적인 '이념형'의 하나인 과학상점을 통해 이 점을 보다 명시적으로 발전시킬 것이다.

여기서는 먼저 1979년 OECD에서 발간한 『시험대에 놓인 기술』(*Technology on Trial*)이라는 의미심장한 제목의 중요한 보고서와 관련해 이런 질문들을 생각해 볼 것이다. 여기서는 '상의하달식'(top-down) 확산을 넘어서는 접근법을 제공하는 듯 보이는(혹은 적어도 제공할 수 있는 능력을 갖춘) 기획들을 특별히 강조할 것이다.

시험대에 놓인 기술: 참여를 위한 초창기의 노력들

문제의 보고서는 경제협력개발기구(OECD)에서 "신기술 개발의 함의에 대해 대중에게 알리고 그들의 반응을 알아보며 의사결정 과정에 대중을 참여시키기 위한 효과적인 수단"을 고안하려는 전체 기획의 일부였다. 많은 점에서 이 보고서는 『시민과학』이 내세운 목표 및 의도와는 크나큰 차이를 보였다.

> 본 연구에서는… 과학기술과 관련된 의사결정에 참여를 확대하라는 대중의 요구에 대해 정부들이 어떻게 대응해 왔는지를 다루고자 한다. 대체로 볼 때 본 연구는 시민참여의 과정을 **시민들이나 시민집단의 관점이 아닌, 정부의 관점에서** 바라보고 있다.(강조는 인용자)[14]

그럼에도 불구하고 『시험대에 놓인 기술』은 1970년대 말 시점에서 '시민참여'에 관한 '최신 동향'을 훌륭하게 담아내고 있다. 뿐만 아니라 1970년대는 이러한 쟁점들에 대한 관심이 높았던 시기였고, 당시 OECD 보고서가 확립한 포괄적인 개념틀은 오늘날까지 여전히 유효하다.

OECD 보고서는 "과학기술 관련 쟁점에서의 의사결정 과정에 더 직접적인 참여를 요구하는 대중의 압력"에 대한 정부의 대응을 네 가지 범주로 제시하고 있다. 대중에 대한 정보제공, 정책결정자에 대한 정보제공, 이해갈등 조정, 협력적 의사결정이 그것이다. 다음의 요약에서는 앞의 두 범주에 특히 주목할 것이다.

대중에 대한 정보제공

이 범주에는 '대중의 정보 접근권'(가령 미국의 정보자유법Freedom of Information Act)과 '의사결정의 성격, 범위, 시기에 대한 정보제공'(예컨대 미국의 『연방관보』*Federal Register*가 제공하는 것)이 포함된다. 그러나 여기서의 논의에 가장 부합하는 것은 이 범주에 포함된 세번째 항목인 '과학기술 관련 사안에 대한 대중의 이해를 증진(!)하기 위한 정부의 노력'이다. OECD는 이 범주에 속하는 일련의 활동들을 강조했다. 그 속에는 '고도로 중앙집권화된' 기획과 '분권화된' 기획, 즉 정부가 주관하는 프로그램과 지역의 비정부기구가 주관하는 프로그램이 모두 포함된다(정부의 자금지원이 반드시 중앙집권화로 이어지는 것은 아니다). 또한 주제에서도 (우주와 우주탐사에 대한 정보를 대중에게 제공하기 위한 미 항공우주국 NASA의 구체적인 프로그램에서 매우 일반적인 정보제공 캠페인까지) 넓은 범위를 포괄한다. 이러한 활동들은 단순히 '사실들을 널리 알리는' 데 그치지 않고 '대규모의 대중적 토론과 논쟁을 장려하기 위한 의도적인 노력'을 얼마만큼 기울이는가의 측면에서도 매우 다양하다.

따라서 앞서 제시한 질문들 이외에 (그와 연관은 있지만) 다른 평가기준들—중앙집권의 정도, 주제의 폭, (단순한 '확산'과 반대되는 의미에서) 토론/논쟁과의 연계—이 새롭게 나타났다. 이러한 토대 위에서 우리는 OECD 보고서가 다룬 '대중이해' 영역의 실제 실천노력들을 검토할 수 있다. 그 노력들에는 다음과 같은 것들이 포함된다.

스터디서클 방식　예를 들어 스웨덴에서는 민간 핵발전 프로그램에 관한 토론과 이해를 촉발하기 위해 소규모 스터디서클 체계가 만들어졌다. 대부분 임시로 만들어진 스터디서클들은 전국에 흩어져 있었으며 정부로부터 자금지원을 받았다. OECD 보고서에 따르면, 스웨덴 정부는 종합적인 '에너지 대중교육 프로그램'을 착수하면서 주요 목표를 두 가지로 잡고 시작했다. 의사결정의 기반을 확장하고 에너지정책에 대한 합의를 이뤄내는 것이 그것이었다. (스웨덴에서 그 기원이 적어도 한 세기 전으로 거슬러 올라가는) 스터디서클 방식은 두 가지 목표를 모두 충족시킬 수 있는 가능성을 지녔다. 그러나 스웨덴의 경험은 '분명히 뒤섞인 결과'를 제시했다고 볼 수 있다.

> 스터디서클들에서 나온 보고서에서는 불확실성과 혼란이 지속되고 때로 증폭되기도 한다는 사실이 드러났다. 뿐만 아니라 스터디서클 활동이 대중의 태도에 직접 미치는 영향을 조사한 후속 설문조사는 참여한 사람과 그렇지 않은 사람 사이의 견해차이가 미미함을 보여주었다. 반면 1974년 말과 1975년 초에 개최된 4차례의 공청회가 [대중의] 태도에 끼친 영향에 대한 연구는 대중이 정부의 입장을 좀더 공감하는 방향으로 다소 변화가 있었음을 보여주었다.[15]

스터디서클 같은 시도가 언제나 합의를 이끌어내지는 못하며, 때로는 견해의 양극화를 초래할 수도 있다. 핵발전에 대한 대중의 태도를 다룬 별도의 연구에서 이미 지적되었다시피, "지식이 긍정적인 태도를 낳는 것은 아니다. 오히려 부정적인 태도를 갖고 있는 사람들이 지식을 얻고자 하고 자신들의 주장을 뒷받침하는 방향으로 그것을 해석하려 한다."[16]

대중 정보제공 캠페인   1979년 발간된 OECD 보고서는 대중 정보제공 캠페인에 대한 여러 나라의 경험을 조사했다. 오스트리아, 캐나다, 덴마크, 프랑스, 독일은 이 캠페인을 실험한 적이 있다. 가령 독일정부는 1975년부터 핵에너지에 대한 정부의 관점을 설명하는 것을 주요 목표로 설정한 대중캠페인을 시작했다. 캠페인은 대중광고, 기술보고서 배포, 공개 세미나와 토론, '대상 인구집단'에 관한 세미나 및 활동 촉진, 학교와 평생교육센터에 '에너지 정보꾸러미' 비치, 정당·대기업·노동조합을 참여시키기 위한 노력 등을 통해 이루어졌다. OECD 보고서에 따르면, 이 활동에 1976년부터 1978년까지 3년 동안 600만 달러가 지출된 것으로 추정된다.

OECD 보고서는 독일 프로그램의 몇 가지 특징을 지적하고 있다. 먼저, 반핵단체들은 이것이 '핵선전'이라며 대체로 반대입장을 견지했는데, 이는 앞선 장들에서 제시한 분석에 잘 부합한다. 둘째로, 이와 같은 정보제공 캠페인은 강력한 반핵운동의 성장을 저해하거나 억제하는 데 거의 기여하지 못했다. 셋째, 좀더 넓게 볼 때에도 일반국민들의 여론에 두드러지게 영향을 끼쳤다는 증거를 찾기 어렵다. 그러나 독일의 시도는 다른 나라의 경험과 비교해 볼 수 있고, 이때 몇 가지 새로운 사실이 드러난다.

첫째, 그러한 노력들은 폭넓은 문화와 국가적 전통을 반영해야만 한다. 예컨대 '스터디서클' 방식은 (설사 그것이 가능하다 하더라도) 다른 나라로 손쉽게 이전시킬 수 없다. 이 점은 국제적 경험에서 교훈을 이끌어내려고 할 때 매우 중요하다.

둘째, 국가 차원의 대중 정보제공 캠페인은 임시적이고 파편화되는 경향을 보이며, 정부는 대체로 이 영역에서 장기적인 역할을 도맡지 않는다.

셋째, 우리의 논의를 위해 매우 중요한 점인데, 가령 각국 정부가 정보제공 캠페인을 통해 성취하려는 목표는 국가별로 크게 다를 수 있다(심지어 한 국가 내에서도 시간이 지나면서 목표가 바뀔 수 있다). 그러나 '교육'은 일반적으로 그 목표가 되지 못하는 것 같다.

협소한 고전적 의미에서의 대중교육은 이런 활동의 단일한 내지 일차적인 목표가 아닌 것으로 보인다. 많은 경우 대중 정보제공 캠페인을 시작하게 만드는 주된 동기는 논쟁을 진정시키고 시간을 벌어서 정치적인 불화를 초래할 수 있는 신속한 결정을 회피하는 데 있는 듯하다. 일부 사례들에서는 정부가 과거에 내렸거나 현재 내려야 하는 결정에 신뢰성과 정당성을 부여하려는 정당화 기능이 그러한 캠페인의 주요한 목적이었다.[17]

마지막으로, OECD 보고서는 대중 '교육'이 기술적 세부사항에 대한 설명을 넘어 과학기술 발전과 연관된 폭넓은 사회적·경제적·정치적 측면들을 포괄해야 한다고 지적한다. 이 보고서는 앞선 장들에서 제시한 분석에 다시 한번 잘 부합하는 논의를 전개했다. 앞에서 언급한 각국의 경험을 보면 일반대중들이 가령 핵발전의 기술적 세부사항에 특별히 관심이 있는 것은 아니다. 오히려 대중집단은 원자로 안전, 핵연료 재처리, 핵폐기물 처분 같은 폭넓은 쟁점들을 훨씬 더 중요하다고 여긴다. 대중이 이런 쟁점들을 다루는 방식은 다시 믿음과 신뢰성의 문제와 연관된다. "특정 위험들에 대한 대중의 수용 여부는 정부가 이 모든 요인을 견주어 평가할 능력을 갖추고 있는지와 대중이 정부의 제도·정당성·신뢰성에 믿음을 갖고 있는지에 크게 의존하는 것으로 보인다.”[18]

이렇게 좀더 폭넓은 관점에서 보면, 정부의 정보제공 노력들이 매우 유용한 목표에 기여해 왔을 수도 있다.

> 이러한 노력은 시민들이 이 사안들에 대해 높은 수준의 기술적 전문성을 갖추는 데는 실패했는지도 모르지만, 일반대중이 예컨대 핵발전 논쟁을 둘러싼 다양한 요인들을 인지할 수 있도록 하는 기여를 했다. 과거에 이런 논쟁은 산업계의 이해관계에 의해 지배되었고 오로지 과학기술적인 고려·능력·전문성에 따라 판단이 내려졌다.[19]

과학교육 프로그램　　OECD의 정의에 따르면, 과학교육 프로그램은 일반적인 ‘대중이해’를 증진시키기 위한 활동이다. OECD는 이 영역에서의 활동을 소개하기 위해 미국과 네덜란드의 사례를 들고 있다.

예를 들어 미국에서는 대중의 과학이해 증진을 위한 국립과학재단(NSF)의 노력이 있었다. 이 프로그램에서는 주(州)나 지역 단위의 토론회·회의·워크숍 같은 분권화된 활동들이 특히 주목받았다. ‘시민을 위한 과학’(Science for Citizens) 프로그램에서는 시민들이 의사결정 과정에 효과적으로 참여하는 데 필요한 기술적 정보를 제공하는 메커니즘을 개발하는 노력을 기울였다. 그런 노력의 일환으로 개별 과학자와 엔지니어가 자신의 전문성을 시민단체들에 제공하는 ‘공공서비스과학주재원’(Public

Service Science Residency)[20]과 '인턴' 제도가 시행되기도 했다.

그러나 OECD 보고서는 (다른 나라와 마찬가지로) 미국에서도 시민집단에 대한 재정지원을 둘러싸고 논쟁이 전개되어 왔음을 보여주고 있다. 정부는—종종 정부의 계획과 시도에 반대운동을 펼치는—반대집단에게 어느 정도의 지원을 해야 하는가?

과학기술과 언론　OECD 보고서는 '대중에 대한 정보제공' 논의의 마지막으로 언론보도와 대중이 과학에 대해 갖는 태도 사이의 관계를 지적한다.

언론은 정부의 의사결정과정이 좀더 면밀한 공개적 검토를 거치도록 하고, 시민들에게는 일상생활의 모든 측면에 관해 더 시의적절한 정보를 제공해 왔다. …그러나 과학기술 관련 쟁점에 관한 언론보도는 많은 경우 들쑥날쑥하고 불완전하며 매우 선별적으로 이루어진다.[21]

이 책에서 논의된 사례들에서 대중매체는 부수적인 역할만 했다는 사실도 유념해야 한다. 대중매체는 그 속성상 분화된 대중들이 가지고 있는 지식과 문제정의와는 거리가 있는 것으로 보인다.

OECD 보고서는 이 절의 전체적 결론부분에서 현재까지도 여전히 중요한 여러 가지 지적들을 하고 있다. 그중에는 제도의 신뢰성이 지닌 중요성과 '대중의 무지'라는 문제가 포함되어 있다.

마지막이자 가장 중요한 것으로, 대중이 지닌 정보나 이해(혹은 일각에서 주장하듯 그런 정보나 이해의 결핍)의 문제를 올바른 관점에서 자리매김해야 한다. …특정 과학기술 프로그램을 반대하는 사람들 중 상당수는 해당 기술의 세부사항이나 연관된 위험에 대해 대단히 잘 알고 있다. 또한 대중의 회의적 태도는 한 가지 이유만으로 설명할 수 있는 것이 아니다. 많은 경우 그러한 태도는 어떤 사회적 목표가 추구되는지, 어떤 보호조치가 취해지는지 그리고 비용과 편익이 사회 전체에 어떻게 분배되는지와 같은 다양한 질문들에 대해 대중이 품고 있는 일단의 관심사와 우려들로부터 유래한다.[22]

OECD 보고서는 지식과 행동의 관계에 대해서도 지적하고 있다.

정보를 효과적으로 활용할 수단이 없는 상태에서 정보접근권을 갖는 것은 받침점 없는 지렛대를 갖고 있는 것과 마찬가지이다. 정보에 대한 대중의 요구는 정부의 의사결정에서 대중참여의 기회가 좀더 확대되고 직접적인 것이 되어야 한다는 요구와 긴밀하게 연관되어 있다.[23]

정책결정자들에 대한 정보제공

이 절과 같은 제목을 가진 『시험대에 놓인 기술』의 한 장에서는 정책결정과 시민집단의 관계를 다루고 있다. 따라서 자문기구(농약자문위원회를 포함하는 범주)는 이런 견지에서 매우 제약된 것으로 그려진다. "자문 기제는… 폭넓은 대중참여의 기제로는 그 효용성이 제한적이다. 대다수 시민들은 [자문과정에 참여하기 위해] 요구되는 시간적 여유나 전문성, 관심을 갖고 있지 않다."[24]

　　같은 장에서 입법기관이나 의회의 청문회도 논의하고 있지만, 주된 관심은 '조사위원회'(commissions of inquiry)에 맞추어져 있다. 조사위원회의 사례로는 두 가지가 비교적 상세하게 다루어지는데, (앞서 다룬) 윈드스케일 청문회와 1970년대 중반 캐나다에서 열린 매켄지 계곡 송유관 청문회이다. 후자는 '대중참여' 시도의 사례들 중에서 가장 많이 논의된 것 중 하나이기 때문에 (그리고 윈드스케일 청문회의 진행과는 크나큰 차이를 보여주기 때문에) 여기서 간략히 개관해 볼 가치가 있다. OECD 보고서는 두 청문회의 차이를 다음과 같이 요약한다.

　　윈드스케일 청문회의 특징이 부분적으로 경합하는 사실과 논리들 사이의 심리(審理)과정에 있었다면, 매켄지 계곡 송유관 청문회는 의식고양을 위한 대학의 강연회 분위기였다. 전자가 법정이었다면 후자는 학교였다.[25]

　　매켄지 계곡 송유관 청문회의 공식적인 목적은 노스웨스트 준주(準州)와 유콘 준주에 천연가스 송유관을 부설하려는 계획이 사회적 · 경제적 · 환경적으로 주게 될 영향을 조사하는 것이었다. 공식적인 청문회 절차는 1975년 3월에 시작되었고 1976년 11월에 종결되었다. 이 기간 동안 얼마나 다양한 청문회들이 열렸는지, 또—가치와 지식을 포함해—가능한 한 폭넓은 관점들을 포괄하기 위해 어떤 시도가 있었는지를 살펴보면 윈드스케일 청문회와 다른 중대한 차이를 확인할 수 있다.

- **예비** 청문회는 쟁점들을 부각시켰다. 예를 들어 매켄지 계곡 일대와 연관된 모든 잠재적 활동을 포괄할 수 있도록 청문회를 확장하는 일을 했다.
- **공식** 청문회는 관련된 모든 정보를 완전히 공개해서 누구나 볼 수 있게 한다는 원칙 아래 조직되었다.
- **특별** 청문회는 잠재적 천연가스 생산업체로부터 증언을 들었다.
- **남부** 청문회는 캐나다 전역의 대도시들에서 열렸고 더 많은 캐나다 국민들이 이 문제에 관심을 갖게 하는 효과를 가져왔다.
- 우리의 논의를 위해 가장 중요한 **지역사회** 청문회는 캐나다 북부 28개 시·읍·마을·정착지에서 열렸고 비공식적인 형태를 취했다.
- 특히 증인들에 대한 반대심문은 없었으며, 증인들은 (OECD 보고서에서 잘 표현하고 있듯이) 그냥 "자신들의 마음에 있는 것을 말했다."

OECD 보고서의 설명에 따르면, 이 같은 대중참여와 접근가능성은 두 가지 주요한 결과를 가져왔다. 먼저, 윈드스케일 청문회나 산업체들이 채택하는 자문위원회 기반의 점진적 접근의 개념틀에서는 불가능했을 방식으로 근본적인 가치들이 표출될 수 있었다. 다름 아닌 '땅'에 대한 개념을 둘러싼 견해차이는 이러한 근본적 가치 갈등을 상징적으로 보여준다. 주민 대표 중 한 사람은 지역사회 청문회에서 이렇게 지적했다.

땅은 현재 살고 있는 사람들만의 것이 아니라, 과거세대 그리고 아직 태어나지 않은 미래세대의 것이기도 하다. 과거세대와 미래세대는 현재세대와 마찬가지로 부족 전체의 일부다. 또한 땅은 인간뿐 아니라 다른 생명체들의 것이

기도 하다. 그들 역시 [땅에 대해] 이해관계를 가지고 있다.[26]

둘째도 이 책의 전반적 논의에서와 마찬가지로 중요한 것인데, 전문가들을 없애버릴지 모른다는 두려움 없이 다른 형태의 지식들(특히 맥락적으로 형성된 지식)이 표출될 수 있었다. OECD 보고서에서는 이에 대해 매우 설득력 있는 주장을 펼친다.

기술과 거리가 먼 사람들이 지역사회 청문회에서 했던 증언은 전문적 기술지식을 갖춘 사람들만이 기술관련 사안에 대한 의사결정을 내릴 수 있다는 통상적 믿음이 틀릴 수 있음을 보여주었다. 청문회에서는 다양한 자연현상들, 가령 보퍼트 해(海)의 [생태적] 취약성, 해저 빙쇄굴(ice scour), 원주민들이 사냥을 하거나 덫을 놓는 관행 등과 관련해 이른바 '비전문가'들이 중요한 통찰과 정보를 제공하는 일이 거듭 나타났다. 이러한 '비전문가'의 증언은 개발 프로젝트가 끼칠 수 있는 정량적·정성적 영향을 좀더 포괄적으로 이해할 수 있는 요소들을 제공해 주었다.[27]

따라서 매켄지 계곡 송유관 청문회와 윈드스케일 청문회는 **가치들**과 가치표출의 중요성에 관해, 지식과 전문성 및 서로 다른 사회집단이 보유한 지식과 전문성에 관해, **시민권**과 폭넓은 참여기반의 성취가 갖는 내재적 가치에 관해 매우 다른 가정들을 담고 있었던 것으로 보인다. 두 청문회는 사회발전과 기술발전의 본질 그 자체에 대해 뚜렷이 구분되는 상이한 관념에 근거해 운영되었다. 윈드스케일 공청회가 '합리적'인 방법을 찾으려는 시도처럼 보였다면, 매켄지 계곡 송유관 공청회는 다양한 시나리오와 사회적 가정들을 드러내놓고 포용하려 했다.

매켄지 계곡 모델도 나름의 문제점을 안고 있다. 특히 비용, 시간지연 그리고 결국에는 결정을 의무적으로 내려야만 한다는 측면에서 그렇다. 그러나 이는 정책과정에 대한 시민참여를 증진시키는 한 가지 근사적 모델을 제안해 주고 있다. 특히 매켄지 청문회는 대규모의 의사결정 구조가 시민들의 가치나 이해에 항상 무관심한 것은 아니라는 사실도 보여주고 있다.

이해갈등의 조정

OECD 보고서의 이 장에서는 '새로운 참여수요'에 부응하기 위한 정부의 여러 노력들을 다루고 있다. 행정적 의사결정, 규제관련 의사결정, 시민들이 행정적·사법적 소원(訴願)절차를 통해 법률체계에 호소하는 것 등이 여기에 포함된다. 일찍이 재서노프가 말했듯이, 시민들이 그러한 법적 절차들을 통해 의사결정에 이의를 제기하고 나설 가능성은 상당히 높다.[28]

협력적 의사결정

보다 협력적인 참여양식을 특징짓는 요소는 일반대중의 대표자들을 단순한 정보제공자가 아니라 협상파트너로 참여시키며, 대중의 관심사가 확실히 반영된 결정이 내려질 수 있도록 대표자들에게 일정한 권능을 부여한다는 데 있다.[29]

인용문에서 명확하게 드러나는 것처럼, 협력적 의사결정이라는 중요한 범주는 대중을 실제 의사결정 과정에 포함시키려는 사회적 실험과 관련이 있다. 주민투표는 이를 보여주는 다소 논쟁적인 모델 가운데 하나인데, 가령 핵발전 문제와 관련해 국가·주(州)·지방 단위의 주민투표가 몇몇 나라들—예를 들어 캘리포니아와 다소 제한적인 수준에서 서유럽의 일부 국가—에서 시행된 바 있다.

협력적 의사결정을 위해 공개적이고 책임 있는 방식으로 기술관련 논쟁을 해결하기 위한 새로운 시도들이 제안되기도 했다. 가능한 방법의 하나로 1960년대에 처음 제안된 과학법정(Science Court)의 개념이 있다. 그 형태는 다양할 수 있지만 기본적으로는 대중성원, (지방 혹은 중앙) 정부대표, 과학자들이 한데 모여 상대적으로 구조화된 방식의 토론과 논쟁을 전개할 수 있는 하나의 포럼이다. "이런 토론은 기술적 의견불일치의 성격을 분명하게 하고 이러한 불일치가 정치적 관심사 및 가치와 맺는 관계를 명확하게 하는 데 기여할 수 있다." [30]

『시험대에 놓인 기술』의 결론부에서는 대중참여, 정보, 이해에 관해 몇 가지를 추가로 지적하고 있다.[31] OECD 연구에서 부각된 점 가운데 하나는 정보를 제공하는 **시점**이 중요하다는 것이다. 대중은 "쟁점들이 정치화되고 견해들이 양극화된 이후가 아니라, 정책의 목표와 목적이 형성되고 있는 단계에서" 정보를 제공받을 필요가 있다.[32]

이 장 맨 앞에 있는 하버마스의 인용문에서도 암시되고 있지만, 대중토론은 '말단'에서의 활동에 그쳐서는 안 된다. 다시 말해 기술발전 과정이 진행되고 난 후에 시작되는 그런 행동이 되어서는 안 된다는 것이다. 이것은 '지속가능한 미래'에 관한 그 어떤 논의에서도 중요한 점이다. 또 OECD 보고서는 '좀더 다원화된 정보원천'이 필요하다고 주장하고 있는데, 이 점은 4장에서 위해문제에 직면한 지역사회를 다룰 때 지적한 바 있다. 여기서 정보와 행동은 반드시 서로 연관을 맺고 있어야 한다.

우리가 이 보고서에서 보이려 한 것처럼, 정보를 제공하고 시민들이 더 많은 정보를 갖도록 장려하는 것은 대중참여의 한 가지 측면에 불과하다. 그에 못 지않게 중요한 것은 시민들이 의사결정 과정이나 포럼에서 자신의 생각을 표현할 수 있는 가능성과 기회를 제공하는 것이다. 대중들의 이런 참여형태에 대한 요구는 대의제 정부에 새로운 도전을 제기하고 있다.[33]

시험대에 놓인 과학기술: 토론과 발전

앞선 장들과 이 장에서 논의를 통해 알 수 있는 바와 같이, 1979년에 OECD가 제시한 의제와 개념틀은 현재도 상당한 유효성을 가지고 있다. 물론 그것은 『시험대에 놓인 기술』이 시대를 앞서는 선견지명을 가진 저작이었기 때문이기도 하지만, 1980년대 내내 이러한 논의들이 상대적으로 거의 진전을 보지 못했기 때문이기도 하다. 게다가 앞서 서술된 몇몇 시도들은 시간이 지나면서 정부의 지원이나 재정후원이 중단되었다. 레이턴 등은 1981년에 미국국립과학재단의 '시민을 위한 과학' 프로그램이 중단된 사실에 주목했다. 이런 프로그램은 기초과학 연구보다 우선순위가 낮은 것으로 간주되었기 때문이다.[34] 두말할 것 없이 이 사례는 과학예산 내에서 이러한 영역 전체가 차지하는 상대적 중요성에 관해 많은 질문을 던지고 있다.

그러나 이런 식의 기술(記述)을 계속하기보다는 앞서 간략히 설명한 내용에서 드러난 몇 가지 질문과 쟁점, 긴장지점 들에 대해 잠시 생각해 보는 것이 유익하다. 이 장 앞부분에서는 '시민-과학 실험'을 평가하는 일반적인 평가기준 목록을 제안했다. 제시된 사례들은 이 기준들과 관련되어 있으며, 고려되어야 하는 근본적인 질문들과도 관련이 있다. 이러한 쟁점과 질문들은 앞서 제기한 '참여의 딜레마'와 다시 연결된다.

우리가 이 질문들을 풀어나가면 무엇보다 이런 실험들이 "사회적 판단의 표현과 발전을 어느 정도로 허용하는가"라는 면에서 매우 다양하다는 사실을 알 수 있다. 법률적·과학적 근거에 입각한 윈드스케일 청문회는 이러한 표현들을 극히 제한적으로만 허용했고, '부적절한' 논증의 배제가 더욱 심해진 최종보고서에서는 이 경향이 한층 강화되었다. 이와 같은 상황은 3장에서 제시한 의사결정 과정의 과학중심성이 낳은 결과인 것 같다. 이와 대조적으로 매켄지 계곡 송유관 청문회는 '대중의 목소리를 듣기 위한' 실질적인 노력을 기울였다. 그러나 '대중참여'의 존재 그 자체만으로는 폭넓은 토론이 허용되는 것을 보증할 수 없으며, 그런 토론이 허용되는 경우에도 그 결과가 의사결정 과정에 실제로 영향을 끼칠 것인지를 장담할 수는 없다. 토론의 범위를 넓히고 다양한 관점들이 대표될 수 있도록 적절한 사회적 과정 및 절차를 확립하려는 의지가 결여된 '참여'는 여전히 환원주의적 접근에서 벗어나지 못할 것이다.

이러한 논점은 대중집단이 지식의 수용자인 동시에 생산자라는 관념과 밀접하게 연관되어 있다. 참여기제들은 그러한 이해를 강화시키는가, 아니면 이해의 질을 떨어뜨리는가? 앞서 언급한 사례들에서는 이 책에서 여러 차례 논의된 '계몽'모델로 인해 '이해의 질적 저하'가 일어날 가능성이 분명히 존재한다. 분명 대다수의 참여기제들에는 일반적인 '상의하달식' 가정이 내포되어 있는 것으로 보인다. 적어도 이 책에서 지금까지 제시된 증거에 따른다면 말이다. 전부는 아니라 할지라도 이러한 사례들 대부분에서 계몽의 관념이 강하게 드러난다. 가령 스웨덴 스터디서클의 경험은 합의창출에 실패했기 때문에 실망스러운 사례라고 생각되었다. 그러나 대중논쟁이 이해수준을 높이거나 정책의 정당성을 제고한다 하더라도, 그것이 반드시 합의에 도달할 거라고 보증할 수는 없다. 이 책에서의 분석은 대중이 과학적 논증을 접하게 되면 인지도가 향상되리라는 것을 보여주었지만, 이러한 인지도는 논쟁을 제거하는 것이 아니라 불확실성을 높이고 논쟁적 쟁점들을 불러일으킬 수도 있다. 이 같은 면모는 현대사회가 불가피하게 지니고 있는 특징인 것 같다. 낮은 확실성과 합의가능성(에 대한 믿음)은 이제 대세가 아닌지도 모른다.

앞에서 제기한 평가적인 질문들은 이러한 사례들로부터 어떤 정책변화나 연구의 함의를 끌어낼 것인가의 문제도 제기하고 있다. OECD 보고서에서 주장하고 있고 이 책의 4장에서도 지적했지만, 그런 변화의 가능성이 없다면 참여나 지식추구를 향한 동기부여는 거의 이루어질 수 없을 것이다. 앞에서 제시한 사례들은 이 시도들 중 상당수가 변화를 이뤄내려 하기보다는 정당화 목적으로 고안되었을 가능성을 시사하고 있다. '사회적 실험'에 대한 동기부여의 차이는 그것이 지닌 사회적·제도적 학습역량의 측면에서 엄청나게 상이한 결과로 이어질 수 있다.

이런 토론으로부터 몇 가지 주요한 결론이 도출된다.

- 이러저러한 시도가 있었는지 **여부**뿐만 아니라 그러한 시도가 이루어진 목적과 그 밑에 깔려 있는 가정들도 중요하다.
- 실천적인 행동과의 연계가 중요하다. 이 장에서 이미 논의한 바와 같이, 시민참여가 (정치적·산업적 결정에서건, 연구의 우선순위 선정에서건) 변화를 이뤄낼 수 있는 잠재력을 갖고 있지 않다면 진지한 고려대상이 될 수 없을 것이다(제도적인 정당화 노력의 일부로 시도되는 경우는 예외겠지만). 변화를 이루려면 논쟁이 벌어지는 시점에 상당한 주의를 기울여야 한다. 사회적 영향과 관련된 쟁점은 혁신과정이 일단 진행된 **후에야** 제기되는 게 보통인데,[35] 이는 시민참여에 심각한 장애가 되고 있다.
- 이러한 시도들에 내재한 세 가지 중요한 가정이 있다. 논쟁 속에서 폭넓은 **가치들**이 갖는 지위에 관한 가정(흔히 시민집단이 강조하는 차원이다), **지식**과 누가 그 지식을 갖고 있는가에 관한 가정, **시민권**과 민주적 참여의 역할에 관한 가정이 그것이다.

이런 쟁점들은 이와 유사한 다른 기획들에서도 잘 드러난다. 네덜란드에서 1981년에 시작되어 1985년까지 계속된, 에너지정책에 대한 대규모 대중논쟁을 예로 들어보자.[36] '전국확대논쟁'(broad national debate, BMD)은 다른 많은 기획들과 구분되는 일련의 목표를 갖고 있었다. 특히 폭넓은 토론을 장려하고 대중참여에 우호적인 분위기를 조성하며 에너지 문제에 관해 '잘 균형 잡힌'(그러나 '객관적'이거나 '중립적'인 것은 아닌) 정보를 제공하기 위해 고안되었다. 토론모임은 모든 네덜란드 시민이 자신의 집으로부터 7km 이내에서 모임에 참여할 수 있어야 한다는 원칙 아래 네덜란드 전역에 조직되었고, TV·라디오·학교도 논쟁에서 일정한 역할을 했다. 진정한 참여의 실천으로서 이 기획은 중요한 여러 가지 기준을 충족시키는 것으로 보인다. 그러나 이 기획은 최종보고서에 대한 정부의 반응 때문에 어려움을 겪었고, '전국확대논쟁'을 조직한 핵심 인물 중 한 사람은 보고서에 대해 '매우 실망스럽다'는 반응을 보였다(매켄지 계곡 송유관 청문회가 겪은 운명이기도 했다). 이런 반응은 다시 "시민들과 정치, 대중과 권력 사이의 신뢰성 간극을 심화"시켰는데, 그러한 기획들이 평가절하되지 않도록 하기 위해 실천적인 대응이 얼마나 중요한가를 다시 한번 보여주는 사례이다.

기술관련 의사결정에서 노동자 참여가 가지는 의미에 주목하는 것도 중요하다. 노동조합이 시민권을 표출하는 중요한 주체 중 하나라는 사실은 두말할 나위도 없다. 노동조합도 환경단체들과 마찬가지로 과학과 전문성에 대한 계몽주의적 가정의 지배 아래서 활동할지도 모르지만 말이다.

이런 맥락에서 가장 많이 논의된 노동자 주도적 실험은 1970년대 중반 루카스항공 노동자들의 '대안계획'일 것이다. 당시 영국의 주요 방위산업체 중 하나였던 루카스항공의 노조연합대표자위원회는 경영진의 해고와 공장폐쇄 계획에 맞서, 1976년 1월에 '대안기업계획'을 발족시켰다. 이 '계획'은 노동력 재배치를 위한 구체적이고 실천적인 제안을 제출하기 위해 노동자들이 보유하고 있는 기술적 숙련을 활용했다. 노조연합은 이 계획이 건강과 안전, 에너지 절약, 노동의 ‘인간화’를 촉진하기 때문에 ‘사회적으로 유용하다’고 생각했고, 구체적으로는 냉난방장치(heat pumps), 신장투석기, 도로/철도겸용 자동차 등이 제안되었다. 그러나 경영진이나 정부 어느 쪽도 이런 모험적인 시도를 지원하지 않았다. 이 사례는 지식도 중요하지만 이를 실천에 옮길 수 있는 조직화된 힘도 반드시 필요하다는 사실을 보여주고 있다.[37]

그럼에도 불구하고 뢰트 레이데스도르프와 페터 반 덴 베슬레어의 유용한 리뷰논문[38]에서 지적한 바와 같이, 루카스항공의 실험은 다른 곳에서 시행된 유사한 계획들에 영향을 주었다. 네덜란드에서 1980년대 중반까지 진행된 29건의 사례들이 여기에 포함된다. 그러나 그 계획들은 대체로 연구개발 수준까지 관여하지 못했고, 과학연구기관에 대한 자극제 역할을 하지도 못한 것 같다. 이는 특히 주로 노동자들과 과학자들의 상호작용이 부족했음을 말해 주고 있다.

> 앞에서 제시된 평가들은 지식집약 산업에서 회사의 이익에 부합하는 방식으로 기술개발을 추진하는 경영진의 능력이 커진 것과 선명한 대조를 이룬다. 이용할 수 있는 자원이 있고 공공부문의 연구개발 인력이 기꺼이 노동자 지향적인 문제들에 관한 연구를 하는 상황에서도, 노동자들의 관점은 장기적인 과학기술 발전의 수준까지 깊이 들어가지 못하는 것 같다.[39]

노동조합처럼 상대적으로 잘 조직된 대중집단조차 이렇게 어려움을 겪는다면, 다른 시민집단들은 과학기술 발전과정에 영향력을 행사하는 데 훨씬 더 큰 어려움을 겪을 것임은 두말할 나위도 없다.

지식사회에의 노동자 참여라는 관점에서 보았을 때, 결과는 우리가 예상했던 것보다 훨씬 더 암울하다. 우리 시스템 내에 과학기술의 경제적 통합을 견제할 만한 사회적 기반[예를 들어 노동자들]이 없다면 국민국가의 과학정책을—심지어 유럽공동체의 과학정책도—상상도 할 수 없기 때문이다. 노동조합이… 이런 면에서 성공적인 모습을 거의 보여주지 못했다면… 다른 조직들이 이런 유형의 의사결정에 접근하기를 기대할 여지는 그리 많지 않다. 이 사실이 서유럽의 혼합경제에 던져주는 함의는 매우 크다. 한마디로 우리는 우리 사회의 주요한 발전들에 대한 정치적 통제력을 잃어버렸다.[40]

이 사례를 검토할 때, 우리는 모든 노동조합이 레이데스도르프와 반 덴 베슬레어가 주장하는 변화에 열의를 보이지는 않는다는 점을 염두에 둬야 한다. 이런 의미에서 노동조합의 활동은 근대주의와 후기근대주의 활동방식의 경계에 있는 것 같다. 앞의 인용문의 요지는 과학기술의 발전방향에 대한 통제가 사회가 나아갈 방향을 형성하는 핵심 요인이라는 벡의 논의와도 매우 밀접하게 연결되어 있지만, 민주적 개입은 아직 이 영역을 뚫고 들어가지 못하고 있다.[41] 레이데스도르프와 반 덴 베슬레어는 이처럼 이러한 폭넓은 변화를 달성하는 유일한 방법으로 국가개입을 확대하고 대중에게 어떤 기술적 대안이 존재하는지에 관한 정보를 정기적으로 제공할 것을 제안하고 있다. "양질의 정보는 연구개발 시설과의 효과적인 접점을 만들어 내기 위한 첫번째 선결조건이다."[42]

그러나 '국가개입의 확대'는 고전적인 근대성의 전략일 수 있고, 이미 앞에서 살펴보았듯이 '양질의 정보'라는 것 자체가 논란의 여지가 있는 범주이다.

예측과 개입의 문제를 다루기 위한 또 하나의 방안으로 네덜란드에서 선구적으로 시도된 '구성적 기술영향평가'(constructive technology assessment, CTA)가 있다.

구성적 기술영향평가(CTA)의 목표는 기술변화를 고용증대와 노동의 질, 오염감축, 안전, 비용절감, 프라이버시, 기타 윤리적 고려들 같은 사회적 필요와 목적에 맞추는 것이다. 전통적인 기술영향평가(TA)가 기술이 외부에 미치는 영향과 조기경보에 초점을 맞추었다면 CTA는 기술변화 그 자체의 방향을 조정하는 쪽으로 관심을 이동했다. CTA는 설계 · 개발 · 실행 과정의 저변을 확대하고자 한다. …이는 여러 조직과 사회단체들 사이에서도 작동할 수 있다. 미래에 끼칠 영향을 내다보면서 동시에 더 나은 기술과 실행을 창출하는 사회적 학습과정이 시작될 수 있는 것이다.[43]

상대적으로 아직 발전 초기단계인 CTA는 기술사회학의 최근 연구성과에 명시적으로 의존하고 있다. 이런 연구성과들은 기술발전이 우연적이고 사회적으로 협상되는 성격을 지녔음을 강조한다. 이에 따르면 기술은 인간행위자들이 내린 일련의 결정들로부터 출현하는 결과물이다. 기술에는 기술적인 요소뿐만 아니라 사회적인 요소도 체화되어 있다. 기술은 일정한 유연성을 가진다. 다시 말해 어떤 기술의 최종형태에는 '운신(혹은 선택)의 여지'가 남아 있다. 그러나 기술이 일단 도입되고 나면 극도로 **경직된** 것으로 바뀔 수 있다. 따라서 CTA의 과제는 혁신에 앞서 기술을 '적극적으로 형성'하는 것이 된다.[44]

그렇다면 특정 기술의 설계단계에 초점을 맞추면서 처음부터 사회적인 악영향을 예측하는 데 관심을 집중해야 한다. 또한 기술발전의 이 단계에서는 폭넓은 사회적 행위자집단의 의견개진과 참여가 요구된다. 이로써 이 책의 중심 주제인 시민과학에 대한 논의로 다시 귀결된다.

그러나 이 모든 구체적 논점과 사례들은 이 책에서 다룬 것과 같은 부담스러운 사회적 상황에서 과연 과학이 시민들의 필요를 충족시킬 수 있는가 하는 근본적인 질문으로 다시 연결된다. 앞선 두 장에서 우리는 이런 '상호교류'에 심각한 문제가 있음을 알게 되었고, 이 장에서 제시한—가장 적극적이고 진보적으로 보이는 실험들을 포함해서—사례들에서도 동일한 긴장을 발견할 수 있었다. OECD 보고서에서 거듭 보여준 것처럼 과학은 합의를 이끌어내기보다는 혼란과 의심만 가중시켜 왔다. 이는 그러한 사례들에서 과학과 시민 사이에 '간극'이 존재함을 보여주는 듯하다(서로 다른 시민들 사이에도 그런 '간극'이 존재할 거라는 점을 항상 기억해야 한다). 이러한 간극은 단지 활동과 노력이 불충분했기 때문이 아니라 구조적인 것 같다. 대중참여는 물론이고 과학–시민의 상호작용에 대한 지금까지의 모든 논의에 그야말로 근본적인 문제인 것이다. 우리는 과학–시민의 상호작용에서 하나의 '이념형'인 '과학상점'을 통해 이 문제에 대한 대응을 시작할 수 있다.

과학-시민의 중개: 과학상점 사례

1979년 OECD 보고서는 '새로운 조정절차'에 관해 논의하면서 네덜란드 정부가 다섯 개 대학에 재정지원을 한 '시범'사업에 대해 간략하게 언급한다. 이 사업은 대학의 연구자들과 잠재적인 의뢰인집단을 '중개'하려는 의도를 갖고 있었다.

여기서 소개하는 일명 '과학상점'이라는 메커니즘의 목표는 소외집단에 봉사하는 사회적으로 적절한 연구개발('행동연구')을 촉진하는 데 있다. …물론 '과학상점' 실험은 상대적으로 소규모이며, 대체로 연구자들과 운영진이 자발적으로 시간과 정력을 투입하는 데 의지하고 있다. 그럼에도 불구하고 과학상점은 대학의 연구자들과 지역 주민단체 사이에 새로운 의사소통 연결고리들이 성장하도록 장려하고, 연구자들이 지역사회의 문제를 인지할 수 있도록 고무하며, 과학기술 전문가와 일반대중의 긴밀한 상호작용을 촉진하는 데 기여해 왔다.[45]

사실 과학상점은 (적어도 서유럽에서는) 이 영역 전체를 통틀어 가장 눈에 띄게 성공한 실험 가운데 하나이다. 뒤에서 논의하겠지만, 과학상점들이 중대한 문제점과 쟁점들에 직면해 있는 것은 사실이다. 그러나 이제 과학상점은 네덜란드의 모든 대학에 설치되어 있고(한 학교에 2개 이상 있는 경우도 있다), 독일·벨기에·프랑스·덴마크·영국 등지에도 관련 계획들이 진행중이다.[46] 간단히 말해, 과학상점은 정보나 기술자문이 필요하지만 그것에 돈을 지불하거나 스스로 그것을 수집할 수 있는 수단을 갖고 있지 못한 대중들이 필요한 자원에 접근할 수 있는 수단을 제공해 준다. 이로써 과학상점은 이 책에서 다루고 있는 시민과 과학의 중개 유형에 대한 핵심적인 사례를 보여주고 있다. 여기서 특별히 과학상점에 대해 논의하는 것은 과학상점이 이 영역에서 비교적 효과적으로 작동해 왔기 때문이다.

'과학상점'이라는 용어는 네덜란드어 wetenschapswinkel을 번역한 것으로 네덜란드는 과학상점이 가장 잘 확립되어 있는 나라이다. 한 추정치에 따르면 네덜란드의 과학상점들은 1987년 1월까지 총 1만 1천여 건의 의뢰를 받았다. 초기에 설립된 과학상점 중 하나인 암스테르담대학 과학상점에 접수된 의뢰를 주제별로 분류하면 환경문제, 보건, 산업보건 및 산업안전, 교육과 육아, 주거, 작업장, 법률, 사회복지, 제3세계 순의 빈도를 보였다. 의뢰인집단도 환경단체, 도시 주민단체, 노동조합, 사회복지사, 여성단체, 세입자단체, 제3세계 단체 등으로 주제만큼이나 다양하다. 여기서 (특히 '상점'이라는 단어의 통상적인 의미를 감안해) 언급해 둘 필요가 있는 것은 과학상점이 특정 프로젝트에 착수할 것을 결정할 때 일반적으로 적용하는 세 가지 기준이다.

- 의뢰인집단이 연구비를 지불할 능력이 없어야 한다.
- 상업적인 동기가 없어야 한다.
- 모종의 실용적 목적을 위해 결과를 활용하겠다는 입장을 갖고 있어야 한다.

아울러 여기서 '과학'이라는 단어가 오해를 불러올 수 있다는 점도 지적할 필요가 있다. 과학상점은 '과학적' 질문뿐만 아니라 사회과학이나 인문학의 쟁점도 포괄하기 때문이다(네덜란드의 과학상점 가운데는 '화학상점'이나 '역사상점'처럼 특화된 과학상점도 있다). 이렇게 다루는 범위가 넓은 것은 두말할 나위 없이 특정한 기술적 쟁점이 지닌 폭넓은 사회적 의미를 파악하는 데 도움이 된다.

과학상점에 접수되는 전형적인 의뢰로는 다음과 같은 것들이 있다. 북아일랜드 과학상점에서는 주택개발이 예정된 부지에 예전에 있던 가스저장소가 토양오염에 따른 건강상의 위험을 야기하는지 알고 싶어하는 주민단체의 의뢰가 있었고, 네덜란드의 네이메흔 과학상점에서는 자신들의 마을을 대규모 관광단지로 개발하려는 계획에 대해 우려를 갖고 있던 지역단체가 도움과 자문을 요청해 왔으며, 프랑스 과학상점네트워크에서는 자신들이 거주하는 공영 아파트단지의 난방비용에 대해 관심이 있는 세입자단체가 '전문가 보고서'에 대한 독립적인 평가를 요청해 왔다.

이러한 의뢰들을 사려 깊고 건설적인 방식으로 다루는 것은 과학상점 활동에서 얻을 수 있는 흥분(과 매우 고된 작업)의 많은 부분을 제공해 주었다. 이로써 과학상점은 이 책에서 제기한 많은 쟁점들을 고도로 실천적인 방식으로 다룰 수 있는 중요한 수단을 제공한다. 따라서 (수많은 사례들에서 볼 수 있듯) 과학상점은 기술적 자문뿐 아니라 일종의 '자조(自助) 네트워크'에서 중요한 행위자가 될 수 있는 위치에 있다. 다시 말해 과학상점은 문제를 의뢰한 집단들에게 유사한 경험과 문제들을 가진 다른 집단들을 소개해 주고, 이공계열 학생과 연구자들이 사회문제를 인지할 수 있게 하며, 조사해야 할 중요한 질문들을 던짐으로써 연구의제에 영향을 주고, 집단들이 자기 나름의 전문성을 발전시키고 향상시킬 수 있도록 도와주며, 다양한 집단들이 '과학을 전체 그림 안에서 바라볼' 수 있도록(즉 과학이 보편적인 문제해결자라는 관념에서 벗어날 수 있도록) 해주는 등의 역할을 한다. 따라서 최선의 경우 과학상점 활동은 시민들의 필요에 대한 혁신적이고 창의적인 유형의 대응을 제공할 수 있다. 이 책에서 소개한 다양한 사례들은 바로 그와 같은 대응을 요청하고 있는 것으로 보인다.

그러나 대중이 '과학'에 관한 자문이나 도움을 요청해 오는 일이 지역의 과학상점들에게 결코 간단한 과제로 받아들여지지는 않다는 사실은 분명하다. 과학상점 활동가들 스스로가 일반적으로 인식하고 있듯이, 이것은 고도로 성찰적이고 자기의식적인 과학상점 운영방식으로 나타나고 있다. 이어질 토론에서는 이런 복잡성과 어려움의 본질을 당장 직면한 중요 과제의 관점(가령 지역에 과학상점이 존재하는가? 지역 과학상점에서는 계몽주의적 시각을 취할 것인가? 지역 과학상점이 외부의 수요 수준에 대응할 능력을 갖추고 있는가?)이 아니라 이상적이고 전형적인 과학상점의 관점에서 생각해 보려 한다. 여기서 이상적이고 전형적인 과학상점이란 적절한 자원을 보유하고 있고, (가령 폭넓은 분과학문들을 포괄하고 있는 지방대학과 같은) 적당한 기관과 광범한 연계를 맺고 있으며, 열성적인 운영진과 시민 지향적 관점에 대한 헌신을 갖추고 있는 그런 과학상점을 말한다. 설사 과학상점을 위한 재정을 마련하고 인력을 확보하는 등의 어려운 문제들이 해결되었다 하더라도, 이러한 과학–시민 상호작용 사례는 실제 운영에 있어 구조적인 어려움을 안고 있다. 이어질 내용은 과학상점에 대한 비판이라기보다는, 과학상점이라는 매우 유망한 사례를 통해 시민-과학 상호작용의 실천가능성을 검토해 보는 하나의 시도이다.

과학상점의 운영과정에 다음과 같은 여러 단계가 포함된다고 보면, 과학상점의 실제 작동에서 나타나는 복잡성과 어려움에 대해 쉽게 감을 잡을 수 있을 것이다.

- 적절하고 유용한 질문들을 만들어냄
- 과학상점의 중개활동
- 더 큰 기관과의 연계
- 연구기반과의 연계
- 결과를 보다 넓은 지역사회로 되돌려줌

먼저 첫번째 단계를 생각해 보면, '적절한 질문'을 공식화하기란 간단한 과제가 아님이 분명하다. 스튜어트가 프랑스의 과학상점에 대한 다소 비관적인 설명에서 언급하고 있듯이 "전형적인 경우에, 의뢰인은 과학이 무엇을 제공할 수 있고 제공할 수 없는지 알 길이 없었기 때문에 무엇을 물어야 할지를 몰랐다." [47]

4장의 논의를 바탕으로 해서 살펴보면, 이와 같은 도움요청은 많은 경우 구체적이고 엄밀하게 공식화된 정보요청의 형태를 띠기보다는 모종의 행동과 변화가 필요하다는 포괄적인 요청의 일부로 제기될 것이다. 스튜어트는 이를 '문제상황'(problem situation)이라고 불렀다. 4장에서 논의한 지역사회의 위해사례가 문제상황의 예가 될 수 있다. 여기서 요구되는 것은 과학적 세부사항이 아니라 좀더 폭넓고 실천 지향적인 대응이다.

그런 상황에서 과학상점의 임무는 의뢰인들과 과학자사회를 단순히 '중개' 하는 것이 아니라 '문제상황'을 과학자들이 알아볼 수 있는 언어로 재공식화하는 것이 된다. 과학적 정보가 실천적 행동("뭔가를 실제로 해내는 것")에 대한 포괄적 요청의 작은 일부분에 불과할 수 있다는 점을 감안하면, 이런 재공식화는 쉽지 않은 것으로 판명될 가능성이 높다. 특히 어떤 집단이 주어진 상황을 변화시키기로 결심했다면 그들은 현 상황에 문제가 있다고 이미 결론을 내렸을 가능성이 매우 높다. 이런 의미에서 볼 때 오염 가능성이 있는 토양의 검사나 전문가 보고서의 재평가를 요구하는 것은 '호기심에서 비롯된' 정보요청이라기보다 문제에 대한 과학적 인증요구가 될 것이다.

이 같은 '문제상황'은 과학상점뿐만 아니라 과학상점이 의존하고 있는 더 규모가 큰 기관들에게도 어려움을 안겨다줄 것이다. 과학자들은 학문분과의 경계를 넘어서거나 기술적인 요소와 사회적인 요소를 모두 포괄하는 쟁점에 뛰어드는 것을 꺼릴 수 있다.

나는 프랑스 과학상점이 상담에 응할 과학자들을 모집하는 데 상당한 성공을 거두었다고 이미 말한 바 있다. 분명 이것은 사실이었지만 여기에는 한 가지 엄청난 단서조항이 달려 있었다. 과학자들은 흔쾌히 협력에 응했지만, 이는 그들이 자신의 전문분야에 속하는 과학적 질문에 대해 과학적 답변을 제공하는 역할만을 담당한다는 **조건하에서만** 그러했다. 만약 우리가 그들에게 질문이 제기된 사회적 · 정치적 맥락을 다루는 데 참여해 달라고 요청했다면(물론 우리는 그렇게 했으면 하고 바랐다) 과연 상담에 응할 과학자를 한 명이라도 찾을 수 있었을지 의문이 든다.[48]

그와 같은 상황에서 시민들이 제기한 요청들이 어떻게 과학자들의 연구방향에 되먹임이 될 수 있는지 상상하기란 더욱 어려운 일이다. 레이데스도르프와 반 덴 베셀레어는 「우리가 암스테르담 과학상점에서 배운 것」이라는 제목의 논문에서 노동조합이 과학상점에 관여함으로써 연구방향에 영향을 끼칠 수 있는 가능성에 대해 다분히 부정적인 결론을 내리고 있다. 기업 내 노조의 지위는 연구개발 정책 전반에 대해 필요한 이해를 갖추기 어렵기 때문이다.[49] 그러나 잘과 레이데스도르프는 암스테르담 과학상점의 경험을 다룬 다른 논문에서 과학상점이 연구결과에 끼친 영향에 대해 다음과 같이 언급한다.

우리의 연구결과는 소외집단들의 질문을 적극적으로 재공식화하여 사회문제를 과학적 문제로 변형할 수 있음을 보여준다. 창의성과 과학적 숙련이 다소간 발휘된다면, 재공식화는 과학상점 의뢰인들의 지식 이해관계에 악영향을 끼치지 않고 이루어질 수 있다.[50]

물론 과학연구를 지역사회에 전달하는 데도 어려움이 따른다. 연구에서 쓰이는 언어가 낯설고 이해하기 어렵기도 할 뿐더러, 연구범위가 지나치게 협소해 의뢰인들이 '문제상황'에 대처할 때 별반 도움이 되지 못할 수도 있다. 간단히 말해, 그런 정보는 의뢰인들이 이미 알고 있는 것을 단지

'정당화'해 주는 역할밖에 못할 수도 있고(이 경우 새로울 것은 없지만 유용하긴 하다), 반대로 의뢰인들의 공식입장과 들어맞지 않거나 심지어 이를 손상시킬 수도 있다(이 경우 해당 정보는 발표가 되지 않거나 다른 식으로 은폐된다). 어느 쪽이건 과학은 '향상된 이해'에 눈에 띄게 기여하는 바가 없다.

스튜어트는 프랑스 과학상점을 매우 비판적으로 다룬 논문에서 과학의 경직성, 과학상점의 중개활동, 과학이 제공할 수 있는 것에 대한 대중들의 실망 등 세 가지 층위에서 어려움이 있었고 이것이 삼중의 '부정적 시너지' 효과를 일으켰다고 썼다.

과학자들과 대중 간의 의사소통의 간극이 우리가 상상했던 것보다도 훨씬 심각하다는 사실은 실제로 과학상점과 같은 무언가가 필요하다는 주장에 힘을 실어주는 것으로 받아들일 수도 있다―만약 과학이 완전히 소외된 의미가 아니라, 다른 의미에서 문화의 일부분이 되고자 한다면 말이다. 그러나 실제로는 세 가지 어려움이 동시에 겹침으로써 생겨난 부정적 시너지 효과가 너무나 컸다.[51]

과학상점에 대한 대중의 요구가 크다는 사실을 들어 이 점을 부정할 수는 없다. 스튜어트가 보기에 대중은 특정한 '문제상황'에 대해 과학의 힘을 빌려 산출해 낸 해법을 요구하고 있었는데, 그런 해법을 얻어내기란 불가능하기 때문이다. 스튜어트는 이 경험을 다음과 같이 요약하고 있다. "나는 관련된 모든 당사자들―대중, 과학자, 관련기관 들―을 대상으로 그들 중 어느 누구도 바라지 않는 무언가의 신뢰성에 대해 설득하려 한다는 느낌을 받게 되었다. 대체로 볼 때 지옥 같았지만 그리 나쁘지만은 않았다."[52]

이로부터 도출된 종합적인 결론은 다음과 같다.

> 내 생각에 중요한 쟁점은 역시 '과학적 전문성'과 사람들의 필요 사이의 간극이다. …바꿔 말해, 문제는 현재 구성된 대로의 '과학지식'이 사람들의 필요에 충분히 부합하지 못하고 있다는 것이다. …과학상점의 경험은 대체로 우리가 지금까지 수행한 '탈신비화'(demystifying) 작업만으로는 충분치 않다는 사실을 말해 준다. 사람들은 [탈신비화된 과학 대신] 뭔가를 채워넣지 않는 한, '탈신비화당하는' 것을 진정으로 받아들이려 하지 않을 것이다. 그래서 나는 우리가 긍정적인 방향으로 적절성을 갖는 지식을 생산해 내지 않는 한 별다른 진전을 이뤄내지 못할 거라고 생각한다.[53]

이런 관점에서 보면, 과학-시민의 관계는 단지 적절한 중개구조가 없어서가 아니라 시민의 필요와 현대과학의 인지적·제도적 구조가 이루는 심한 부조화(내지 구조적 양립 불가능성) 때문에 절룩거리는 것이다. 한마디로 과학자집단과 대중을 서로 맺어주려는 사회적 실험들이 실패한 이유는 실제로 작동하는 대화를 만들어내지 못했기 때문이다. 과학은 외부에서 제기된 쟁점, 질문, 이해 들이 부적절하다거나 무지의 산물이라며 무시해 버린다. 대중들은 과학을 접근 불가능한 영역으로 간주한다. 그리고 설사 이들이 그 장벽을 넘어섰다 하더라도 과학은 일상생활이나 특정 문제상황에서 단지 제한적으로만 도움이 된다는 사실을 깨달았을 가능성이 높다.

이는 2장과 4장에서 다른 방식으로 주장한 논점이기도 하다. 반면 과학자들은 대중들이 제기하는 우려나 요구를 과학적인 견지에서 이해하려 애쓴다. 이때 과학자들의 참여는 '진정한' 과학활동으로부터 이탈한 것인 동시에 과학의 중립적 담론과 언뜻 불편부당해 보이는 과학의 본질에 반하는 것으로 비칠 수 있다.

이런 시나리오는 매우 설득력이 있어 보이지만, (제한적인 방식으로나마) '대화'가 실제로 이루어졌던 사례들에 대해서도 어느 정도 설명이 제시되어야 한다. 가령 매켄지 계곡 송유관 사례나 과학상점 운영과정에서 나타난 (적어도 참여한 시민집단들의 관점에서 보기에) 수많은 긍정적 사례들이 그 예들이다. 사례들에서는 진정한 '시민과학'―혹은 최소한 그것의 선구적 형태―이 창출되었던 것 같다. 따라서 '간극'의 존재 자체가 그러한 간극을 극복할 수 없음을 의미하는 것은 아니다. 그러나 그것을 극복하려면 사회적 실험에 직접 참여한 사람들을 넘어서는 재평가와 변화의 의지가 반드시 필요하다. 우리는 기존의 장벽뿐만 아니라 이미 시작된 건설적 실험들과 이런 사례들로부터의 학습의 중요성을 인식할 필요가 있다.

북아일랜드 과학상점

과학―시민의 대화를 보다 개선해야 한다는 적극적 요구가 나타나고 있다는 사실은 북아일랜드 과학상점 사례를 통해 볼 수 있다.[54] 북아일랜드 과학상점(이하에서는 '과학상점'으로 약칭)은 1989년 1월에 공식적으로 문을 열었다. 누필드재단의 재정지원을 받아 북아일랜드에 있는 두 대학의 부속기구로 시작한 과학상점은 1992년 현재 비상근직원 두 명과 자원활동집단이 활동을 담당하고 있다(자원활동가 중에는 북아일랜드의 고등교육과 자원봉사 부문에서 나온 여러 대표들이 있었다).

1992년 초까지 과학상점은 67개 단체들로부터 100건이 넘는 의뢰를 받았다. 그 가운데 주민단체에서 요청한 의뢰가 과반수(60건 이상)를 차지했고 그외 주요한 의뢰인으로는 '환경'단체(15건), 노숙자문제에 특화된 단체(12), 복지(7), 청소년 및 교육(7), 장애인(5), 예술(4), 여성(4) 등을 들 수 있다. 물론 이 범주들은 다소간 서로 중복되지만 과학상점의 의뢰인이 대체로 어떤 집단인지 감을 잡는 데는 충분하다.

이 책 앞부분의 분석에서 미루어볼 때, 의뢰인집단들은 과학상점에서 정보를 얻으려는 실용적 동기가 강할 것으로 예상해 볼 수 있다. 문의해 온 주제를 주요 범주로 분류해 보면 보건/환경(39), 지역발전(25), 복지(15), 노동/직업훈련(11), 노숙자문제(9) 등으로 나눌 수 있다. 이처럼 시민집단들이 '행동을 위한 지식'을 추구하는 것이 과학상점 활동의 본질이다.

과학상점 자체에 대한 의뢰인집단의 평가는 압도적으로 긍정적인 것으로 보인다. 유일한 비판이라면 시간이 많이 걸린다는 정도였다. 그렇다면 의뢰인집단들은 과학상점에서 무엇을 얻기를 희망하고 있었을까? 이에 대한 답변은 하나의 표준적 패턴을 나타냈는데, '전문성에 대한 접근기회' '연구를 통한 지원' '조언' '조력' '기술적 지원' 등으로 정리할 수 있다. 북아일랜드의 조건에서 '도구적 지식'의 의미는 특정한 **정당화**를 지향하는 성향을 보였던 것이다. 한 주민단체는 이렇게 말했다.

대체로 연구는 종종 우리가 이미 알고 있던 사실이나 가지고 있던 좋은 아이디어를 입증하는 식이었다. 그러나 우리가 문제에 대해 무슨 일인가를 하기 위해 재정지원을 받거나 법률기관을 상대로 로비를 하려 한다면, 연구를 통해 문제의 성격과 정도를 입증해야만 한다. 우리가 가진 정보의 실제 가치는 결과가 진지하게 받아들여지고 우리가 이미 자금을 끌어왔을 때 의미를 가지게 되는 것이었다.

연구가 '우리가 이미 알고 있던 사실'을 입증해 줄 것이라는 관념은 이 책 앞부분의 맥락적 지식에 관한 논의의 연장선상에 있다. 지역주민들의 연구의뢰는 종종 특정 결과에 대한 강한 기대를 바탕에 깔고 이루어질 것이다. 사실 그러한 기대가 있을 때만 연구의뢰는 의미를 갖는지도 모른다(문제가 있다고 느끼지 않는다면 대체 왜 신경을 쓰겠는가?) 이는 연구자들의 참여가 '부담스러운' 상황에서 이루어지게 됨을 말해 주는데, 압박이 적은 환경에 익숙한 연구자들에게는 이런 상황이 불편하게 여겨질 수도 있다. 반면 주민들의 이해관심과 참여는 새로운 연구 아이디어를 장려하고 촉진할 수도 있다. 이렇게 보면 대학에 있는 한 응답자가 과학상점 활동을 '고위험'이라고 묘사한 것은 그리 놀랄 일이 아니다. 연구를 통해 얻는 것도 클 수 있지만, 통상적인 경우보다 높은 수준의 책임과 압박을 견뎌내야 하기 때문이다.

과학상점의 연구주제를 학문분과별로 나눠보면 흥미로운 패턴이 드러난다. 다음의 〈표 6-1〉은 과학상점이 '완료'한 49건의 연구의뢰('철회된' 것이나 '중개중'인 주제는 제외했다)를 분류해 놓은 것이다.

<표 6-1> 북아일랜드 과학상점에서 완료한 연구의뢰

사회과학*	20
경영학 및 행정학	6
건축 및 주거	6
자연과학(화학, 생물학, 수학 포함)	4
기술(기계공학, 교통, 설계, 컴퓨터)	4
인문학 및 예술(역사 및 미술)	3
기타	6

* 사회학, 사회인류학, 심리학, 유럽학 포함
* 자료: 필자의 연구

표에서 보면 이름에 '과학'이 들어감에도 불구하고 시민집단들은 과학상점에 대해 **사회**과학적 전문성과 도움을 동등하게 혹은 더 많이 요청했다는 사실을 알 수 있다(주로 도움을 필요로 하는 특정 영역에 대한 지역 차원의 설문조사나 평가 같은 형태이다). 학술기관 외부에서는 '사회' 과학과 '자연' 과학의 구분이 내부에서만큼 엄격하게 적용되지 않는다고 볼 수 있는데, 별로 놀라운 일은 아니다. 하지만 이 점은 '시민과학'에 중요한 논점인 것 같다. 학문 내적으로 발전한 경계는 대중의 필요와 요구에 부합하지 않을 수 있다. 뿐만 아니라 '지식'이 특정한 사회적 맥락에 부합할 것을 요구받게 되면 과학과 사회과학의 강고한 구분은 무의미해진다.

물론 다른 두 가지 가능성도 존재한다. 사회과학이 대중들에게 보다 '접근이 용이'할 수 있다는 것(설문지 설계에 시민적 관점을 통합하는 것이 토양표본 분석에 이를 통합하는 것보다 더 쉽다), 그리고 사회과학에 대한 대중의 기대(가령 지역주민을 대상으로 한 '설문조사')가 과학에 대한 기대(수학자는 대체 무슨 일을 하는가?)보다 더 분명하다는 것이 그것이다. 학문적 관점에서 보았을 때 이 가능성은 모두 의문의 여지가 있다(사회과학은 종종 연구대상 집단이 제시하는 문제정의를 받아들이지 않으며, 수학의 어떤 분야와 비교하더라도 뒤지지 않을 만큼 난해할 수 있다). 그러나 이 영역에서 주민단체들과의 공동작업과 관련해 과학이 사회과학으로부터 한 수 배울 수 있는 가능성도 있다.

주민단체들과의 '공동작업' 과정을 예시해 주는 한 가지 사례를 과학상점에서 찾을 수 있다. 어떤 지역센터에 있는 한 여성모임은 '육아 설문조사'를 해보고 싶어했다. 자신들이 사는 지역에서 가족들에 대한 지원수준을 평가해 보겠다는 것이 일차적인 이유였고, 이는 자신들의 지역사회에 공공자원을 더 많이 끌어들이기 위한 지속적인 캠페인의 일부였다. 설문조사는 대학생들의 도움을 받아 실행되었다. 그러나 설문조사의 문항들은 통상의 학술적 모델을 따르지 않고 주민대표들과 학생들이 협의하여 만들어졌다. 우리는 여기서 새로운 양식의 '과학적' 연구, 다름아니라 관심을 가진 집단들과의 협상을 통해 그들의 관심과 문제정의를 반영하는 연구의 출현을 볼 수 있다.

특히 설문조사에 흡연과 관련된 질문을 포함시키는 것이 바람직한가를 두고 활발한 논쟁이 벌어졌다. 대학생들은 대체로 흡연패턴이 육아와 연관이 있다고 느꼈지만, 주민들은 그런 질문이 자신들의 필요와 무관하다고 보는 경향이 있었고 보건이나 육아 문제에서 주민들이 '비난받는' 결과를 초래할 수 있다고 생각했다. 결국 주민들의 관점이 관철되었고, 설문조사 자체는 학생들의 도움을 받아서 지역주민들이 수행하게 되었다.

이런 방식의 '연구 파트너십'은 분명히 시민집단과 기술전문가들의 개방적이고 건설적인 대화를 촉진할 수 있는 잠재력을 갖고 있다. 그러나 과거의 경험은 이 방식도 나름의 문제를 갖고 있음을 말해 준다. 특히 이와 같은 파트너십이 학문의 통제와 독립성에 관한 전통적 관념에 도전한다는 점에서 그렇다. 그렇다면 문제는 '대화'가 전문가 분석의 진실성(integrity)을 훼손하지 않으면서 어느 정도까지 확립될 수 있는가에 달려 있다. 물론 기업이나 정부가 재정지원을 하는 환경에서는 이런 형태의 '파트너십'이 매우 익숙하다는 점을 감안해야 하고, 따라서 '진실성'에 대한 우려를 지나치게 과장해서는 안 될 것이다. 그럼에도 불구하고 과학상점 같은 유형의 작업에서는 연구의 소유권이 적어도 부분적으로는 비과학자집단에게 이전되는 것이 불가피해 보인다.

과학상점에 참여해 온 학자들에게 '진실성'만큼이나 중요한 문제는 참여를 이끌어낼 수 있는 일종의 **유인책**이다. 통상의 학술활동에서는 논문발표나 연구에 대한 포상이 따르고 산업체 자문은 사회적 인정과 연구비 수입을 얻을 수 있지만, 과학상점에의 참여는 훨씬 덜 매력적인 분위기만을 풍길 뿐이다. 특히 참여의 결과로 얻어진 연구의 파급효과가 불명확할 경우에는 그 참여를 통해 얻을 수 있는 이득이 명확해 보이지 않을 수 있다. 한 학자는 이렇게 말했다. "이타주의적 동기를 제외한다면 연구자 개인들이 참여를 통해 얻을 수 있는 이득은 찾아보기 어렵다."

시민 지향적인 활동에 대한 제도적 인식과 지원의 확대가 이 영역에서는 꼭 필요할 것 같다. 과학상점이나 그와 유사한 활동(살아남기 위해 악전고투하는 모습이 일반적이다)에 대한 재정지원과 이 영역에서 적극적으로 활동하는 과학자들의 전문적 기여에 대한 인식 또한 높아져야 한다. 만약 '과학과 대중'의 문제가 심각하게 받아들여지고 있다면, 이런 시도들이 학문체계의 변방에서만 이루어지지는 않을 것이다.

북아일랜드 과학상점은 시민지향성을 부분적으로나마 담고 있는 과학이 존재할 필요가 있음을 보여준다. 어떤 경우에는 이런 필요가 '정당화를 위한' 요구를 반영한다. 관계당국은 주민들의 평가보다 '과학적' 보고서를 더 심각하게 받아들이기 때문이다(이는 국지적 맥락에서 근대주의적 제도가 지닌 힘을 보여준다). 또 다른 경우에는 이런 필요가 4장에서 제시한 것과 유사한 패턴을 보일 수 있다. 즉 관련단체들이 서로 다른 관점들을 비교해 보기 위해 '독립적인' 설명을 찾는 경우이다. 북아일랜드의 한 단체가 오염된 토지에 관한 논쟁을 두고 말했듯이 "지역주민들과 인근의 잠재적 노동자들이 안전성 여부를 알기는 어렵다. 독립적인 정보를 얻기가 너무나 어렵기 때문이다." [55] 또 이런 말도 했다. "관계당국이 내놓은 설명이 정확할지도 모르지만, 대중이 자신의 건강문제에 우려를 품고 있을 때는 지역주민들이 스스로의 힘으로 전개되는 상황을 감시할 수 있어야 한다."[56]

과학상점은 '독립성'을 제공해 주고 지역주민들이 '스스로의 힘으로 감시'를 할 수 있게 하는 역량을 보유하고 있는 듯하다. 이 장에서 지금까지 말해 온 바와 같이, 이런 일은 결코 쉽지 않지만 그렇다고 불가능한 것으로 보이지도 않는다.

시민과학을 향해?

이 장에서는 지금까지 과학기술과 시민의 이해관심을 보다 효과적이고 개방적인 관계로 만들기 위한 다양한 모델과 '사회적 실험들'을 논의해 보았다. 때로는 이런 상호작용을 실제로 가능하게 만들 때의 흥분이 거의 손에 잡힐 듯 다가오기도 했는데, 스튜어트는 이것을 과학상점 활동의 '마술'이라고 불렀다.[57] 이와 같은 마술이나 흥분을 무시해 버려서는 안 된다. 적어도 과학과 시민이 더 긍정적인 관계를 맺을 가능성이 있음을 보여주고(심지어 그것을 시도해 볼 중요한 동기부여를 제공해 주기도) 있기 때문이다.

우리는 이 영역을 괴롭히는 구조적 문제들을 강조해 왔는데, 그중 가장 근본적인 문제는 사회적 쟁점과 관심사에 대한 과학적 관점과 시민적 관점의 간극이다. 이처럼 다소 비관적인 결론이 4장과 5장에서 제시한 분석과 밀접한 관련이 있음은 물론이다. 가령 위해상황에 대한 지역사회의 이해방식은 '공식적'이고 과학적으로 정당화된 지식형태와 불편한 동거관계를 유지하며 때때로 이와 대립하기도 한다.

이 말은 상이한 형태의 이해들이 반드시 공약 불가능이라는 주장은 아니다. 비록 과거의 의사소통 실패를 감안한다면 이런 결론을 내리려는 유혹이 들기도 하겠지만 말이다. 또한 우리는 적어도 '과학상점' 모델이 '과학' 및 '시민'과 건설적인 관계를 맺을 수 있는 잠재력을 갖고 있다는 사실을 확인했다. 마찬가지로 구성적 기술영향평가(CTA)도 이런 측면에서 가능성을 갖고 있다. 그러나 CTA가 여기서 주장하는 의미에서의 '건설적'이려면 이 책에서 다룬 쟁점들에 어떤 식으로건 대처를 해야 할 것이다.

이 장을 마감하면서 '시민과학'에 포괄되어야 하는 가장 기본이 되는 요소들을 생각해 보면 유용할 것이다. 이런 맥락에서 '시민과학'이라는 용어는 다양한 형태의 지식과 이해가 서로 '만나는 지점'이라는 의미를 함축하고 있다. 아울러 이 용어는 상이한 지식들이 공존하는 다양한 영역 내에서 상호교배가 이루어질 가능성을 내포하고 있기도 하다. 특히 이 용어는 과학제도들이 사회적 압력에 직면해 변화와 성찰을 요구받고 있다는 의미를 담고 있다. 결국 '시민과학'은 다음과 같은 특징을 지닌 새로운 사회관계와 지식관계를 인지하는 것이다.

• 비과학자들이 만들어낸 이해 및 전문성과 기꺼이 관계를 맺는다. 과학상점 사례가 말해 주듯, 외부집단들이 가지고 있는 지식과 감수성을 연구에 통합시키기 위해서는 프로젝트 설계와 방법론을 둘러싸고 힘겨운 협상이 이뤄져야 할지도 모른다.

• 단일한 합의를 강요하기보다는 그 형태에 있어 잡종적인 형태를 띤다. 이 책에서 제시한 모든 사례들은 위험이나 환경 문제에 관해 어떤 단일한 '지식'이 존재하는 것이 아니라 복수의 지식형태가 있음을 말해 준다. 이러한 지식형태들을 인정하고 앞으로의 활동기반으로 삼을 필요가 있다.

• 단순히 비과학으로부터 과학을 (혹은 '사회과학'으로부터 '과학'을) 걸러내려 하기보다는, 시민들의 우려를 야기하는 '문제상황'에 관여할 각오가 되어 있다. 시민들의 우려는 기존의 학술적인 범주에 따라 쉽게 분류할 수 없다.

• 과학의 불확실성과 한계뿐 아니라 일상생활에서 과학의 건설적 활용

가능성에 대해 성찰적인 태도를 취한다.

• 제도적으로 유연하고 변화에 개방적이다. 강력한 제도들의 지원이 없다면 진전을 이뤄낼 수 없다. 그러나 이러한 제도들 역시 스스로의 관행에 대해서 재고할 각오가 되어 있어야 한다.

이러한 '시민과학'을 창조해 내는 것은 분명 엄청난 도전이다(혹자는 좀더 긍정적인 몇몇 사회적 실험의 사례들이 이미 그런 방향의 발전을 보여주고 있다고 주장할지도 모르지만). 그리고 이것이 과학뿐 아니라 사회 일반에 대한 도전이라는 사실 또한 분명하다. 그러나 이 도전을 외면할 경우 취할 수 있는 길은 과학과 시민의 현재 관계에 아무런 문제가 없고 따라서 수정될 필요도 없다고 주장하거나(이 책에서 제시된 모든 증거들에 의해 논박된 결론이다), 과학이 일상생활과 연관성을 가져야 한다는 명제 자체를 부인하는 것(필연적으로 과학에 대한 대중의 공격을 더욱 강화시킬 것이다)뿐이다.

[주]

1. Habermas, J., *Toward a Rational Society* (London: Heinemann, 1980 edition), p. 79.

2. Barnes, B., *About Science* (Oxford and New York: Basil Blackwell, 1985), p. 104.

3. OECD, *Technology on Trial: Public participation in decision-making related to science and technology* (Paris: OECD, 1979), p. 74.

4. The World Commission on Environment and Development, *Our Common Future* (Oxford and New York: Oxford University Press, 1990 report), p. 21.

5. British Government, Summary of *This Common Inheritance* (London: HMSO, 1990), Cm.1200, p. 3.

6. Beck, U., *Risk Society: Toward a new modernity*(London, Newbury Park, New Delhi: Sage, 1992), p. 228.

7. 같은 책, p. 180.

8. 혹자는 '사회적 실험'이라는 용어를 문제삼을지도 모르겠다. 여기서 이 용어를 쓴 것은 과거에 수행된 구체적인 기획들이 가지는 폭넓은 중요성을 강조하기 위해서이다. 이러한 기획들이 이 책의 주장을 '검증'하기 위해 의도적으로 시행되었다는 의미는 아니다.

9. Smith, D. "Corporate power, risk assessment and the control of majo hazards: A study of Canvey Island and Ellesmere Port," Unpublished Ph.D. thesis, Dept. of Science and Technology Policy(University of Manchester, 1988/March).

10. Nelkin, D., *Technological Decisions and Democracy: European experiments in public participation*(Beverly Hills and London: Sage, 1977), p. 15.

11. 이 사례에 관한 가장 좋은 사회학적 설명으로는 Wynne, B., *Rationality and Ritual: The Windscale Inquiry and nuclear decisions in Britain*(Chalfont St Giles: British Society for the History of Science, 1982) 참조.

12. OECD, 앞의 책, p. 67.

13. *Nature*(1978. 3. 23), p. 297. OECD, 앞의 책, p. 68에서 재인용.

14. OECD, 앞의 책, p. 12.

15. 같은 책, pp. 28~29.

16. Lee, T. R., "Social attitudes and radioactive waste management in France," *Radioactive Waste Management*(The 5th European Summer School, London, IBC Technical Services Ltd, 1989). Kemp, R., *The Politics of Radioactive Waste Disposal*(Manchester and New York: Manchester University Press, 1992), p. 14에서 재인용.

17. OECD, 앞의 책, p. 45.

18. 같은 책, p. 46.

19. 같은 책, p. 46.

20. 과학자 개인이 시민단체들의 활동에 협력하는 것을 돕기 위해 국립과학재단에서 1년 단위로 제공했던 연구비 지원제도—옮긴이

21. OECD, 앞의 책, p. 50.

22. 같은 책, p. 53.

23. 같은 곳

24. 같은 책, p. 58.

25. 같은 책, p. 68.

26. 같은 책, pp. 72~73.

27. 같은 책, p. 73.

28. Jasanoff, S., *The Fifth Branch: Science advisers as policy makers*(Cambridge/Mass. and London: Harvard University Press, 1990).

29. OECD, 앞의 책, p. 97.

30. 같은 책, p. 99.

31. 같은 책, p. 111.

32. 같은 책, p. 112.

33. 같은 책, p. 113.

34. Layton, D., A. Davey, and E. Jenkins, "Science for Specific Social Purpose(SSSP): Perspectives on adult scientific literacy," *Studies in Science Education*(13, 1986), p. 45.

35. Irwin, A. and P. Vergragt, "Rethinking the relationship between environmental regulation and industrial innovation: The social negotiation of technical change," *Technology Analysis and Strategic Management*(1/1, 1989), pp. 57~70.

36. Jansen, L., "Handling a debate on a source of severe tension"(unpublished mimeo) 참조.

37. Elliott, D. and H. Wainwright, *The Lucas Plan: A new trade unionism in the making?*(London: Allison and Busby, 1982); Steward, F., "Lucas Aerospace: The politics of the corporate plan," *Marxism Today*(1979/March), pp. 70~75 참조.

38. Leydesdorff, L. and P. Van den Besselaar, "Squeezed between Capital and Technology: On the participation of labour in the knowledge society," *Acta Sociologica*(30, 1987), pp. 339~53.

39. 같은 글, p. 348.

40. 같은 글, p. 349.

41. Beck, U., 앞의 책.

42. Leydesdorff, L. and P. Van den Besselaar, 앞의 글, p. 350.

43. Rip, A, "CTA: The next steps"(August 1991 Background paper for International Workshop on CTA, University of Twente, Enschede, The Netherlands, 1991. 9. 20~22).

44. Schot, J., "Constructive Technology Assessment and Technology Dynamics: The case of clean technologies," *Science, Technology and Human Values*(17/1, 1992/Winter), pp. 36~56 참조.

45. OECD, 앞의 책, p. 102.

46. 2007년 현재, 네덜란드의 암스테르담대학, 자유대학, 레이든대학의 과학상점은 폐쇄되었다.―옮긴이

47. Stewart, J., "Science Shops in France: A personal view," *Science as Culture*(2, 1988), p. 56.

48. 같은 글, p. 59.

49. Leydesdorff, L. and P. Van den Besselaar, "What we have learned from the Amsterdam Science Shop," S. Blume et al., *The Social Direction of the Public Sciences. Sociology of the Sciences Yearbook*(11, 1987), pp. 135~60.

50. Zaal, R. and L. Leydesdorff, "Amsterdam Science Shop and its influence on university research: The effects of ten years of dealing with non-academic questions," *Science and Public Policy*(14/6, 1987), p. 315.

51. Stewart, J., 앞의 글, p. 61.

52. 같은 글, p. 62.

53. 같은 글, pp. 73~74.

54. 이 절에서 제시된 데이터는 1992년 초에 북아일랜드 과학상점과 그 의뢰인들을 대상으로 실시한 설문조사를 기초로 한 것이다. 이 작업을 도와준 에일린 마틴에게 고마움을 전하며 누필드재단의 후원에 대해서도 감사한다.

55. Lower Ormeau Residents Action Group의 발언. *South Belfast Herald and Post*(1991. 3. 21), p. 1.

56. *South Belfast Herald and Post* 1991. 3. 22, p. 9.

57. Stewart, J., 앞의 글.

7 과학, 시민권, 곤경에 빠진 근대성

환경문제는 우리를 에워싸고 있는 것의 문제가 **아니라**—그 기원과 결과 양
쪽 모두에 있어—전적으로 **사회적인** 문제이며, **사람들의 문제**이고, 그들의
역사와 생활조건과 그들이 세계 및 실재와 맺고 있는 관계와 그들이 놓여 있
는 사회 · 문화 · 정치적 상황의 문제이다. …20세기 말에 자연은 사회**이고**
사회는 또한 **'자연'**이다.(강조는 원문)[1]

근대성은 이제 새로운 단계에 도달했다. …우리는—우리가 현재 알고 있는
것과 앞으로 알 수 있는 것을 모두 포함해서—과학이 많은 이야기들 중 단지
하나일 뿐이라는 사실에 정면으로 맞설 수 있게 되었다. '정면으로 맞선다'
는 것은 확실성이란 존재하지 않는다는 점을 받아들이고 지식의 추구에서 끈
기 있게 참고 견디어나가는 것을 의미한다. …이 사실에 '정면으로 맞선다'는
것은 이 여정(旅程)에 분명한 목적지가 없다는 사실을 알면서도 여행의 어려

움을 참고 견디는 것을 말한다.[2]

마지막 장에서는—무릇 책의 마지막 장들이 그러하듯—이 책『시민과학』의 근저에 깔려 있는 주제와 쟁점들을 한데 묶어보려 한다. 그러나 결론부터 미리 말하자면, 여기서 계몽적/근대적 사고방식을 대체하는 손쉬운 종합을 제시할 수는 없다. 이것은 그러한 방향의 몇몇 시도들이 이미 실패한데서도 알 수 있다.

결론은 이 책의 전체 주장과 직결되어 있다. (5장에서 제시한) '발언을 해방시킨다'는 관념은 그 자체로 다양한 이해와 지식에 대한 개방성을 의미한다. 또한 지식주장에 대한 회의적 분석과 성찰성이 필요하다고 제시한다. 그런 의미에서 이 책의 설명은 '많은 이야기들 중 하나'를 제시해 온 셈이다. 이제 와서 이 책의 설명이 다른 모든 이야기들보다 우선한다고 주장하는 것은 정직하지 못할 터이다. 뿐만 아니라 이 책은 일종의 복화술로 의도된 것이 아니다. 중요한 것은 다양한 전문성들이 정당한 지위를 부여받을 수 있는 개념틀을 만드는 것이지, 스스로의 힘으로도 유창하게 말할 수 있는 사람들의 발언을 대신해 주는 것은 아니다.

그러나 손쉬운 종합이 존재하지 않음을 인정하고 사회학적 복화술을 부인한다고 해서 전문성, 시민 그리고 지속가능성에 대한 토론이 종결되는 것은 아니다. 오히려 새로운 토론의 가능성을 열어놓는다고 할 수 있다. 바우만이 말했듯이, 우리의 지식체계가 지닌 한계와 불확실성에 '정면으로 맞서는' 것이 곧 '포기하는' 것을 의미하지는 않는다.[3] 그보다 이 책에서 제시한 증거와 논증은 과학제도들과 시민들에게 중대한 도전을 제기하는

288

것으로 읽혀야 할 것이다.

일상생활 속에서 과학을 재구성하고 재통합하는 일은 덜 성찰적인 존재방식을 선호하는 과학제도들의 입장에서는 고통스런 과정이 될 수도 있다. 많은 경우 이런 제도들은 이 책에서 찾아볼 수 있는 것과 같은 더 비판적인 논평들로부터 보호를 받아왔다. 그러나 과학의 실천과 지속가능한 발전 모두를 위해서는 현재 새롭게 등장하고 있는 이러한 맥락을 하나의 도전이자 기회로 바라보는 것이 절대적으로 필요하다. 따라서 이 책은 과학을 공격하는 것이 아니라 일상생활의 맥락 속에서 과학의 재구성을 주장하는 것으로 해석되어야 한다. 아래에서 밝히겠지만, 사회과학 역시 과학과 시민권 그리고 지속가능성이라는 쟁점에 대해서 어떤 기여를 할 수 있는지에 대해 재고해 보아야 한다.

그래서 이 장에서는 환경위협이라는 구체적인 문제에 대한 사회적·기술적 대응에서 현재 우리가 어떻게 나아가야 하는가를 제안하려 한다. 이 여정에는 정말 분명한 목적지가 없는지도 모른다. 혹은 그러한 여정이 밟아갈 경로는 우리가 나중에 뒤돌아보았을 때 비로소 분명하게 보일 수도 있다.[4] 그러나 이 같은 확실성의 결여는 그 여행을 추동하는 자극제로서의 구실을 해야 한다. 그동안 우리는—적어도 공식적 제도의 측면에서는—너무나 오랫동안 한자리에서 정체되어 있었는지도 모른다.

이러한 토론은 이 책에서 줄곧 중요하게 부각되어 온 과학의 지식과 제도에서 출발해야 한다. 특히 벡과 기든스는 대체로 과학에 대해 매우 '본질주의적인' 관점을 제시하고 있다. 마치 과학이 어떤 정해진 목표와 실천의 집합을 따르는 단일한 활동인 것처럼 말이다. 반면 과학지식사회학을 기반으로 한 분석은 오늘날의 과학실천 내에 상당 정도의 다양성과 차이가 존재한다는 점을 인식해 왔다. 이러한 잡종성(heterogeneity)은 과학을 단일한 활동으로 바라보는 외부자의 시각과는 달리, 보다 더 지속가능한 지식관계의 기반을 제공할 수 있다.

정책결정의 '과학중심성'(3장 참조)이 (매우 좁은 범위의 증거만이 고려의 대상이 되었던) BSE나 2,4,5-T 사례에서 볼 수 있는 **환원주의적** 형태의 과학적 평가를 반드시 낳는 것은 아니다. 따라서 문제는 과학을 환경문제에 (그리고 물론 그 이외의 문제들에도) 응용**할 것인가 하지 않을 것인가**가 아니라, **어떤 형태의** 과학이 가장 적합하며 다른 형태의 지식이나 이해와는 **어떤 관계**를 맺어야 하는가가 된다.

우리가 곧 논의하게 될 바와 같이, 본질주의에서 한 발 멀어지면 과학과 시민, 환경의 관계에서 보다 더 생산적인 가능성들이 열리게 된다. 반즈가 지적한 것처럼, 우리의 초점은 과학 그 자체에 대한 비판에 머물러서는 안 되며, 특정 지식형태를 다른 지식형태보다 우위에 두는 현재의 지식관계의 개념틀에 맞추어져야 한다. 그의 말을 빌리면, "전문가들 자체가 지닌 권력보다는… **어떤** 전문가를 신뢰할 것인가를 결정하는 권력이야말로 중요한 권력형태이다."(강조는 원문)[5]

이 책에 나온 증거들을 수용하기 위해서는 전문성의 발전과 선별을 위한 제도적 개념틀을 어떤 식으로 변화시켜야 하겠는가?

과학과 지속가능성

환경문제에 대한 과학적 개입의 새로운 가능성을 위한 논의에서 당장 부딪히는 문제 중 하나가 '사전예방'(precautionary) 접근법은 바람직한가 하는 물음이다. 이 책에서 논의된 여러 사례들에서는 위험에 대한 우려가 심각하게 받아들여지도록 하기 위한 일반대중과 환경운동집단의 투쟁이 반복해서 나타나고 있다. 현재 상황에서는 '충분한 증거'가 주어지지 않는 한 기존 관행이 중단되지 않고 계속된다. 입증의 책임은 시민들과 환경운동집단에게 지워지고 있으며 '증거'는 극히 협소한 방식으로 이해되고 있다. 윈과 메이어는 영국이 이 영역에서 취하고 있는 정책이 그 성격상 매우 환원주의적이라고 지적한 바 있다.

이는 곧 관찰과 측정이 직접적으로 가능한 경로만 의미를 가진다는 신념 아래, 주어진 영역을 가장 작은 구성요소들로 쪼개어 분석하는 것을 말한다. 이로써 종종 인과관계를 직접 추적할 수 없는 요인들은 중요하지 않다는 관점을 채택한다. 그 결과 연구의 대상인 시스템에 대해 고도로 통제가 갖추어진 연구가… '좋은 과학'과 동일시된다.[6]

반면 윈과 메이어는 환경에 대한 과학적 이해 내에 존재하는 불확실성과 무지를 강조한다. 그러나 현재의 '좋은 과학' 관념은 그러한 피할 수 없는 특성들에 맞서기 위해 분투하고 있다.

우리에게 필요한 것은 좋은 과학이 지금과는 달리 '좀더 환경친화적' (greener)인 문화를 갖는 것이다. 새로운 과학문화는 환경을 보다 넓은 맥락에서 파악하는 생태학 등의 분야에 더욱 가치를 부여할 뿐 아니라 관찰의 유용성을 높이 평가하며, 결정적으로 무지의 인정을 그 속에 포함하는 폭넓은 책임을 구체화하는 것이어야 한다.[7]

그들이 요청하고 있는 '좀더 환경친화적인 과학'은 환원주의에 반대하며 과학의 한계와 불확실성을 솔직히 인정한다. 또한 '좋은 과학'에 대한 한 가지 정의만 받아들여지게 두지 않고 공개적인 토론을 허용한다. 아울러 특정한 문제와 '관련된' 연구의 대부분을 현재 후원하고 있는 강력한 제도들에 대한 견제기능을 한다. 개별 과학자들의 관점에서 보면 이는 의심과 정당한 우려의 표출을 가능하게 해주는 것이다. 그 결과 과학주의적이고 환원주의적인 정책문화가 과학과 환경의 관계에 대한 좀더 성숙하고 모든 측면을 포괄하는 평가로 바뀔 수 있다. 또한 이를 통해 과학적 전문성은 변화의 장애물이 되지 않고 지속가능성을 향해 제 역할을 할 수 있다. "과학을 보다 넓은 맥락에서 이해하려는 이 같은 시도를 비과학적이라고 치부하는 것은 무책임한 일이다. 이는 아직까지 충분히 인식되지 못하고 있는 폭넓은 도전에 맞서 과학에 필수적이면서 새롭게 정의된 역할을 부여하려는 노력이기 때문이다."[8]

보다 생산적인 형태의 과학적 개입을 주장하는 원과 메이어의 요청은—특히 환원주의로부터 탈피를 주장한다는 점에서—이 책의 분석과 잘 부합한다. 그러나 이런 새로운 역할은 시민의 지식과 이해를 위한 자리를

그 속에 아울러 마련하지 않으면 안 된다. '더 환경친화적인' 과학이라고
해도 과학이 아닌 전문성이나 사회적으로 지속가능한 삶의 방식과 연결되
지 못할 수도 있다. 펀토비츠와 라베츠는 '탈정상'(post-normal)과학에 대
한 자신들의 논의에 이런 차원을 포함시키기 위한 노력을 기울여왔다.

> 새로 등장하고 있는 이러한 과학은 새로운 방법론을 촉진한다. …이 속에서
> 불확실성은 추방되지 않고 관리되며, 가치는 미리 전제되지 않고 명시적으로
> 드러나게 된다. 과학적 논증의 모형은 공식화된 연역이 아니라 상호작용을
> 기반으로 한 대화가 된다. 패러다임적 과학은 이제 더 이상 [과학적] 설명이
> [발화자의] 위치나… [설명에 이르는] 과정과 무관한 그런 과학이 아니게 된
> 다. 인류의 과거와 미래에 대한 반성을 포함하는 역사적 차원은 자연에 대한
> 과학적 기술에서 필수적인 부분이 되고 있다.[9]

펀토비츠와 라베츠의 논의에서 특히 중요한 것은 '확장된 동료사회'
(extended peer communities)에 관한 것이다. 이 용어는 자연스럽게 '시민
과학'(혹은 그들이 좋아하는 표현대로 '대중역학')이라는 말을 연상시킨다.

환경문제의 영향을 직접적으로 받는 사람들은 그렇지 않은 사람들에 비해 그
징후를 더 예민하게 인식할 것이며, [아무 문제없으니 안심하라는 식의] 공식
적 보증의 질에 대해 훨씬 더 절실하게 우려를 가질 것이다. 따라서 그들은
전통적 과학에서 전문직 동료들이 동료심사나 심판과정에서 하던 것과 유사
한―그들이 없었다면 이러한 새로운 맥락에서 나타나지 않았을 수도 있

는—기능을 하게 된다.[10]

'확장된 동료사회' 개념은 '환경친화적 과학' 내에서 보다 더 공개적으로 논쟁이 이루어져야 한다는 원과 메이어의 주장과 상보적으로 기능한다. 특히 펀토비츠와 라베츠는 '대중' 역학과 '전문가' 역학 사이의 '창조적 갈등'이 과학지식 향상(그리고 과학정보에 근거한 정책결정)에 도움이 된다고 본다.

따라서 이 책의 관점에서 보면, 과학과 시민 그리고 지속가능한 발전 사이의 관계에서 현재 나타나고 있는 막다른 골목은 더 향상된 이해와 지속가능한 환경적 대응의 원천으로 바뀔 수 있다.

문제가 깔끔한 해결책을 결여하고 있을 때, 해당 쟁점의 환경적·윤리적 측면들이 부각될 때, 현상 그 자체가 모호할 때 그리고 모든 연구기법이 방법론적 비판에 열려 있을 때—이럴 때는 전문연구자와 공식적인 전문가만 남기고 나머지 사람들을 배제한다고 해서 [과학연구의] 질에 관한 논쟁이 더 향상되지는 않는다. 동료사회의 확장은 단지 윤리적 혹은 정치적 행위가 아니라, 과학적 탐구의 과정을 풍부하게 만들어줄 수 있는 것이다.[11]

정통적인 '결핍' 이론은 이와 정반대의 원리에 따라 작동한다는 점에서 심각한 문제점을 내포하고 있다. 펀토비츠와 라베츠의 주장은 궁극적으로 과학적 이해의 질을 향상시키고자 하는 것인데, 현재의 '계몽적' 가정들과 이에 따른 과학제도들의 보호—폭넓은 검토와 조사로부터의 면제—는 바로 그 질을 손상시키고 있다.

이 점은 명백히 해두자. 우리는 민주주의를 사회에 가능한 한 최대로 확장해야 한다는 일반화된 희망에 근거해 과학의 민주화를 주장하고 있는 것이 아니다. 그보다는 질적 보증(quality assurance)이라는 실천적 임무에 근거를 둔, 탈정상과학에 대한 인식론적 분석이 그러한 동료사회의 확장(과 이에 따른 사실의 확장)의 필요성을 보여주고 있기 때문이다. 이러한 확장은 과학이 전지구적 환경문제라는 새로운 도전에 효과적으로 맞서기 위해 요구되고 있다.[12]

우리가 해야 할 일은 과학을 정책결정에서 배제하는 것도 아니고 그것의 중요성을 깎아내리는 것도 아니다. 그 대신 시민과학과 지속가능성의 문제는 과학적 전문성을 그외의 평가, 문제정의 및 전문성과 통합시키는 과제를 제기하고 있다. 또한 다양성을 지속가능한 발전 내의 긍정적 요소로 인정하고 '사회적'·'환경적'·'기술적' 쟁점과 관심사들이 서로 연관되어 있음을 인식하는 과제도 아울러 제기하고 있다. 즉 현 단계 사회적·기술적 발전에 의해 창출된 새로운 의제와 새로운 가능성들을 다시 한번 제시하고 있는 것이다. 벡은 이렇게 말한다.

위험사회가 고통받는 인류에게 가져다주는 불확실성의 다른 측면은 산업사회의 한계, 기능적 명령, 운명주의에 **맞서서** 근대성이 약속한 평등·자유·자기표현의 증대를 찾아내고 활성화시킬 수 있는 **기회**이다.[13]

또한 우리의 논의는 어떤 단일한 개념틀이나 청사진도 그것 하나만 가지고는 이 중요한 사회적 · 기술적 도전에 충분히 대응할 수 없음을 보여주고 있다. 환경문제에 대한 과학의 기여 재평가, 폭넓은 사회적 논쟁, 새롭게 등장하고 있는 동료심사 형태의 인식—이 모두는 광범한 사회 · 기술적 대응에서 꼭 필요한 요소들이지만, 그럼에도 불구하고 그 각각은 어쩔 수 없이 부분적이다. 우리가 당면한 도전은 서로 다른 종류의 전문지식들을 발전시키고 자세히 조사해 볼 수 있는, 유연하면서도 요청에 잘 대응하는 제도적 구조를 만드는 것이다. 이미 강조한 바와 같이, 중요한 것은 한 가지 지식형태를 제쳐두고 다른 지식형태로 대체하는 것이 아니다. 우리는 이 책에서 논의한 모든 이해형태가 가지고 있는 맥락적이고 부분적인 속성을 인식하지 않으면 안 된다.

이것이 바로 우리가 직면한 제도적 · 인식적 도전이라고 말하는 것은 어찌 보면 쉬운 일이다. 반면 이를 실천에 옮기는 것은 훨씬 더 어렵다(물론 이 책에 실린 사례연구들이 잘 보여주고 있듯이, 현재는 실천은 고사하고 그런 문제에 대한 인식도 그리 널리 퍼져 있는 편이 못된다). 그러나 이런 어려움에도 불구하고 좀더 긍정적인 대응들이 이미 실제로 일어나고 있으며, 현재 진행되고 있는 구체적인 기획들도 있다. 과학상점이 그러한 한 예가 될 수 있을 것이다. 앞장에서 논의한 바와 같이, 우리는 이 모형이 겪고 있는 어려움을 통해 우리 앞에 가로놓인 도전이 어떤 성격의 것인지를 적어도 분명하게 알 수 있다. 또한 과학자들과 시민집단의 대화가 가능함을 보여주는 낙관적 신호들도 몇몇 눈에 띤다. 비록 그러한 대화의 정당성이 공식적 제도에 의해 받아들여지지 않을 수도 있지만 말이다. 그러나 하나의 사회적 실험으로서 과학상점은 학습과 토론을 위한 초점을 제공해 주고 있다.

'과학과 지속가능성'에 대한 논의에 다른 기획들을 포함시키는 것도 가능하다. 가령 기존 정책에 직접적으로 비판을 가하는 대신(그런 비판을 암묵적으로 깔기는 하지만) 새로운 생활과 인식 및 노동의 방식을 만들어가려는 시도가 있다. 이 기획은 대체로 지역적이고 소규모의 시민 주도적 발전형태를 띠는데, 전통적으로 대중집단과 동일시되어 온 방해역할("기술을 받아들이거나 아니면 그것의 도입을 방해하거나")에서 벗어나 넓은 의미에서 지속가능한 양식으로 생활하는 새로운 사회적·기술적 가능성들을 촉진하는 것을 추구한다.

이러한 기획들은 다양한 형태를 띠고 있다. 가령 특정 기술의 개발에 초점을 맞출 수도 있고(풍차, 폐기물 재활용, 심지어 가정 내 화장실에 이르기까지), 더 넓은 의미에서 지속가능한 방식으로 생활하는 데 초점을 맞출 수도 있다(생태마을이나 덴마크 같은 나라들에서 진행중인 도시생태 운동). 또한 기술이 개발되고 판매되는 '시장'을 다시 정의하는 방법을 찾으려 할 수도 있다(예컨대 소비자들과 협동조합 계약을 맺거나, '환경친화적' 상품에 대해 새로운 형태의 수요를 창출해 낸다거나 하는 식이다). 이는 정부가 제시하는 '지속가능성으로 향하는 길'의 관념을 받아들이는 대신 시민들이 지역의 환경 속에서 자기 나름의 생활수단을 만들어내려는 시도이다.

도시생태 운동은 도시환경 문제에 대해 외부에서 개발된 기술적 '해결책'들을 받아들이는 것에 반대하면서, 흔히 일상적 실천을 바꿈으로써(즉 애초에 폐기물을 발생시키는 생활방식을 변화시킴으로써) 가정에서 배출되는 쓰레기양을 줄이는 것을 목표로 한다.[14] 또한 덴마크·스웨덴·독일과 같은 나라들에서는 자원 재활용 활동을 넘어 생태구역이나 생태공동체를 건설하려는 노력이 기울여지고 있다. 다시 한번 이러한 기획들은 '기술적'인 것과 '환경적'인 것, '사회적'인 것을 서로 구분하지 않고 구체적인 필요와 요구에 부합하는 방식으로 작동한다. 물론 기획들이 어려움을 겪지 않는 것은 아니며, 특히 외부의 전문가들에게 도움을 구하는 단계에서 많은 어려움을 겪는다. 그러나 이런 기획들은 즉각적이고 지역적이며 맥락에 부합하는 수준에서 시민들의 수요에 응답하는 수단을 제공해 주고 있다. 우리는 여기서 위로부터 변화를 강요하지 않고 시민들의 경험에 근거해 지속가능한 발전을 만들어가는 하나의 접근법을 볼 수 있다.[15]

이러한 기획들이 가진 또 하나의 특징은 과학(혹은 벡이 언급한 넓은 의미의 '과학적 합리성')을 전적으로 거부하지 않는다는 것이다.[16] 그보다는 오히려 최근의 실제 경험은 시민집단들이 서로 다른 인식과 삶의 방식들을 더 신중하고 경우에 맞게 평가한다는 것을 보여준다. 이를 두고 '반과학'이라며 공격하는 것은 현재의 경향을 심대하게 잘못 이해한 소치이다. 그런 공격을 통해 값싼 위안을 얻으려는 경향이 없어졌을 때 비로소 현재 과학제도들이 직면한 진정한 도전에 맞설 수 있을 것이다.

일부 과학자나 과학제도들의 관점에서 보면 그와 같은 기획이나 제안들은 회의론이나 심지어 적대적 태도를 야기할지도 모른다. 생태공동체, 도시생태 계획 혹은 과학상점을 만들어보려는 시도들은—적어도 서구의 많은 국가들에서는—과학과 대중이 상호 작용하는 주류적인 방식에서 벗어나 있다. 과학이 새롭고 보다 겸손한 역할을 해야 한다는 그들의 제안은 왕립학회 같은 집단이 구사하는 수사와 잘 들어맞지 않는다. 대중의 요구에 직면했을 때 과학자들이 성찰적 태도를 보여야 한다는 그들의 요청은 근대성의 거만한 수사와 부조화를 이룬다. 과학적 실행과 사회적 실천이 이루어지는 장소들에 주목하는 것은 현재 통용되고 있는 과학의 규범과 절차를 침범하는 결과를 낳기 때문이다. 뿐만 아니라 그러한 영역에서 전문직의 봉사를 인지하는 것은 현재의 제도적 관행으로부터 너무나 동떨어진 것처럼 보인다.

이 모든 도전들은 과학제도들에 대해 위협과 기회를 동시에 제공한다. 여기서 나는 지속가능한 발전이라는 특정한 영역 내에서 새로 창출되고 있는 기회의 측면을 더 강조하고 싶다. 이미 앞선 장들에서 도전에 대해서는 충분히 다루어졌다고 생각되기 때문이다.

우선 펀토비츠와 라베츠가 이미 주장한 바와 같이, 과학을 더 폭넓은 지식과 탐구의 원천들에 개방하는 것은 환경적 대응에 관한 지식의 성장에 해를 끼치기는커녕 오히려 도움을 줄 수 있다.[17] 이는 지속가능한 미래를 만들어가는 과정의 사회적·기술적 복잡성에서 비롯되는 것인데, 쉽게 말해 이 정도의 복잡성에 대응하려면 우리가 지닌 비판적 안테나를 발전시키고 더욱 확장할 필요가 있다는 얘기다. 지속가능성이라는 도전은 자기비판적이고 자의식적인 형태의 지식과 이해로 향하는 새로운 길을 제시해 주고 있다. 과학은 이러한 발전에서 중요한 역할을 수행해야 한다.

흔히 '결핍'의 관념은 과학제도들과 대중 사이에 거리를 만들어내면서 보다 건설적인 상호연계의 가능성을 차단해 버린다. 그러나 다른 한편으로 보면, 대중과 그들의 일상적 행동에 관해 과학적 가정을 세우는 것은 피할 수 없는 일인바, 이 책에 담겨 있는 여러 사례들에서 드러난 바와 같다(예컨대 석유화학공장에서 사고가 일어났을 때의 지역주민들에 관한 가정이라거나 '정해진 용법에 맞게' 농약을 사용하는 농장노동자들에 관한 가정 같은 것이다). 일상생활 그 자체가 위험과 환경위협을 평가하는 '실험실' 구실을 하게 되는 경우에는 반드시 '자연적' 변수와 인간적 변수 모두에 관한 가정들을 세워야 한다(그리고 두 변수를 서로 분리하는 것은 불가능해진다).

그러나 지금은 이러한 가정들이 어떤 기초 위에서 만들어졌는지가 분명치 않다. 이러한 가정들은 암묵적인 형태로 숨겨져 있고 대체로 이를 뒷받침하는 근거도 없다. 또한 대중의 비판에 직면했을 때 유연하지 못하고 매우 경직되어 있는 것으로 보인다. '좋은 과학'에 관한 지배적 관념이 과학적 평가를 응용의(그러한 응용이 일어나는 사회적 배치를 포함한) 맥락으로부터 분리시켜 보호해 주기 때문이다. 현재 우리가 가진—분석적·실천적 양자 모두의 의미에서—기회는 이와 같은 대중의 구성(즉 대중에 대한 과학적 가정)을 비판적인 검토에 개방하는 것이다. 여기에는 물론 대중 스스로의 검토도 포함될 것이다. 이러한 움직임은 과학실천을 위한 새로운 가능성을 내포하며, 과학-대중관계에 대한 사회과학적 평가의 가능성도 아울러 제시한다.

확장된 동료심사(extended peer review) 제안은 여기서 앞으로 나아가는 길을 부분적으로 제시해 줄 수 있다. 그러나 여기에는 과학 내부에서 작동하고 있는 암묵적 사회모형이 고려의 대상이 될 수 있도록 과학제도들의 확대된 실천이 더 투명해질 필요가 있다는 전제가 따라붙는다. 그러한 움직임에는 분명 어려움이 따를 것이다. 그러나 그 방향은 과학, 시민 그리고 지속가능한 발전 사이의 관계에 있어 중요한 진전을 아울러 제시해 주고 있다.

이러한 투명성은 여러 가지 형태의 구체적·일반적 방법들을 통해 성취할 수 있다. 과학에서의 우선순위 설정에(예컨대 과학정책 수립의 단계에서) 대중들을 더 많이 참여시키거나, 과학기술 개발과정에서 과학이 대중을 어떻게 이해하는지를 토론하는 (예컨대 혁신과정과 관련해서) 새로운 포럼을 만들거나, 과학(과 관련된) 제도들이 '대중의 과학이해'라는 경직되고 방어적인 제한범위를 넘어 대중논쟁을 지원하거나, 일상생활의 조건 속에서 과학을 '이해하려' 노력하는 지역적이고 시민 주도의 기획들(예컨대 과학상점 모형)을 지원하거나, 과학자들에게 보다 넓은 차원의 과학과 사회구조의 관계들을 교육시키거나 하는 것이 가능한 몇 가지 예이다.

중요한 사실은 결국 대중의 과학이해 문제가 새로운 과학기술을 만들어내는 사회적·기술적 과정으로 이어진다는 점이다. 분석적 차원에서는 '대중'에 대한 가정들이 어떻게 그리고 어느 수준에서 새로운 과학기술을 만들어내는 과정에 영향을 주는지 더 많이 알 필요가 있다. 좀더 정책적인 차원에서는 이런 과정을 더 폭넓은 검토에 개방하는 것이 필요하다. 그러한 검토는 지속가능성의 사회적·과학적 관계들에 도움을 주는 것 외에도 과학제도에 득이 될 가능성이 매우 높다.

지금까지 지속가능성이라는 광범한 도전이 과학에 대해 위협과 기회 모두를 담고 있음을 보았다. 이제 그 도전이 시민권에 대해 어떤 함의를 지니는지 생각해 볼 차례이다. 과학과 지속가능성에 대한 지금까지의 논의는 우리가 바탕에 깔고 있는 '환경시민권' 관념에 어떤 영향을 주는가?

시민권과 지속가능성

어떤 측면에서 보면 지금까지의 설명에서는 시민권의 전통적 관심사들이 중심적인 역할을 해왔다고 볼 수 있다. 우리가 제시한 사례들 중 많은 것들이 불평등, 상대적 권력(내지 무력함), 사회계급의 문제를 다루고 있다. 4장에서 응답자 중 한 사람이 말했듯이, 지역의 상황을 바꿀 수 있는 능력이 없다면 높은 수준의 기술적 숙달(그 사례에서는 화학에서의 박사학위 같은 것)을 갖추고 있어도 아무런 쓸모가 없다. 유해환경과 사회적 무력함은 실로 공존하는 것처럼 보인다.

이렇게 보면 벡이 주장한 '부메랑 효과' — '위험사회'에서는 부자나 권력을 가진 자라 하더라도 안전을 누릴 수 없다—는 옳은 측면도 있지만 그릇된 판단으로 이어질 가능성이 크다. 오존층 파괴가 끼치는 영향을 돈으로 면제받기 어려운 것은 사실이지만, 지역의 환경오염이나 작업장의 위해에 사회의 모든 계층이 동등하게 노출되는 것은 아니다. 돈이 있으면 적어도 부분적인 면제는 살 수 있다. 부에는 그에 걸맞은 환경적 특권이 따른다는 얘길 듣고 놀라는 사람은 별로 없을 것이다. 마찬가지로 전지구적 환경재난이 세계 전역에 끼치는 영향은 부자들보다 가난한 이들에게 먼저 닥칠 가능성이 높다.

따라서 환경시민권은 권력과 평등에 얽힌 수많은 익숙한 문제들을 상대적으로 새로운 배경에서 중요한 방식으로 제기한다고 할 수 있다. 또한 이렇게 보면, 일상생활의 중심 질문과 관심사들에서 근본적인 변화가 생겼다는 후기근대의 문제의식은 잘못된 것임에 분명하다.

그러나 다른 측면에서 보면, 시민권은 환경적 맥락 속에서 실제로 새로운 의미를 갖게 되었다고 할 수 있다. 의회민주주의와 정당은 전통적으로 시민권이 표현되는 주요한 방식 가운데 하나였지만, 이 책에 제시된 사례들에서 그 역할은 미미했다. 국가의 규제행위 역시 시민들의 요구와 동떨어져 있었고, 시민들이 의지할 수 있는 무언가가 아니라 맞서 싸워야 하는 무언가로 나타났다.

또한 이 책의 내용과 관련해 가장 중요한 점은, 전통적인 시민권 관념이 지식과 전문성의 문제에는 거의 관심을 기울이지 않았다는 것이다. 지식과 전문성의 문제는 한편으로는 권한부여(empowerment)와 민주주의 내용과 중첩되면서, 동시에 인식방식과 행동방식 사이의 연결이라는 새로운 요소를 초점으로 부각시킨다. 그간 과학과 시민권에 관한 논의들(예컨대 '민중을 위한 과학' 스타일)은 '지식'을 시민의 요구에 대한 장애물로 바라보는 관점을 취하면서도, 그러한 문제구성이 기반하고 있는 계몽적 가정들에는 문제를 제기하지 않았다.

이와는 달리 새로운 시민권 관념에서는 지식을 보다 더 긍정적으로 바라본다. 5장에서 이미 보았듯이, 시민들은 (환경문제의 대응에서) 스스로를—시민들 스스로 얻어낸 전문성과 이해를 포함해서—지적 자원으로 삼고 있다. 환경적 대응의 한 가지 강력한 측면은 그러한 대응이 가장 내밀한 수준에서 시민들의 행동과 연결되어 있다는 점이다. 여기에는 전지구적 기획을 가진 의식적 행위뿐 아니라 소비자, 노동자, 지역주민으로서 일상적으로 하는 행위까지도 포함된다. 아울러 통상 '정치'로 정의되는 영역의 '주류적인' 관심사로부터 동떨어진 단위에서도 실천행동이 가능하게 되었다.

이와 같은 시민권의 표현에서 핵심은 아마도 환경적 대응이 국가 주도의 활동들에 의해 틀 지워지지 않고 시민들 스스로가 놓여 있는 조건과 상황 내에서 이루어진다는 점일 것이다. 따라서 우리는 (터너의 논의를 따라) 환경시민권이 '위로부터'(예컨대 국가) 정해진 개념틀에 순응하는 것이 아니라 '아래로부터' 가해지는 압력을 나타내는 것이라고 이해할 수 있다.[18]

만약 지속가능성이 계속 변화하면서 반복되는 일상생활에서 성취되어야 하는 것이라면, 이 점은 매우 중요해 보인다. 적어도 지금껏 인식되지 못한 어떤 일반적 차원에서, 지속가능성이 의존하고 있는 사회적·기술적 배치는 이 주제에 관한 전지구적 차원의 회의나 국제적 분쟁과는 매우 동떨어진 곳에서 생겨나고 있다는 것이다. 추측컨대 (일상적 실천 속에서 지속가능성을 추구하는) 많은 시민집단들은 '지속가능한 발전'이라는 용어 자체를 들어본 적도 없을지 모른다. 우리는 각국 정부 사이에서 오가고 있는 자연주의적 담론이 지역 단위의 기획을 촉진하기는커녕 오히려 제약요건으로 작용하는 것은 아닌지 세심하게 돌아볼 필요가 있다. 오늘날 우리가 직면한 도전은 그러한 지역적 기획을 '전지구적 의제'로부터의 불운한 탈선으로 보는 것이 아니라, 이것에 의지하는 보다 긍정적인 수단들을 찾아내는 데 있다.

이처럼 환경시민권을 '상향식으로' 이해하는 관념에서 또 한 가지 주목할 점은, 필요와 관심사에 대한 긍정적인 방식의 표현이 가능해진다는 것이다. 다르게 말하자면, 이 관념은 중앙에서 조정된 선택지와 가능성들의 가능한 공급에 대한 반응으로서가 아니라 수요의 차원에서 작동한다. 마찬가지로 이 관념은 관련제도들이 환경행동이라는 새로운 경향에 반응을 보이는 것을 촉진할 것이다.

또한 터너의 시민권 논의를 따르면, 여기서 논의되고 있는 시민권의 형태는 '공적 공간'과 '사적 공간' 모두와 관련을 갖는다. 위험과 환경 문제는 규제와 통제라는 공적 사안들을 분명히 포함한다. 그런 의미에서 환경은 집합적 수준에서 우리를 위협하는 '외부적' 요소이다. 그러나 여기서 논의되고 있는 문제는 그 성격상 대단히 사적인 것이기도 하다. 개인으로서의 우리 각각은 위험과 환경 문제에 직면해 자신이 가진 세계관을 다시 생각해 보고, 관련제도나 핵심 인물들에 대한 신뢰를 의심해 보며, 우리의 개인적 생활양식과 소비자로서의 선택에 대해 평가해 보게 된다.

따라서 환경은 공적 공간과 사적 공간 모두에 자리를 잡고 있다. 환경은 공공정책의 측면에서 우리에게 과제를 던져주는 것 외에도 심오하고 윤리적인 종류의 개인적 질문들을 제기하고 있다. 동시에 이 장 서두의 첫번째 인용문이 상기시켜 주는 바와 같이 "환경문제는… 전적으로 **사회적인** 문제이다." 따라서 시민권의 문제는 지속가능한 발전에서 주변적이 아니라 중심적인 역할을 한다.

여기서 위험과 환경 문제는 공적인 것과 사적인 것을 종종 분리시키는 시민권의 지배적 관념에 심각한 도전을 제기한다(그런 관념에 따르면 투표 행위는 개인적이고 윤리적인 선택의 결과로 이해되는 것이 아니라 사회 전체 수준에서 이해된다). 이 중요한 특성은 통상적인 상의하달식의 정치적 대응이 충분치 못할 수 있음을 시사해 주고 있다.

또 중요한 것은 이 영역의 시민권이 과학기술의 변화방향에 관심을 갖기 시작했다는 점이다. 예를 들어 2,4,5-T의 안전성에 관한 문제는 화학적 제초제들에 대한 추가적인 문제제기와 잡초제거에 대한 대안적 접근의 가능성을 모색하는 것으로 이어질 수 있다. 위험에 대한 우려의 표현은 위험과 환경위협을 만들어내는 지식형태와 제도적 과정들에 대한 (비록 제한적이고 간접적인 방식이긴 하지만) 폭넓은 검토로 이어져 왔다. 이는 오랫동안 토론과 논쟁을 면제받아 왔던 시민권의 통로 중 하나이다. ‘대중의 비합리성’에 대한 최근의 공격은 이런 논쟁을 방해하려는 최후의 필사적인 노력인 듯싶다. 그런 방어적 행동에 들어가기에는 이미 시간이 너무 늦어버린 것 같지만.

궁극적으로 환경시민권의 중요성은 오늘날의 다양한 이분법들 사이에 접점을 제공해 주는 데 있다. ‘사회적’과 ‘자연적’, ‘지역적’과 ‘전지구적’, ‘개인적’과 ‘공공적’, ‘기술적’과 ‘일상적’을 서로 합치는 것이 그것이다. 이를 통해 우리는 지속가능한 발전으로 향하는 새로운 접근법을 볼 수 있다. 이러한 접근법은 기존의 제도적 배치나 무비판적으로 받아들여지고 있는 지식-권력관계가 아닌, 시민들이 선호하는 생활실천과 사회적 배치에 근거를 둘 것이다.

‘환경시민’(environmental citizen)이 전적으로 새로운 현상은 아니다. 또한 이러한 환경시민권의 관념에 의해 드러난 상호관계와 이분법들에 문제가 없는 것도 아니다. 예를 들어 슬로건의 차원에서는 ‘지역적’인 것과

'전지구적'인 것이 서로 연결될지 모르지만, 일상생활 속에서 이런 연결의 정확한 성격은 결코 분명한 것이 아니다. 그럼에도 불구하고 정책적 대응을 위한 쟁점은 이러한 변증법적이고 창조적인 탐구과정을 가로막는 대신 촉진하는 것이다.

과학, 시민과학 그리고 사회과학

마지막으로 과학, 시민권 그리고 지속가능성이라는 새롭게 등장하고 있는 맥락에서 가장 흥미로운 측면 가운데 하나는 과학, 공공집단, 사회과학 사이의 건설적이고 도전적이며 미래지향적인 관계를 위한 가능성이다. 이미 폭넓게 논의된 바와 같이, 시민과학의 문제는 필연적으로 이 셋 모두에 의존한다. 이는 사회과학에 대해서도 다른 두 범주에 대해서만큼 커다란 도전을 제기한다.

현재 요청되고 있는 것은 이론적·경험적으로 정교하고, 동시에 이에 힘입어 과학적 진술과 공적 진술 양자 모두를 대칭적으로 다룰 수 있는 사회과학적 분석이다. 후기근대성과 위험사회의 관념은 비록 근본적인 변혁과 변화를 과장하는 문제점이 있긴 하지만, 사회학적 상상력을 자극하는 중요한 목표에 도움을 준다. 그리고 SSK는 지식생성과 전파의 특정한 조건을 강조함으로써 '지역적'이라는 것이 단지 사회이론가들이 파악한 세기적 변화를 정당화하기 위한 수사가 아님을 강조한다. 그것은 바로 그 속에서 변화가 야기된 맥락인 것이다.

그런 점에서 '지역적'과 '전지구적'의 관계는 시민집단과 과학자집단뿐 아니라 사회과학적 분석에 대해서도 문제를 제기한다. 이 책에서는 그 관계가 본성상 변증법적임을 보여주려 했다. 우리는 방법론적 상황주의가 지시하는 대로 '행위자들을 쫓아' 왔다.[19] 또한 이 책에서 논의된 근대성 비판은 과학의 거대서사뿐 아니라 사회학의 거대서사에도 함의를 갖는다(이 점에서 벡과 기든스는 명백히 모순적인 상황에 스스로를 몰아넣고 있다). 그러나 이 얘기는 지역적 행동의 폭넓은 상호연결과 결과를 무시해도 좋다는 말은 아니다. 사회학적 상상력은 바로 지역적인 것과 전지구적인 것, 개인사적인 것과 사회사적인 것의 상호작용에 관한 것이다.[20]

또한 멀케이는 이렇게 말했다.

나는 사회학의 궁극적인 임무가 객관적인 사회세계에 관한 사실들을 중립적으로 보고하는 것이 아니라, 대안적인 사회적 삶의 형태의 가능성을 만들어내기 위해 세계에 적극적으로 관여하는 거라고 생각하게 되었다.[21]

이는 과학자들에게도 그렇겠지만, 사회학자들에게도 난감하게 여겨질 것임이 분명한 임무이다. 특히 '적극적으로 관여'한다는 것은 이 책에서 다른 분야의 과학자들에게 제기한 것과 똑같은 방식으로 사회과학자들이 자신의 지식구조나 '외부' 집단들과의 관계를 재평가하도록 요구할 것이다. 그럼에도 불구하고 사회적으로 지속가능한 발전경로라는 목표는 이런 임무가 반드시 수행되도록 요구하고 있으며, 이를 해볼 만한 가치가 있는 것으로 만들고 있다. 더 구체적으로 말해, 현재 요구되는 것은 외부로부터 스스로를 강요하려 드는 대신 일상생활의 맥락 내에 '위치한' 사회학적 설명이다. 이와 동시에 '적극적으로 관여'한다는 것은 이미 인정받은 이해 및 해석의 개념틀을 그냥 따르지 않고, 기꺼이 질문을 던지며 도전을 제기하는 것을 포함한다.

사회-자연 경계의 붕괴와 '시민과학'에 대한 인지는 사회과학과 자연과학의 관계에 대해 좀더 근본적인 함의를 가질 수도 있다. 우리가 보아온 바와 같이, 이러한 범주들을 만들어낸 계몽적 세계관은 현재 심대한 공격을 받고 있다. 만약 사회학이 '사회적'인 것과 '자연적'인 것의 분리를 통해 만들어진 학문이라면(자연과학 역시 마찬가지다), 이에 대한 재고(再考)가 필요한 시점이 이제 도래한 것이다. '시민'지식과 '기술'지식 사이의 구분에 대해서도 마찬가지 얘기가 성립한다.

이렇게 보면 이 책에서 묘사된 다양한 사례사와 구체적인 기획들은 미래의 지식과 생활을 위한 실험적 시험장 노릇을 하게 된다. 여기서의 도전은 지속가능한 발전의 양식을 찾아내는 데 그치는 것이 아니라 지속가능한 지식의 양식을 찾아내는 데까지 확장된다. 우리는 '사회'과학과 '자연'과학 모두에 도전이 제기되고 있음을 간과해서는 안 된다. 특히 환경적 대응에 있어 '사회적' 차원과 '기술적' 차원을 서로 분리하는 주류관념을 버리는 것이 반드시 필요하다. 이 책에서는 지속가능성이라는 새로운 맥락에서 지식생성을 위한 기존의 제도적 구조를 재평가하고 재구조화할 필요가 있다는 주장을 제기했다.

환경에 대한 우려는 과학, 시민권, 근대성 간의 현존하는 관계를 통해 소통될 것이다. 아울러 그러한 관계는 우리의 환경의식을 형성하고 구성하기도 한다. 마찬가지로 환경위협은 우리의 정체성과 안전의 감각에 영향을 주는 다양한 위협들로부터 동떨어져 존재하는 것이 아니다. 환경위기는 세상을 사는 우리들의 인식 및 행동 방식들—다양한 형태의 전문가 지식과 이해들 사이의 관계도 포함해서—에 대한 폭넓은 도전이라는 의미도 불가피하게 가진다. 환경의 위협과 도전에 대처하는 우리의 능력은 또한 지식과 사회적 행동의 현재 관계를 지탱하는 우리의 능력에 대한 폭넓은 시험대(그런 것이 필요하다면) 구실도 하게 될 것이다.

[주]

1. Beck, U., *Risk Society: Towards a new modernity*(London, Newbury Park, New Delhi: Sage, 1992), p. 81.

2. Bauman, Z., *Modernity and Ambivalence*(Cambridge: Policy, 1991), pp. 243~44.

3. 같은 책.

4. 나는 그녀만의 독특한 방식으로 이러한 이미지를 내 머릿속에 심어준 자넷 레이첼에게 감사를 표하고자 한다.

5. Barnes, B., *About Science*(Oxford and New York: Basil Blackwell, 1985), p. 110.

6. Wynne, B. and S. Mayer, "How science fails the environment," *New Scientist*(1993. 6. 5), pp. 33~34.

7. 같은 글, p. 34.

8. 같은 글, p. 35.

9. Funtowicz, S. O. and J. Ravetz, "Science for the post-normal age," *Futures*(25/7, 1993/September), p. 740.

10. 같은 글, p. 752.

11. 같은 글, pp. 752~53.

12. 같은 글, pp. 754~55.

13. Beck, U., 앞의 책, p. 232.

14. Irwin, A,, S. Georg, and P. Vergragt, "The social management of environmental change," *Futures*(26/3, 1994), pp. 323~34 참조.

15. '환경변화의 사회적 관리'라는 이 분야는 EC 위원회의 후원을 받아 2년간 진행된 연구 프로그램에서 다루었던 주제이다(Research on social and economic aspects of the environment:

DGXII/D/5). 프로그램은 브루넬대학, 코펜하겐 경영대학원의 교통·관광 및 지역경제 연구소 그리고 델프트공과대학에서 동시에 진행되었으며, 유럽 아홉 개 국가들의 경험을 기반으로 한 연구이다.

16. Beck, U., 앞의 책.

17. Funtowicz, S. O. and J. Ravetz, 앞의 글.

18. Turner, B. S., "Outline of a theory of citizenship," *Sociology*(24/2, 1990/May), pp. 189~217.

19. "우리가 사회적 삶을 이해하고자 한다면 우리는 행위자들이 우리를 이끌고 가는 곳이면 어디나 그들을 따라다닐 필요가 있다는… 오랜 사회학적 규칙이 있다. 이러한 방법적 규칙은… 우리가 이해하고자 하는 대상인 사람들이 지닌 신념, 계획 및 자원들을 심각하게 받아들일 것을 요구한다. 이에 따르면 사회적 삶에 대한 분석은 그러한 이해에 의존하며, 우리는 사회학적으로 겸손할 때 최선의 성취를 거둘 수 있다."(Law, J. and M. Callon, "Engineering and sociology in a military aircraft project: A network analysis of technological change," *Social Problems* 35/3, 1988/June, p. 84)

20. 여기서 내가 참고한 것은 물론 Mills, C. W., *The Sociological Imagination*(Harmonsworth: Penguin, 1973, 초판 1959. 강희경·이해찬 옮김, 『사회학적 상상력』, 돌베개, 2004)이다.

21. Mulkay, M., *Sociology of Science: A sociological pilgrimage*(Milton Keynes and Philadelphia: Open University Press, 1991), p. xix.

시민과 과학의 분열을 넘어서

2008년 초 한국사회는 미국산 쇠고기의 수입재개 문제를 놓고 열띤 대중 논쟁 속으로 빠져들었다. 수많은 시민들이 미국산 쇠고기에 얽힌 광우병의 위험과 정부의 졸속 협상과정에 문제를 제기했고, 대규모 촛불집회를 열어 항의의 목소리를 전달했다. 이에 대해 정부당국은 어떠한 태도를 보였는 가? 그들은 과학에 무지한 일반시민들이 이른바 광우병 '괴담'에 속아 거리로 뛰쳐나오게 되었다며 그러한 괴담의 '진원지'로 〈PD수첩〉을 지목했고, 이러한 정부·보수언론·'주류'전문가 들의 공세하에 촛불집회는 점차 동력을 상실하며 수그러들고 말았다. 이후 지식인사회 일각에서 '집단지성' '대중지성' 같은 개념을 동원해 촛불집회에 참석한 시민들을 다분히 낭만적인 시각에서 분석하려는 시도가 이어지기도 했으나, 그 속에서 과학과 위험을 바라보는, 또 그것과 일반시민의 관계를 이해하는 대안적 관점이 있을 수 있다는 생각은 좀처럼 제기되지 못했다.

오늘날 이 분야의 선구적 저작으로 인정받고 있는 영국의 사회학자 앨런 어윈의 책 『시민과학』은 2008년을 뜨겁게 달군 촛불집회에서 엿볼 수 있었던 과학과 일반시민의 관계를 바라보는 새롭고 신선한 시각을 제시하고 있다. 그는 일반시민을 '무지'하고 '감정적'인 존재로 보고, 따라서 '계몽'이 필요한 대상으로 여기는 기존의 과학중심적 시각에서 벗어나, 과학과 일반시민의 관계를 좀더 '대칭적'으로 이해하기 위해 노력한다. 여기서 그는 "시민의 편에서 과학을 바라보면 과연 어떻게 보일까?"라는 핵심적인 질문을 던지고 있는데, 이 물음에 답하기 위해 그는 울리히 벡과 앤서니 기든스의 위험사회론, 1980년대 이후 만개한 과학지식사회학(SSK)의 연구 성과, 대중의 과학이해(PUS)에 대한 새로운 접근법 등 다양한 지적 자산들을 동원한다. 이를 통해 어윈은 과학에 대한 일반시민들의 무지와 오해가 문제의 근원이라는 생각과 단절하고, 역으로 현재 과학의 인지적·제도적 구조가 시민의 '필요'를 충족시켜 주지 못하는 부조화와 불일치를 지적하고 있다. 그는 이러한 문제의식을 기반으로 서유럽에서 일어났던 몇몇 과학·환경 논쟁들을 분석하면서 그것을 이해할 수 있는 새로운 방식을 제안한다. 특히 이런 문제의식이 갖는 실천적 함의를 강조하면서 '과학상점'과 같은 공동체기반 연구를 과학과 일반시민의 새로운 관계를 보여주는 맹아적 형태로 제시하고 있다는 점을 주목할 만하다.

서구사회에서는 어윈과 같은 학자들과 관련 활동가들의 노력 그리고 1990년대 말에 터진 광우병사태와 유전자변형식품 논쟁 등을 거치면서 과학과 일반시민의 관계에 대한 새로운 인식틀이 점차 제도권 내에서도 자리를 잡아가고 있다. 그러나 국내에서는 그간 전개된 다양한 이론적·실천적 노력들에도 불구하고 과학과 일반시민의 관계를 바라보는 낡은 관념이 여전히 맹위를 떨치고 있으며, 현 정부 들어서는 오히려 그런 경향이 더욱 심화되는 현상이 나타나고 있다. 이런 상황을 감안할 때, 다소 때늦은 감이 있지만 오늘날 사실상 고전으로 자리 매김된 어윈의 책을 다시 읽는 것은 중요한 함의를 갖는다고 판단된다.

이 책의 번역은 상당히 오랜 과정을 거쳤다. 비슷한 문제의식을 가지고 시민과학센터에 몸담고 있던 옮긴이들이 이 책을 번역해 소개하는 것이 의미 있다고 판단해 의기투합한 것이 8년 전인 2003년 초의 일이다. 이후 이 책의 번역이 한국과학문화재단(현 한국과학창의재단)의 과학문화 지원사업에 선정되었고, 2004년 초에는 번역 초고가 완성되어 출간을 눈앞에 둔 듯 보였다. 그러나 공동옮긴이들의 개인적인 사정으로 인해 후반작업은 기약 없이 늦어졌고, 작업이 완전히 중단되다시피 한 나날이 한동안 이어지다가 작년여름에 기존의 원고를 다시 추리고 새로 손보는 작업을 재개해 뒤늦게 출간을 맞게 되었다. 작업분담은 김명진이 1 · 4 · 7장, 김병수가 2 · 5장, 김병윤이 머리말 · 서론 · 3 · 6장을 각각 초역했고, 김명진이 전체적으로 문장을 손보고 용어를 통일해 최종원고를 만들었다. 비록 작업이 원래 일정대로 진행되지는 못했지만, 한국사회에서 다소 좁혀지는 듯했던 과학과 일반시민의 관계에 다시금 중대한 균열이 생기고 있는 현 시점에 이 책이 나오게 된 것도 나름대로 의미 있는 일이라고 생각하며 위안을 삼으려 한다.

출간에 즈음해 한 가지 남는 아쉬움은 시점상의 문제를 다소나마 보완해 줄 마땅한 장치를 갖추지 못했다는 점이다. 원서가 16년 전에 출간되어 제법 오랜 시간이 지났고, 저자인 어윈이 그후에 자신의 문제의식을 좀더 발전시키거나 부분적으로 수정한 새로운 책과 논문들을 여럿 내놓은 만큼 그런 내용이 한국어판 서문이나 보론 등의 형태로 반영되었으면 좋았겠지만, 막판 촉박하게 진행된 출간일정 탓에 그럴 기회를 잡지 못했다. 이는 차후의 과제로 남겨두기로 한다.

2011년 2월

옮긴이 일동